工程建设中的土力学及岩土工程问题
——王长科论文选集

王长科　主　编

中国建筑工业出版社

图书在版编目（CIP）数据

工程建设中的土力学及岩土工程问题——王长科论文选集/王
长科主编. —北京：中国建筑工业出版社，2018.5
ISBN 978-7-112-22019-9

Ⅰ.①工… Ⅱ.①王… Ⅲ.①工程地质-文集②土力学-文集
Ⅳ.①P642-53②TU43-53

中国版本图书馆 CIP 数据核字（2018）第 060064 号

本书选编了王长科先生在工程勘察、地基基础、地下空间工程和岩土地震工程方面的科技文章，涉及旁压试验、载荷试验、基床系数、地基承载力、沉降计算、地基处理、基坑支护、岩土地震等领域。这些成果源于工程实践，有一定的理论深度，实践和理论结合较好，有许多独到见解，至今仍保持了较高的学术和工程应用价值。

本书可供从事工程勘察及岩土工程专业的科研和技术人员使用，也可供高等院校相关专业师生参考。

* * *

责任编辑：王 梅 杨 允
责任校对：王 瑞

工程建设中的土力学及岩土工程问题——王长科论文选集
王长科 主 编

*

中国建筑工业出版社出版、发行（北京海淀三里河路9号）
各地新华书店、建筑书店经销
北京科地亚盟排版公司制版
北京圣夫亚美印刷有限公司印刷

*

开本：787×1092毫米 1/16 印张：18 字数：435千字
2018年6月第一版 2018年8月第二次印刷
定价：70.00元
ISBN 978-7-112-22019-9
(31922)

编委会名单

主　　编：王长科

副 主 编：杨金雷　孙会哲　陆洪根

常务编委：张卫良　张春辉（兼秘书）　段永乐

编　　委：王瑞华　王云龙　刘　阳

　　　　　籍晓蕾　黄　彬　高　阳

　　　　　蔡月辉　谢彦朝　程　佳

　　　　　苗现国　苗雷强

王长科简介

　　王长科，男，汉族，1964年10月出生，河北邯郸永年人，工学硕士，注册土木工程师（岩土），正高级工程师，河北省工程勘察设计大师。北方工程设计研究院有限公司职工董事、科技委委员，中国兵器工业北方勘察设计研究院有限公司总经理、法定代表人，河北省地下空间工程技术研究中心主任（建设期）。

　　教育经历：1980年毕业于河北永年第二中学；1984年本科毕业于河北农业大学水利系，农田水利工程专业、岩土工程方向，本科毕业论文：土的非线性应力应变关系试验研究，指导教师：骆筱菊教授，获工学学士学位；应届考取华北水利水电学院北京研究生部硕士研究生，岩土工程专业、土力学方向，师从我国著名土力学家王正宏教授，硕士研究生毕业论文：对旁压试验中几个问题的分析和试验研究，1987年研究生毕业，获得中国科学院水利电力部水利水电科学研究院工学硕士学位。

　　工作经历：研究生毕业后，先后在河北省水利水电第二勘测设计研究院、石家庄市勘察测绘设计研究院和中国兵器工业北方勘察设计研究院有限公司从事岩土工程工作，历任助理工程师、工程师、副总工程师、科技质量处处长、岩土工程公司经理、副院长兼总工程师、总经理等职。

　　社会兼职：全国注册岩土工程师执业资格考试专家组副组长，全国注册土木工程师（岩土）继续教育工作专家委员会委员，住房和城乡建设部工程勘察与测量标准化技术委员会委员，中国勘察设计协会工程勘察与岩土分会副会长，中国土木工程学会土力学及岩土工程分会施工技术专业委员会委员，中国建筑学会工程勘察分会常务理事、地基基础分会理事，中国土工合成材料工程协会理事，河北省土木建筑学会地基基础学术委员会副主任，河北省地理信息产业协会副会长，河北省BIM学会副理事长兼秘书长，河北省工程建设标准化协会副会长等。石家庄铁道大学、河北大学、河北农业大学、河北地质大学、河北科技大学、防灾科技学院等高校兼职教授。

　　技术擅长与研究方向：工程勘察、地基基础工程、地下空间工程。

　　研究成果：主持完成河北岗南水库加固、多项兵器工业与民用建设项目的工程勘察及岩土工程，多次获得省部级优秀工程勘察设计奖。撰写科技文章98篇，出版著作11部，详见附录。

前　言

　　岩土工程是各类工程建设及社会发展活动中关于地形地质、岩石、土、地下水、地下气体、地下洞室、固体垃圾、土壤污染物等的勘察、检测、监测及其开发、利用、治理和保护的工程技术，包括工程勘察、岩土材料、挖填、地基、基础、地基处理、桩、基坑、边坡、地下水治理、土工建筑物、车辆地面力学工程、土工合成材料工程应用、地下空间工程、深部岩土力学及地下工程、地质灾害防治、土岩爆破、岩土防护工程、岩土地震工程、岩土气候工程、岩土环境工程、岩土生态工程、地质旅游工程、岩土遗产保护工程等。岩土工程专业全领域、全过程覆盖了人类在地球表面及以下一定深度范围的活动，具有很强的社会性、实践性、科学性和行业地域特殊性，是一门半经验半理论、半脑力半体力、极富有探索性的学问，需要地学、力学、结构、环保和工程测试、工程施工等学科知识与经验的支撑，做好岩土工程，需要建筑师的创造性、地质师的洞察力、结构师的算术、建造师的经验和科学家的求真精神。

　　王长科先生1984年从河北农业大学水利系本科毕业，应届进入华北水利水电学院北京研究生部攻读岩土工程专业硕士学位，师从我国著名土力学家王正宏教授，1987年研究生毕业，获得中国科学院水利电力部水利水电科学研究院工学硕士学位。参加工作后，一直从事岩土工程专业技术工作，期间跟随过林宗元大师工作学习，并受到张苏民大师、汤福南高级工程师和高大钊教授的指点。

　　王长科先生紧密结合自身工程实践，对工程建设中的土力学及岩土工程问题进行研究，提出许多有益新见解，积极用于实践，取得良好效果。在探索工程实践背后的理论上，下了功夫，做到了实践和理论相结合，分别在工程勘察、地基基础、地下空间工程、岩土地震工程等领域提出了新理论、新方法、新公式和新理念。对推动解决当期工程实践难题和促进岩土工程行业科技进步做出了贡献。

　　在工程勘察方面，延伸了旁压试验基本理论，提出了三个塑性区理论和孔壁剪应力通解，应用上提出了用旁压仪测定地基原位水平应力、土的抗剪强度指标、弹性模量、固结系数、基床系数、地基承载力的理论和方法；提出了用抗剪强度指标直接计算地基承载力特征值的途径；对沉降计算中的压缩模量进行研究，提出计算方法；针对天然地基及复合地基，对基床系数的特殊性进行了研究，提出了固结试验基床系数换算为地基基础设计基床系数的计算方法；对深井载荷试验测定土的变形模量提出了新见解。

　　在地基基础方面，研究了地基承载力基本理论，提出了地基第一拐点承载力理论计算公式；研究了散体桩、实体桩、实散组合桩、夯实水泥土桩等的临界桩长、单桩承载力、沉降计算理论；提出了复合地基承载力深宽修正方法；提出了基础-垫层-复合地基共同作用原理；给出了复合地基褥垫层厚度设计计算公式；建议了复合地基变形计算深度确定方法；提出了复合地基承载力设计新思维。

　　在地下空间工程方面，研究土钉支护技术，改进了土压力分布模型、滑裂面模型，提出了"石家庄土钉法";提出了护坡桩抗剪承载力的公式、基坑边坡临界坡角计算公式、基坑边坡直立高度计算公式;提出了基坑工程设计荷载组合建议;开发并编制了基坑支护横向受力桩的受力变形反分析方法与计算机软件。

在岩土地震工程方面,分析并提出了液化判别深度、场地类别划分深度的改进建议。

在软件方面,编制了岩土工程专业108个模块的计算机软件和手机软件,尤其是其中的地基沉降计算电脑版软件,应用广泛。

在"嫦娥三号"登月研究中,成功研制出第一代低重力模拟月壤,为成功登月做出了贡献。

本书选编了王长科先生在工程勘察、地基基础、地下空间工程和岩土地震工程领域的科技文章60篇,内容涉及旁压试验、载荷试验、基床系数、地基承载力、沉降计算、压缩模量、地基处理、基坑支护、岩土地震等领域。这些文章源于工程实践,有许多独到的见解,至今仍有较高的科技价值,可供从事工程勘察及岩土工程专业的科研、生产、教学等人员使用。

岩土工程因其研究对象的广泛性、特殊性,决定了这一学科仍需要不断探索和积累经验,具有常研常新和永葆青春活力的特征,期望本书的出版,对丰富我国岩土工程学科技术发展及启发青年技术人员的学习成长,有所借鉴和裨益。

本书在编纂出版过程中,得到了中国兵器工业北方勘察设计研究院有限公司的大力支持,河北省工程勘察设计大师李宏义和杨金雷、孙会哲、陆洪根等专家领导给予了重要支持,张卫良、张春辉、段永乐等编委会全体成员付出了辛勤劳动,在此一并表示衷心感谢!

本书编委会

2018 年 2 月 26 日

目　　录

第3篇 地下空间工程

第4篇 岩土地震工程

第1篇
工程勘察

0

正交各向异性介质中孔穴扩张的弹塑性理论解

【摘　要】　本文假定介质具均质、正交各向异性和弹塑性，运用现代力学的概念和方法，研究了介质中圆柱形孔穴扩张的应力应变场，给出了理论解。

1　引言

在土木工程实践中，经常会遇到介质中孔穴扩张的问题，如水工有压隧洞、钻孔压浆、钻孔旁压试验、静力触探试验和桩基实践等。介质中孔穴扩张的理论分析成果业已很多[1,2]，但大多是建立在古典力学基础上，所以实践上应用起来，结果常偏离实际，越来越不能满足日益求精的工程要求。鉴于此，作者假定介质为正交各向异性体，运用现代弹塑性力学的概念和方法，推演并得出了介质中孔穴扩张的弹塑性理论解。作者曾将该理论应用于钻孔旁压试验的机理分析和成果应用，辟出新路，得出了许多新成果。相信本理论在其他土木工程领域的应用前景也很广阔，现予简要发表，供土木工程学者参考。

2　基本假定

(1) 介质是均质无限体，孔穴是圆柱形孔穴，孔穴扩张处于平面应变状态。

(2) 介质具正交各向异性和弹塑性，在孔穴径向和环向上的性质相同，但其轴向性质不同。轴向为竖向，径向和环向为水平向。

(3) 介质是连续的且处于平衡状态。

(4) 孔穴扩张时，介质的应力-应变关系能用增量弹性理论描述，屈服面用摩尔-库仑方程表示。

(5) 介质初始应力在水平面上与方向无关。即初始径向应力和初始环向应力相等。

3　几种可能的应力状态

孔穴内壁受到内压力 p 后，根据孔周各部位介质承受不同应力情况，随孔穴扩张沿径向可定义出四种可能的应力状态区（见图1）。

孔穴扩张初期，孔周介质径向应力增加，环向应力减小，介质富有弹性可张性质，这种应力状态称为弹性应力状态。采用柱坐标系，并考虑几何条件与加荷条件的轴对称性，可知 $\sigma_1 = \sigma_a$，$\sigma_2 = \sigma_r$，$\sigma_3 = \sigma_\theta$（σ_1、σ_2、σ_3 分别表示三个主应力，σ_a、σ_r、σ_θ 分别表示轴向、径向和环向应力）。

本文原载《军工勘察》1993 年第 3 期，作者：王长科

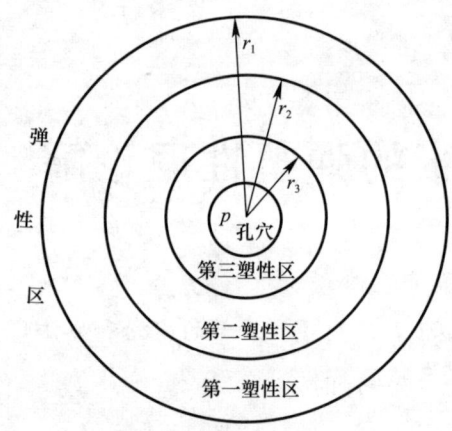

图 1　孔穴周围应力状态区示意图

随着孔穴的进一步扩张，当孔周介质应力状态满足摩尔-库仑方程时，孔周介质便进入塑性应力状态。若 $\sigma_1 = \sigma_a$，$\sigma_2 = \sigma_r$，$\sigma_3 = \sigma_\theta$，即最大、最小主应力方向较之弹性应力状态区的最大、最小主应力方向未发生变换，则该塑性应力状态称为第一塑性应力状态。

随孔内压力的增大，待孔周介质径向应力 σ_r 大于轴向应力 σ_a 时，最大主应力方向变换为沿 σ_r 方向，最小主应力方向仍为 σ_θ 方向，即 $\sigma_1 = \sigma_r$，$\sigma_2 = \sigma_a$，$\sigma_3 = \sigma_\theta$，该塑性应力状态称为第二塑性应力状态。

若孔穴内压力再进一步增加，则孔周介质中处于第二塑性应力状态的点，其环向应力和径向应力会继续增大（见后文）。当孔壁环向应力增至并超过轴向应力时，孔壁介质的最小主应力方向由环向变换为轴向，而最大主应力方向仍为径向，即 $\sigma_1 = \sigma_r$，$\sigma_2 = \sigma_\theta$，$\sigma_3 = \sigma_a$，该应力状态称为第三塑性应力状态（极限状态）。

4　弹性区理论解

在弹性应力状态区，介质的应力应变本构关系可用下面的增量弹性理论描述[3]。

$$\{\varepsilon\} = [D] \cdot \{\Delta\sigma\} \tag{1}$$

或

$$\begin{Bmatrix} \varepsilon_\theta \\ \varepsilon_r \\ \varepsilon_a \end{Bmatrix} = [D] \cdot \begin{Bmatrix} \Delta\sigma_\theta \\ \Delta\sigma_r \\ \Delta\sigma_a \end{Bmatrix} \tag{2}$$

式中，$\Delta\sigma_r$、$\Delta\sigma_\theta$、$\Delta\sigma_a$ 为径向、环向和轴向应力的增量；ε_r、ε_θ、ε_a 为相应的径向、环向和轴向应变；$[D]$ 为增量弹性矩阵。

对于均质、正交各向异性弹塑性介质，其加荷和卸荷轨迹不同，因而式（2）中弹性矩阵 $[D]$ 将随单元体的增量应力状态变化而变化[4]。

当 $\Delta\sigma_a > 0$，$\Delta\sigma_\theta < 0$，$\Delta\sigma_r > 0$ 时，弹性矩阵为

$$[D] = \begin{bmatrix} \dfrac{1}{E_h^-} & -\dfrac{\mu_{hh}^+}{E_h^+} & -\dfrac{\mu_{ah}^+}{E_a^+} \\[2mm] -\dfrac{\mu_{hh}^-}{E_h^-} & \dfrac{1}{E_h^+} & -\dfrac{\mu_{ah}^-}{E_a^+} \\[2mm] -\dfrac{\mu_{ha}^-}{E_h^-} & -\dfrac{\mu_{ha}^+}{E_h^+} & \dfrac{1}{E_a^+} \end{bmatrix} \tag{3}$$

式中，E_h^+、E_h^- 为水平向（径向或环向）加荷、卸荷时弹性模量；E_a^+ 为轴向（竖向）加荷时的弹性模量；μ_{ha}^+、μ_{ha}^- 为水平向加荷、卸荷时轴向的泊松比；μ_{ah}^+ 为轴向加荷时水平方向的泊松比；μ_{hh}^+、μ_{hh}^- 为水平向加荷、卸荷时其垂直水平向的泊松比。

孔周介质的平衡微分方程为，

$$\frac{d\sigma_r}{dr} + \frac{\sigma_r - \sigma_\theta}{r} = 0 \tag{4}$$

取压应变为正,则几何方程为

$$\begin{cases} \varepsilon_r = -\dfrac{du}{dr} \\[2mm] \varepsilon_\theta = -\dfrac{u}{r} \\[2mm] \varepsilon_a = 0 \end{cases} \tag{5}$$

式中,u 是距离孔穴中心为 r 处介质的位移,顺径向坐标轴方向为正。

孔穴扩张的边界条件为:(1) $r \to \infty$ 时,$u = 0$;(2) $r \to r_i$ 时,$\Delta\sigma_r = \Delta p = p - \sigma_{h0}$。其中 r_i 表示孔穴内壁半径,σ_{h0} 表示初始水平应力。

联解式 (2)、(3)、(4)、(5),并代入上述边界条件,可得弹性区的位移场和应力场为:

$$u = \frac{\Delta p}{E_h^+} \cdot \frac{\dfrac{\mu_{hh}^+ + \mu_{ah}^+ \cdot \mu_{ha}^+}{1 - \mu_{ah}^+ \cdot \mu_{ha}^-} - \dfrac{1 - \mu_{ah}^+ \cdot \mu_{ha}^+}{\mu_{hh}^- + \mu_{ah}^+ \cdot \mu_{ha}^-}}{\dfrac{-\lambda}{\mu_{hh}^- + \mu_{ah}^+ \cdot \mu_{ha}^-} + \dfrac{1}{1 - \mu_{ah}^+ \cdot \mu_{ha}^-}} \cdot \frac{r_i^{1+\lambda}}{r^\lambda} \tag{6}$$

$$\begin{cases} \Delta\sigma_r = \Delta p \cdot \left(\dfrac{r_i}{r}\right)^{1+\lambda} \\[4mm] \Delta\sigma_\theta = -\Delta p \cdot \left(\dfrac{r_i}{r}\right)^{1+\lambda} \cdot \dfrac{E_h^-}{E_h^+} \cdot \dfrac{\dfrac{-1}{\mu_{hh}^- + \mu_{ah}^+ \cdot \mu_{ha}^-} + \dfrac{\lambda}{1 - \mu_{ah}^+ \cdot \mu_{ha}^+}}{\dfrac{1 - \mu_{ah}^+ \cdot \mu_{ha}^-}{\mu_{hh}^+ + \mu_{ah}^+ \cdot \mu_{ha}^+}} \cdot \\[4mm] \qquad \dfrac{\dfrac{\mu_{hh}^+ + \mu_{ah}^+ \cdot \mu_{ha}^-}{1 - \mu_{ah}^+ \cdot \mu_{ha}^-} - \dfrac{1 - \mu_{ah}^+ \cdot \mu_{ha}^+}{\mu_{hh}^- + \mu_{ah}^+ \cdot \mu_{ha}^-}}{\dfrac{-\lambda}{\mu_{hh}^- + \mu_{ah}^+ \cdot \mu_{ha}^-} + \dfrac{1}{1 - \mu_{ah}^+ \cdot \mu_{ha}^-}} \\[4mm] \Delta\sigma_a \geqslant 0 \end{cases} \tag{7}$$

式中,λ 的表达式见文献 [4]。

对于均质各向同性完全弹性介质,式 (6)、(7) 可简化为

$$u = \frac{\Delta p \cdot (1 + \mu)}{E} \cdot \frac{r_i^2}{r} \tag{8}$$

$$\begin{cases} \Delta\sigma_r = \Delta p \cdot \left(\dfrac{r_i}{r}\right)^2 \\[2mm] \Delta\sigma_\theta = -\Delta p \cdot \left(\dfrac{r_i}{r}\right)^2 \\[2mm] \Delta\sigma_a = 0 \end{cases} \tag{9}$$

这和前人成果相同。

5 塑性区理论解

介质的屈服方程(摩尔-库仑方程)为

$$\frac{\sigma_1 - \sigma_3}{2} = c \cdot \cos\varphi + \frac{\sigma_1 + \sigma_3}{2} \cdot \sin\varphi \tag{10}$$

式中，c、φ 为介质的黏聚力和内摩擦角。

1. 第一塑性区理论解

在第一塑性区，$\sigma_1 = \sigma_a$，$\sigma_2 = \sigma_r$，$\sigma_3 = \sigma_\theta$，代入式（10）可得第一塑性区环向应力

$$\sigma_{\theta 1} = -\frac{2c \cdot \cos\varphi}{1 + \sin\varphi} + \frac{1 - \sin\varphi}{1 + \sin\varphi} \cdot \sigma_a \tag{11}$$

式中，角标数字"1"表示第一塑性区，以下同。

将式（11）代入平衡微分方程，并使用边界条件 $\sigma_r|_{r=r_i} = p$，积分可得第一塑性区径向应力为：

$$\sigma_{r1} = -\frac{2c \cdot \cos\varphi}{1 + \sin\varphi} + \frac{1 - \sin\varphi}{1 + \sin\varphi} \cdot \sigma_a + \left(p + \frac{2c \cdot \cos\varphi}{1 + \sin\varphi} - \frac{1 - \sin\varphi}{1 + \sin\varphi} \cdot \sigma_a\right) \cdot \frac{r_i}{r} \tag{12}$$

2. 第二塑性区理论解

在第二塑性区，$\sigma_1 = \sigma_r$，$\sigma_2 = \sigma_a$，$\sigma_3 = \sigma_\theta$，代入屈服准则（式10）和平衡微分方程（式4），积分后得

$$\sigma_r = A_2 \cdot \left(\frac{1}{r}\right)^{\frac{2\sin\varphi}{1+\sin\varphi}} - c \cdot \cot\varphi \tag{13}$$

其中，A_2 为积分常数。使用孔穴边界条件 $\sigma_r|_{r=r_i} = p$ 可得 A_2 值，再代入通解式（13）可得第二塑性区径向应力为：

$$\sigma_{r2} = (c \cdot \cot\varphi + p)\left(\frac{r_i}{r}\right)^{\frac{2\sin\varphi}{1+\sin\varphi}} - c \cdot \cot\varphi \tag{14}$$

将式（14）代入屈服准则（式10）后得第二塑性区环向应力

$$\sigma_{\theta 2} = \frac{1 - \sin\varphi}{1 + \sin\varphi} \cdot (c \cdot \cot\varphi + p)\left(\frac{r_i}{r}\right)^{\frac{2\sin\varphi}{1+\sin\varphi}} - c \cdot \frac{\cot\varphi + \cos\varphi}{1 + \sin\varphi} \tag{15}$$

3. 第三塑性区理论解

在第三塑性区，$\sigma_1 = \sigma_r$，$\sigma_2 = \sigma_\theta$，$\sigma_3 = \sigma_a$，代入屈服方程式（10）后可得第三塑性区径向应力：

$$\sigma_{r3} = 2c \cdot \frac{\cos\varphi}{1 - \sin\varphi} + \sigma_a \cdot \frac{1 + \sin\varphi}{1 - \sin\varphi} \tag{16}$$

将式（16）代入平衡微分方程（式4）得第三塑性区环向应力：

$$\sigma_{\theta 3} = 2c \cdot \frac{\cos\varphi}{1 - \sin\varphi} + \sigma_a \cdot \frac{1 + \sin\varphi}{1 - \sin\varphi} \tag{17}$$

从上述可以看出，孔周第三塑性应力状态区径向应力和环向应力相等，并与半径 r 无关，与孔穴内压力 p 也无函数关系，说明已达极限状态，这时孔穴内压力称为极限压力。孔穴极限压力仅是介质初始轴向应力和介质强度指标的函数。

6 正交各向异性弹塑性体各弹性常数间的关系

本节题目似乎与本文题目无十分紧密的关系，但与本文理论在工程中的应用却有着密

6

切联系。关于正交各向异性弹性体各弹性常数间的关系，前人早已发现。但对于正交各向异性弹塑性体，其各弹性常数间的关系至今未见报道。为此本文将这一成果发表，供土木工程学者参考。

如图 2 所示，在同一个均质正交各向异性弹塑性体上作用着两种不同的应力状态，由式（1）知，将存在着两种不同的应变状态，即

状态 1：$\Delta\sigma'_x$，$\Delta\sigma'_y$，$\Delta\sigma'_z$；ε'_x，ε'_y，ε'_z

状态 2：$\Delta\sigma''_x$，$\Delta\sigma''_y$，$\Delta\sigma''_z$；ε''_x，ε''_y，ε''_z

由功的互等定理

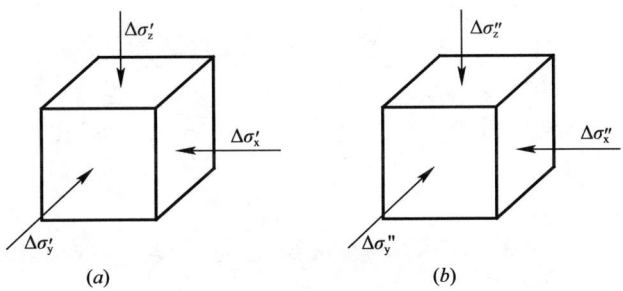

图 2　应力状态示意图

(*a*) 状态 1；(*b*) 状态 2

$$\iiint (\Delta\sigma'_x \cdot \varepsilon''_x + \Delta\sigma'_y \cdot \varepsilon''_y + \Delta\sigma'_z \cdot \varepsilon''_z)\mathrm{d}x\,\mathrm{d}y\,\mathrm{d}z = \iiint (\Delta\sigma''_x \cdot \varepsilon'_x + \Delta\sigma''_y \cdot \varepsilon'_y + \Delta\sigma''_z \cdot \varepsilon'_z)\mathrm{d}x\,\mathrm{d}y\,\mathrm{d}z$$

$$(18)$$

取 $\Delta\sigma'_x = \Delta\sigma'_y = 0$，$\Delta\sigma'_z > 0$，$\Delta\sigma''_x > 0$，$\Delta\sigma''_y = 0$，$\Delta\sigma''_z = 0$，将式（1）代入式（18），得

$$\frac{\mu^+_{ah}}{E^+_a} = \frac{\mu^+_{ha}}{E^+_h} \tag{19}$$

同理，可得

$$\frac{\mu^-_{ah}}{E^-_a} = \frac{\mu^+_{ah}}{E^+_a} \tag{20}$$

$$\frac{\mu^+_{ha}}{E^+_h} = \frac{\mu^-_{ah}}{E^-_a} \tag{21}$$

$$\frac{\mu^+_{hh}}{E^+_h} = \frac{\mu^-_{hh}}{E^-_h} \tag{22}$$

对于均质正交各向异性弹性体，上式可简化为

$$\frac{\mu_{ah}}{E_a} = \frac{\mu_{ha}}{E_h} \tag{23}$$

这和前人成果相同。其中，a 表示轴向，是 z 方向，h 表示水平向，是 x、y 方向。

7　结束语

本文运用现代力学的概念和方法研究了均质正交各向异性弹塑性介质中孔穴扩张的课

题。这一结果可望应用于旁压试验、静力触探试验、桩基等机理分析研究，也可用于指导劈裂灌浆等工程实践。

对于旁压试验，现有机理理论是基于土体为均质、各向同性、完全弹性或完全塑性，不考虑应力主轴的旋转等假定，应用本文理论可考虑土的正交各向异性和弹塑性，分析结果更符合实际，这已被实践初步证实。

对静力触探试验和桩基实践，现有机理理论是基于土为均质、各向同性和刚塑性。在研究锥侧土横向扩张时采用本文理论，相信会得出新的更符合实际的分析结果。

上海在前几年打桩中就发现，观测到的桩周土的径向应力和环向应力相等，采用本文第三塑性区理论就可予以解释。

总之，本文理论在土木工程实践中的应用前景是广阔的。该理论今后应在不同条件下的具体工程实践中不断应用和验证。

鸣谢：本课题是在王正宏教授指导下完成的，作者在此对王教授的指导表示衷心感谢。

参考文献

[1] A. B. Vesic, Expantion of cavities in infinite soil mass, SMFD, vol. 98, No. SM3, PP. 265-290, 1972.

[2] 弗·巴居兰等著，卢世深等译. 旁压仪和基础工程. 北京：人民交通出版社，1978.

[3] 黄文熙主编. 土的工程性质. 北京：水利电力出版社，1981.

[4] 王长科（1987）. 对旁压试验中几个问题的分析和试验研究（硕士论文）. 华北水利水电学院北京研究生部，导师：王正宏.

旁压试验孔壁剪应力的通解

【摘　要】　本文运用有限线应变理论导出了旁压试验孔壁土体剪应力的通解。并证明 Palmer、Ladanyi、Baguelin、Cassan、Wroth & Windle 的解为本文通解在某些特定条件下的特解。

1　前言

旁压试验发展至今已近 40 年，其应用十分广泛。国内外许多学者已投入这一试验的研究工作，发表的专著、论文和工程报告非常之多，但迄今旁压试验的成果判释和应用问题仍不成熟，机理研究仍需深入开展。

1972 年，Palmer[1]、Ladanyi[2] 和 Baguelin[3] 同时研究了饱和软黏土在快速旁压试验条件下孔壁土体剪应力的变化规律。1975 年，Wroth 和 Windle[4] 研究了体变和环向应变呈线性关系条件下旁压孔壁土体剪应力的变化规律。这些成果曾一度促进了旁压试验机理研究、成果判释和成果应用的向前发展。这些研究在一开始就做了一些假定，比如，Palmer、Ladanyi 和 Baguelin 均假定旁压试验过程中孔周土体的体变为零（等容原理），Wroth 和 Windle 假定旁压孔周体应变（ε_v）和环向应变（$\varepsilon_{\theta i}$）呈正比，因而这些成果只适用于一些特定条件。对于一般土，在旁压试验过程中，其孔周土体变规律很难用一个统一的假想模型来表达。因而研究普遍条件下（不预先假定体变规律）的旁压试验孔壁剪应力通解是十分重要的。为此，本文运用平衡微分方程、几何方程（有限线应变理论）和不等容原理导出了旁压试验孔壁剪应力的通解。

2　旁压试验孔壁剪应力的通解

如图 1 所示，旁压试验开始前钻孔内压力为 p_0，钻孔的半径为 r_0，土体中某单元体距钻孔中心距离为 $r-\zeta$。试验开始后，钻孔内壁压力增至 p，相应的钻孔半径增至 r_i，上述单元体距钻孔中心的距离增至 r。

取单位圆柱体深度考虑。由几何学原理

$$\pi(r^2 - r_i^2) = \pi[(r-\zeta)^2 - r_0^2] - \Delta V \tag{1}$$

式中，ΔV 为试验过程中的体积变化量，以压缩为正。平均体积应变

$$\bar{\varepsilon}_v = \frac{\Delta V}{V_0} \tag{2}$$

式中，V_0 为初始体积，$V_0 = \pi[(r-\zeta)^2 - r_0^2]$，将式（2）代入式（1）得

本文原载《工程勘察》1992 年第 3 期，作者：王长科，章家驹

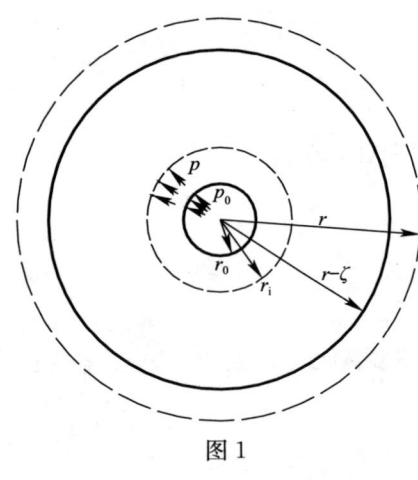

图 1

$$\pi(r^2 - r_i^2) = \pi[(r-\zeta)^2 - r_0^2](1-\bar{\varepsilon}_v) \qquad (3)$$

如图 1 所示，取压应变为正，采用有限线应变理论，土体中单元体的几何方程为

$$\varepsilon_r = -\frac{d\zeta}{dr} \qquad (4)$$

$$\varepsilon_\theta = -\frac{\zeta}{r-\zeta} \qquad (5)$$

式中，ε_r、ε_θ 分别表示径向应变和环向应变。

由式（5）得

$$r - \zeta = \frac{r}{1-\varepsilon_\theta}$$

代入式（3）得

$$\frac{r^2 - r_i^2}{1-\bar{\varepsilon}_v} = \frac{r^2}{(1-\varepsilon_\theta)^2} - r_0^2 \quad 或$$

$$r^2[(1-\bar{\varepsilon}_v) - (1-\varepsilon_\theta)^2] = (1-\varepsilon_\theta)^2[r_0^2(1-\bar{\varepsilon}_v) - r_i^2] \qquad (6)$$

微分之并整理可得

$$2r[(1-\bar{\varepsilon}_v) - (1-\varepsilon_\theta)^2]dr + r^2[-d\bar{\varepsilon}_v + 2(1-\varepsilon_\theta)d\varepsilon_\theta] =$$

$$2(1-\varepsilon_\theta)(-d\varepsilon_\theta)[r_0^2(1-\bar{\varepsilon}_v) - r_i^2] + (1-\varepsilon_\theta)^2 r_0^2(-d\bar{\varepsilon}_v) \qquad (7)$$

用式（6）的两边项分别去除式（7）的两边项，得

$$2 \cdot \frac{dr}{r} + \frac{-d\bar{\varepsilon}_v + 2(1-\varepsilon_\theta)d\varepsilon_\theta}{(1-\bar{\varepsilon}_v) - (1-\varepsilon_\theta)^2} = -\frac{2d\varepsilon_\theta}{1-\varepsilon_\theta} - \frac{r_0^2 \cdot d\bar{\varepsilon}_v}{[r_0^2(1-\bar{\varepsilon}_v) - r_i^2]}$$

化简后得

$$2 \cdot \frac{dr}{r} = \frac{d\bar{\varepsilon}_v - 2(1-\varepsilon_\theta)d\varepsilon_\theta}{(1-\bar{\varepsilon}_v) - (1-\varepsilon_\theta)^2} - \frac{2d\varepsilon_\theta}{1-\varepsilon_\theta} - \frac{d\bar{\varepsilon}_v}{(1-\bar{\varepsilon}_v) - \left(1+\dfrac{r_i - r_0}{r_0}\right)^2} \qquad (8)$$

由孔周土体平衡微分方程式

$$\frac{d\sigma_r}{dr} + \frac{\sigma_r - \sigma_\theta}{r} = 0 \qquad (9)$$

得

$$2 \cdot \frac{dr}{r} = -\frac{d\sigma_r}{\dfrac{\sigma_r - \sigma_\theta}{2}} \qquad (10)$$

对于钻孔壁，$r = r_i$

$$\varepsilon_{\theta i} = -\frac{r_i - r_0}{r_0}$$

$$\varepsilon_v = \lim_{r \to r_i}(\bar{\varepsilon}_v)$$

$$p = \sigma_r|_{r=r_i} \qquad (11)$$

式中，$\varepsilon_{\theta i}$、ε_v 和 p 分别表示钻孔壁土体的环向应变、体积应变和径向应力。

将式（10）代入式（8）并取 $r \to r_i$ 极限，再将式（11）代入整理得

$$\tau = \frac{1}{2} \cdot \frac{\mathrm{d}p}{\mathrm{d}\varepsilon_{\theta i}}(1 - \varepsilon_{\theta i}) \cdot \left[1 - \frac{(1 - \varepsilon_{\theta i})^2}{1 - \varepsilon_v} \right] \tag{12}$$

式中，τ 为孔壁土体剪应力 $\tau = [(\sigma_r - \sigma_\theta)/2]_{r=r_i}$；$p$ 为钻孔壁径向应力；$\varepsilon_{\theta i}$ 为钻孔壁土体环向应变，以压缩为正；ε_v 为钻孔壁土体体积应变，以压缩为正。

式（12）就是旁压试验孔壁剪应力的通解。

3　旁压试验孔壁剪应力的特解

对饱和软黏土，在快速旁压试验条件下，一般可认为无体变发生，$\varepsilon_v = 0$，代入式（12）得

$$\tau = \frac{1}{2} \cdot \frac{\mathrm{d}p}{\mathrm{d}\varepsilon_{\theta i}} \cdot \varepsilon_{\theta i} \cdot (1 - \varepsilon_{\theta i}) \cdot (2 - \varepsilon_{\theta i}) \tag{13}$$

该式和 Palmer[1]、Ladanyi[2]、Baguelin[3] 和 Cassan[5] 所得公式相同。

如果土的体应变 ε_v 和环向应变 $\varepsilon_{\theta i}$ 呈线性关系[4]，

$$\varepsilon_v = l \cdot \varepsilon_{\theta i} \tag{14}$$

式中，l 为比例常数，由试验给出。

将式（14）代入式（12）得，

$$\tau = \frac{1}{2} \cdot \frac{\mathrm{d}p}{\mathrm{d}\varepsilon_{\theta i}} \cdot \varepsilon_{\theta i} \cdot \frac{(1 - \varepsilon_{\theta i}) \cdot (2 - \varepsilon_{\theta i} - l)}{1 - l \cdot \varepsilon_{\theta i}} \tag{15}$$

该式和 Wroth&Windle 所得公式相同。

4　结束语

前述应用有限线应变理论 $\left(\varepsilon = \frac{l - l_0}{l_0} \right)$ 导出了旁压试验孔壁剪应力的一般解（式 12）。

若采用 Almansi 应变 $\left(\alpha = \frac{1}{2} \cdot \frac{l^2 - l_0^2}{l^2} \right)$ 或 green 应变 $\left(g = \frac{1}{2} \cdot \frac{l^2 - l_0^2}{l_0^2} \right)$ 理论，将式（12）中线应变换算为 Almansi 应变或 Green 应变，则可得出

$$\tau = \frac{\mathrm{d}p}{\mathrm{d}\alpha} \cdot \left(\alpha_0 - \frac{\mu_0}{2} \right)$$

和

$$\tau = \frac{\mathrm{d}p}{\mathrm{d}g_0} \cdot \left(\frac{(2g_0 - \mu_0)(1 + 2g_0)}{2(1 + \mu_0)} \right)$$

这和 Baguelin 等人[5] 所得公式相同，说明本文的推导过程和结果是正确的。

从推导过程来看，用有限线应变表示的旁压孔壁剪应力通解，在小应变时成立，在大应变时也成立，相信这一成果的得出，会进一步促进旁压试验机理研究、成果判释和成果应用。

本文成果是在王正宏教授指导下完成的[6]，对王教授的辛勤指导表示感谢。

参考文献

[1]　Palmer AC, Undrained Plane Strain expansion of a cylindrical Cauity in Clay：asimple interpretation

of the pressuremeter test，Geotechhique，Vol 22，No3，1972.

［2］ Ladanyi B，in situ determination of undrained stress-strain behaviour of sensitive clays with pressuremeter，Conadian Geotechmical Dournal，Vol9 No. 3，1972，PP 313-319.

［3］ Baguelin etl，expansion of cylindrical probes in conesive soils，J. SMFD，ASCE Vol，98 No，SM11 1972，PP1129-1142.

［4］ Wroth cp & Windle D，analysis of the pressuremeter test allowing for volume change，Geotechnique，Vol. 25，No. 3，1975.

［5］ 弗·巴居兰特等著，卢世深等译. 旁压仪和基础工程. 北京：人民交通出版社，1984.

［6］ 王长科（1987）. 对旁压试验中几个问题的分析和试验研究（硕士论文）. 华北水利水电学院北京研究生部，导师：王正宏，1987.

用旁压试验推求土体强度指标的方法探讨

【摘　要】　本文回顾了前人基于旁压试验对土体强度特性的研究成果，考虑垂直应力 σ_z 对应力场的影响，通过对旁压孔壁土体的塑性应力分析，从理论上建议了用旁压试验推求土体强度指标的一种新方法。

1　前言

　　近几年来，国内外有不少学者在研究旁压试验的机理、成果判释及特征参数的应用等问题。应用旁压试验可以研究土的压缩特性、强度特性、原位应力状态、应力变形本构关系、蠕变特性及固结特性等。至今，关于强度方面的研究成果很多，归纳起来，可以分为三类。第一类是在假定土为均质、各向同性和理想弹塑性条件下，通过对旁压孔周土体的应力分析，应用旁压曲线或其特征值，对土的强度特性进行求解，如 Gibson & Anderson，特拉费明柯夫等。第二类是假定土的体积变化规律，通过对旁压孔周土体的受力变形规律的分析，建立钻孔壁土单元体剪应力的变化规律公式，应用旁压曲线上的塑性段，对土体的强度特性进行求解，如 Baguelin、Ladanyi、Vesic 等。第三类是假定土体服从于某种本构模型，分析其在旁压试验条件下的表现形式，结合室内土工试验，从而对土体强度指标进行求解。

　　上述第一类方法在进行分析时，未考虑土体原位垂直应力 σ_z 的存在和影响，在其成果应用上，存在一定范围的限制性和经验性。本文所述方法是对该第一类方法的修改和完善。希望引起同行们的重视和讨论。

　　一些理论分析指出，旁压试验条件下，钻孔周围土体应力的分布及变化规律和垂直应力 σ_z 有关。土体在塑性屈服之后，将存在几种不同类型的塑性区，当土体破坏时，钻孔壁土体进入第三塑性应力状态，钻孔壁极限应力 p_L 是土体强度指标 c、φ 和垂直应力 σ_z 的函数，在正常固结条件下，与原位水平应力关系不大。笔者认为，可使用该结论，求取土体的强度指标。

2　旁压孔周土体塑性应力分析简述[1]

　　随着旁压试验的进行，旁压孔周土体进入塑性应力状态。使用 Mohr-Column 屈服准则和应力边界条件，可以得出不同类型塑性应力状态区的应力分布表达式。

　　在第一塑性应力状态区（$\sigma_z > \sigma_r > \sigma_\theta$）

本文原载《勘察科学技术》1989 年第 1 期，作者：王长科，骆筱菊

$$\sigma_r = -\frac{2c\cos\varphi}{1+\sin\varphi} + \sigma_z\frac{1-\sin\varphi}{1+\sin\varphi} + \left(p + \frac{2c\cos\varphi}{1+\sin\varphi} - \sigma_z\frac{1-\sin\varphi}{1+\sin\varphi}\right)\frac{r_i}{r} \tag{1}$$

$$\sigma_\theta = -\frac{2c\cos\varphi}{1+\sin\varphi} + \sigma_z\frac{1-\sin\varphi}{1+\sin\varphi} \tag{2}$$

式中，σ_r、σ_θ 分别表示土的径向应力和环向应力；r_i 表示该塑性应力状态区的内边界半径；r 为该单元体距钻孔中心的半径；p 为钻孔壁内压力；c、φ 表示土的强度指标。

在第二塑性应力状态区 $\sigma_r > \sigma_z > \sigma_\theta$

$$\sigma_r = (c \cdot \cot\varphi + p)\left(\frac{r_i}{r}\right)^{\frac{2\sin\varphi}{1+\sin\varphi}} - c \cdot \cot\varphi \tag{3}$$

$$\sigma_\theta = \frac{1-\sin\varphi}{1+\sin\varphi}(c \cdot \cot\varphi + p)\left(\frac{r_i}{r}\right)^{\frac{2\sin\varphi}{1+\sin\varphi}} - c\frac{\cot\varphi + \cos\varphi}{1+\sin\varphi} \tag{4}$$

式中，符号意义同前。

在第三塑性应力状态区（$\sigma_r \geqslant \sigma_\theta > \sigma_z$）

$$\sigma_r = \sigma_\theta = p_L \tag{5}$$

$$p_L = 2c\frac{\cos\varphi}{1-\sin\varphi} + \sigma_z\frac{1+\sin\varphi}{1-\sin\varphi} \tag{6}$$

式中，符号意义同前。

3 土体强度指标的求取

式（6）是钻孔周围土体破坏时的极限压力表达式。笔者认为，使用旁压试验成果并由式（6），可求取土的强度指标。现叙述如下。

（1）饱和软黏土在不排水条件下强度指标的求取

对饱和软黏土，在不排水条件下 $\varphi = 0$，式（6）可化为

$$p_L = 2c + \sigma_z \tag{7}$$

或

$$c = \frac{p_L - \sigma_z}{2} \tag{8}$$

式中，p_L、σ_z 分别是旁压试验极限压力和试验点的上覆垂直压力。

极限压力 p_L 可根据试验曲线求得，垂直压力 σ_z 可据下式计算。

$$\sigma_z = \sum_{i=1}^{n} \gamma_i \cdot h_i \tag{9}$$

式中，γ_i 和 h_i 分别表示上覆某土层的有效重度和土层厚度。

不难看出，将垂直应力 σ_z 和旁压试验极限压力 p_L 代入式（8），即可求得饱和软黏土在快速试验条件下的强度指标。

（2）砂土内摩擦角的求取

对于砂土，黏聚力 $c = 0$，式（6）可化为：

$$p_L = \sigma_z\frac{1+\sin\varphi}{1-\sin\varphi} \tag{10}$$

或

$$\varphi = \sin^{-1}\frac{p_L - \sigma_z}{p_L + \sigma_z} \tag{11}$$

式中，符号意义同前。

同理，将垂直压力 σ_z 和旁压试验极限压力 p_L 带入式（11），可求得砂土的强度指标。

（3）一般黏性土强度指标的求取

对于一般黏性土，强度指标 c、φ 均不为零。从式（6）可看出，采用一次旁压试验结果，无法求取土的两个强度指标 c、φ。在这种情况下，笔者认为，可在不同深度上多次做旁压试验，绘图求取土的强度指标。具体做法叙述如下。

假定某层土为均质，在某一范围内土性不随深度变化。在该范围内的不同深度上做旁压试验。每次试验的极限压力 p_L 和相应的垂直压力 σ_z 点绘在 p_L-σ_z 图上，如图 1 所示。将每次绘出的点连成一条线。从前述分析不难看出，这条试验线，实际上就是式（6）在 p_L-σ_z 坐标图上的方程线。不难证明，应用绘出的试验线，可求得式（6）的参数 c、φ。

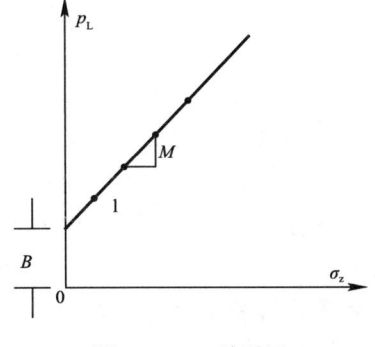

图 1 p_L-σ_z 关系图

由式（6）可求得：

$$\varphi = \sin^{-1}\frac{M-1}{M+1} \tag{12}$$

$$c = \frac{B(1-\sin\varphi)}{2 \cdot \cos\varphi} \tag{13}$$

式中，M、B 分别是试验线的斜率和截距（见图 1）。

将各次实验所得极限压力 p_L 和相应的垂直应力 σ_z 点绘于上图，找出通过试验点直线的斜率 M 和截距 B，代入式（12）和式（13），可求出某层土的强度指标 c、φ。

4 小结

本文未考虑钻孔壁的扰动，假定土体屈服以后，服从 Mohr-Coulomb 屈服准则，简要分析了钻孔壁土体塑性应力分布与变化规律，在理论上提出了从旁压试验结果中，判释土体强度指标的一种方法。该方法的可行性如何，尚需做大量室内外对比试验工作进行研究和探讨。这正是笔者下一步所要进行的工作。

值得指出，在旁压试验自始至终的过程中，钻孔壁土单元体的最大、最小主应力方向经历了几次互换；当土体破坏时，最大主应力方向是水平向，最小主应力方向是垂直向。这与室内常规原状土三轴试验的应力路径不一致。

参考文献

[1] 王长科（1987）. 对旁压试验中几个问题的分析和试验研究（硕士论文）. 华北水利水电学院北京研究生部，导师：王正宏.

旁压试验 p_0 值物理含义及其求法的研究

【摘　要】　如何从预钻式旁压试验曲线上合理确定 p_0 值以及根据现有方法从旁压曲线上确定的 p_0 值物理含义何在，至今是一个尚未得到很好解决的问题。本文简要回顾了旁压试验的原理和从旁压曲线上确定 p_0 值的几种主要方法，并对这些方法进行了剖析，阐述了按这些方法所确定的 p_0 值的物理含义。最后笔者分析了成孔扰动对旁压曲线的影响机制，结合工程实践建议了一种从旁压曲线上确定 p_0 值的合理方法。

1　前言

目前，关于从预钻式旁压试验曲线上来确定地基原位水平应力的办法有多种，如：梅纳法、规程法、经验法、应力路径法、循环加荷法和割线法。但因按这些方法确定的数值大多和实际地基原位水平应力值不一致，且无明显规律可循，因而其物理含义不太明确[1]，一般在概念上将其称为旁压试验 p_0 值或初始压力值，以区别于实际地基原位水平应力值。旁压试验的特点和目前对旁压试验原理的研究程度，使旁压试验成果的应用受到了限制。当前旁压试验在理论上尚不能单独用于定量评价地基的工程性质。

鉴于上述情况，本文对现有的从预钻式旁压试验曲线上确定 p_0 值的方法进行回顾和剖析，并对按这些方法确定的 p_0 值的物理含义进行分析和讨论。在此基础上，考虑成孔扰动对旁压曲线的影响原理，结合工程实践，笔者提出了一种较为合理的确定地基原位水平应力的办法（暂称"交点法"）。

2　现有方法及其 p_0 值物理含义讨论

预钻式旁压试验的特点是首先在地层中钻出一个直径略大于旁压器外径的垂直钻孔，这使得钻孔在试验前因成孔卸荷而出现弹性缩孔[2]和塑性缩孔（成孔扰动和塑性屈服引起土结构、组构改变而产生的缩孔）。试验开始后，孔壁原出现弹性变形（弹性缩孔引起的变形）和塑性变形（塑性缩孔引起的变形）的范围内开始发生再压缩。待原弹、塑性变形消失后，钻孔周围开始发生压缩直至试验结束。

预钻式旁压试验的原理决定了旁压曲线由三个阶段构成，即再压缩阶段、压缩阶段（似弹性阶段）和屈服破坏阶段，这已为实践所证实。但是，由于目前对试验前钻孔塑性缩孔的机制、规律及其对旁压曲线的影响还不清楚，因而从旁压曲线上确定地基原位水平应力的方法很不成熟，于是出现了很多确定 p_0 值的方法。现将有代表性的两种方法分述

本文原载《工程勘察》1990 年第 3 期，作者：王长科

如下。

（1）梅纳（Menard）法

图 1 中 p-V 曲线表示预钻式旁压试验曲线；p-ΔV 表示相应的旁压试验蠕变曲线，该线上第一拐点所对应的压力值为 p_0 值。

现在来看这一 p_0 值的物理含义。在再压缩阶段，旁压试验压力所做的功主要用于克服试验前因成孔卸荷引起的弹、塑性变形，至压缩阶段时，原弹、塑性变形被克服完毕，代之以新的压缩变形（弹性压缩和塑性压缩）。因而按梅纳法确定的 p_0 值在理论上是和旁压曲线直线段点（再压缩阶段和压缩阶段的分界点）所对应的压力值是等同的，这个 p_0 值在一般情况下比实际地基原位水平应力值大。许多试验报道和资料印证了这一观点。

（2）规程法

如图 2 所示，将试验直线段（压缩阶段）延长交于横坐标轴上 A 点，过 A 点做纵坐标轴的平行线交于曲线上 B 点，该点所对应的压力值即为 p_0 值。此法是加拿大学者 Tavenas 提出的，虽受坐标比例尺影响，但较为简单。目前，我国水利部土工规程采纳了这一方法，并做了详细规定。

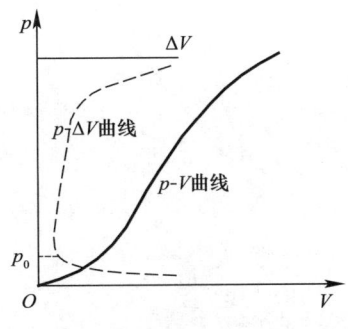

图 1 按梅纳法求 p_0 值

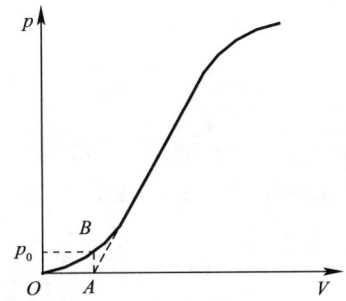

图 2 按规程法求 p_0 值

下面分析这一 p_0 值的物理含义。

图 3 是典型预钻式旁压试验 p-V 曲线。按规程法求出 B 点对应的 p_0 值后，过 B 点做水平线交 AF 于 D，过 D 再做竖直线 CE。首先来看旁压试验条件下土的弹塑性性状。假定按规程法求出的 p_0 值就是地基原位水平应力值，则图中 D 点就是依据规程法求出的成孔前假定钻孔状态的特征点，曲线 DO 表示假想成孔卸荷曲线[3]。不妨先假定试验前理想成孔情况下钻孔壁土体没有受到扰动，则前述塑性缩孔只是钻孔卸荷产生塑性屈服的结果。如前所述，缩孔变形可以分为塑性变形（图 3 中 OF 部分）和弹性变形（图 3 中 EF 部分）。根据土的弹塑性性质，试验初期加荷至图 3 中 C 点

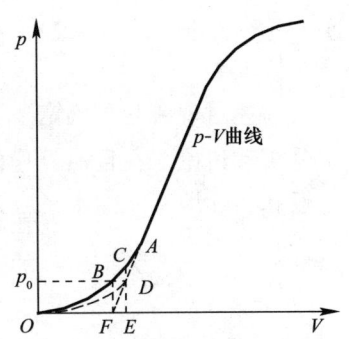

图 3 规程法求 p_0 值
物理含义分析图

时，试验压力已超过原地基原位水平应力值，即地基原位水平应力值应小于 C 点的试验压力值。由此不难看出，规程法实际已隐含假定了旁压试验初期土的弹塑性性状准则：试验再加荷变形量等于前卸荷塑性变形量时，试验压力值即等于前卸荷压力值。这隐含的假定

17

在目前虽无理论依据和专门的试验验证，但据笔者对一些试验资料的统计和分析，认为这一假定近似正确。这说明在理想成孔（孔壁无扰动）条件下，用规程法确定地基原位水平应力是可行的。

实际上，无论采用何种方法成孔，孔壁扰动是不可避免的。笔者认为，成孔扰动对旁压曲线的影响可按扰动半径（范围）和孔壁扰动程度两方面来考虑，前者对整个旁压曲线有影响，而后者主要对旁压曲线再压缩阶段有影响[4]。一般地说，在硬土中成孔扰动半径（范围）小，孔壁扰动程度相对高，扰动主要表现为孔壁扰动，如图 4（a）所示，这时按规程法确定的 p_0 值会偏高；在软土中成孔，一般扰动半径（范围）大，而孔壁扰动程度相对小，扰动主要表现为孔周围某一范围内扰动，如图 4（b）所示，这时按规程法确定的 p_0 值会偏低。

综上所述，按规程法确定的 p_0 值实际是地基原位水平应力、成孔扰动半径（范围）和孔壁扰动程度的综合反映。成孔扰动越小，确定的 p_0 值越接近实际地基原位水平应力值。相反，成孔扰动越大，确定的 p_0 值越偏离实际地基原位水平应力值。

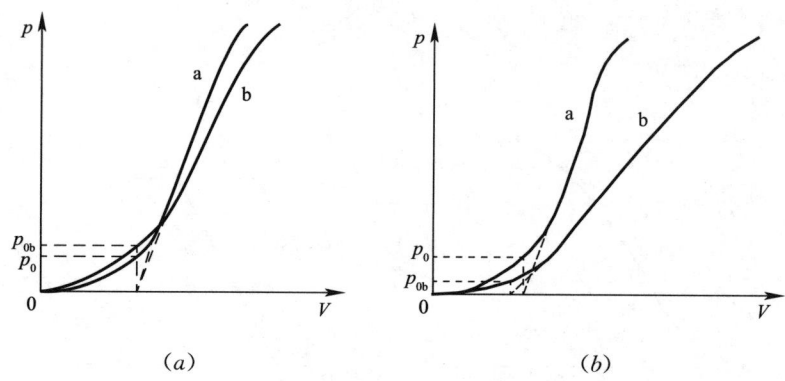

（a）　　　　　　　　　（b）

图 4　孔壁扰对旁压曲线的影响

图中：a 为理想成孔旁压曲线；b 为扰动成孔旁压曲线

3　交点法

前述对现有几种确定 p_0 值的方法进行了剖析，并对按其所确定 p_0 值的物理含义进行了分析和讨论。在目前成孔扰动得不到定量控制的情况下，按前述现有方法确定的 p_0 值一般和实际地基原位水平应力值有出入，其物理含义是不明确的。究其原因，是由于对成孔塑性变形（成孔扰动和卸荷引起塑性屈服产生的塑性变形）对旁压曲线的影响机制尚不清楚。下面来分析成孔塑性变形对旁压曲线的影响机制。

如图 5 所示，若假定成孔扰动半径（范围）为无穷大（即已超出旁压试验影响范围），则旁压曲线为图中 a 线，a 线斜率反映了扰动土的旁压模量。若假定试验前钻孔不出现塑性变形（即无成孔扰动和卸荷塑性屈服）则旁压曲线为图中 b 线。实际上，试验前钻孔是存在塑性变形的，因而实际旁压曲线是孔周扰动土的应力应变

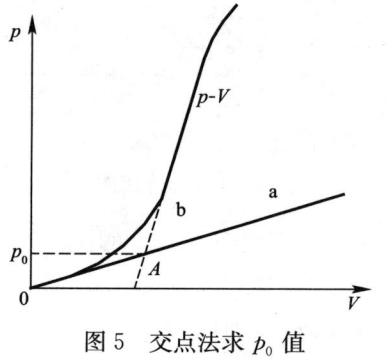

图 5　交点法求 p_0 值

特性和远处未扰动土应力应变特性的有机叠加。图中切线 a 和延长线 b 的交点 A 反映了成孔前钻孔的原位状态，交点 A 对应的试验压力为试验点的地基原位水平应力。根据这一分析，笔者建议，可采用这一方法来确定地基原位水平应力值。具体做法见图 5：做旁压曲线初始切线 a，交于直线段延长线 b 上 A 点，A 点对应的试验压力即为地基原位水平应力。

笔者曾对一些资料进行了整理，发现只要在试验阶段按小等级加荷，所测旁压曲线再压缩阶段准确，按交点法确定的 p_0 值较为符合实际。

4 工程实例

在石家庄某高层建筑地基勘察中进行了钻孔旁压试验，分别按梅纳法、规程法和交点法进行成果整理（为直观三种方法确定 p_0 值的不同，将钻孔内一点实测旁压曲线及其确定 p_0 值过程绘于图 6），并进行相应的侧压力系数 K_0 值计算，结果列于表 1。从表中可以看出，按梅纳法确定的 p_0 值和旁压曲线直线段起始压力较为接近；按规程法确定的 p_0 值随深度无明显规律，其物理含义不明确；按交点法确定的 p_0 值随深度增加而增大，其相应的 K_0 值也符合经验值。

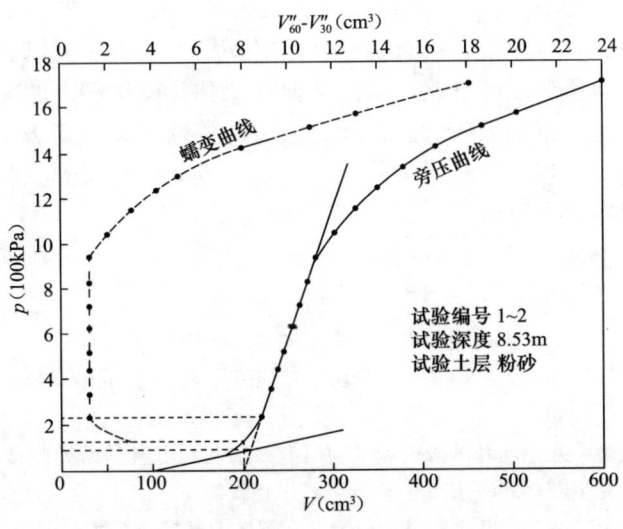

图 6 1-2# 点旁压曲线

表 1

编号	试验深度（m）	土名	自重应力 σ_z（kPa）	起始压力直线段（kPa）	梅纳法（Menard）		规程法		本文交点法		旁压模量 E_M（MPa）
					p_0（kPa）	K_0	p_0（kPa）	K_0	p_0（kPa）	K_0	
1	6.72	粉质黏土	128.4	200.0	180.0	1.40	150.0	1.17	50.0	0.39	50
2	8.53	粉砂	163.8	230.0	230.0	1.40	120.0	0.73	65.0	0.40	31
3	9.96	粉砂	191.0	280.0	280.0	1.47	115.0	0.60	70.0	0.37	25
4	11.40	粉质黏土	218.8	100.0	—	—	45.0	0.21	80.0	0.37	6
5	12.50	细砂	240.1	260.0	270.0	1.12	120.0	0.50	90.0	0.37	21
6	13.50	细砂	259.1	220.0	220.0	0.85	115.0	0.44	100.0	0.39	14

编号	试验深度（m）	土名	自重应力 σ_z(kPa)	起始压力直线段（kPa）	梅纳法（Menard）		规程法		本文交点法		旁压模量 E_M(MPa)
					p_0(kPa)	K_0	p_0(kPa)	K_0	p_0(kPa)	K_0	
7	14.80	粉质黏土	284.0	170.0	180.0	0.63	90.0	0.32	105.0	0.37	9
8	16.73	中砂	320.7	260.0	260.0	0.81	180.0	0.44	110.0	0.34	31
9	18.81	中砂	361.7	260.0	260.0	0.72	170.0	0.47	120.0	0.33	35
10	21.00	轻亚黏土	403.7	240.0	240.0	0.60	140.0	0.37	130.0	0.32	23
11	24.73	中砂	475.3	240.0	280.0	0.59	140.0	0.30	140.0	0.30	42

5 结论

（1）按梅纳法确定的 p_0 值和旁压曲线直线段起始压力值在物理意义上是等同的，一般较实际地基原位水平应力为大。

（2）按规程法确定的 p_0 值是地基原位水平应力、试验前成孔扰动半径（范围）和孔壁扰动程度的综合反映。成孔扰动越小，确定的 p_0 值越接近实际地基原位水平应力值；相反，成孔扰动越大，确定的 p_0 值越偏离实际地基原位水平应力值。

（3）按交点法确定的 p_0 值，在物理含义上就是地基原位水平应力值。该法考虑了试验前成孔扰动的影响，合理简便，符合实际。但需要指出，该法要求在试验初期采用小等级加荷，以便所测的旁压曲线能准确反映地基原状土和孔周扰动土的应力变形特性。

本文在早期构思时曾得到王正宏教授和北京市勘察院陈泰昌高级工程师的启发，撰写过程中受到我院张国语工程师和陆景昕同志的支持，成文后又得到我院何广智高级工程师的审阅与指教，作者在此一并致谢。

参考文献

[1] 陈泰昌. 关于我国第一个旁压试验规程. 北京市勘察处，1986 年.

[2] 王长科. 预钻式旁压试验应力分析初探. 全国第二届旁压测试应用技术讨论会论文，华北水利水电学院北京研究生部，1986 年.

[3] 王长科. 对旁压试验中几个问题的分析和试验研究（水利水电科学研究院硕士学位论文），华北水利水电学院北京研究生部，1987 年 1 月. 导师：王正宏.

[4] 肖娟，齐英武. 对旁压试验中几个问题的研究. 兵器工业部勘测公司，1983 年 6 月.

应力路径法在旁压试验分析中的应用

【摘　要】　本文运用旁压试验的基本理论，分析了旁压试验应力路径，并运用应力路径法的原理，提出了地基水平应力 p_0、临塑压力 p_f 和强度指标的分析方法。

1　前言

旁压试验发展至今已 30 余年，然而至今其成果分析的方法仍不成熟，因而加强对旁压试验的理论和试验研究是目前一个重要任务。

为了方便起见，下面先简要地给出作为本文依据的旁压试验基本理论[1,2]，然后分析旁压试验应力路径，并运用应力路径法[3]的原理，给出土体原位水平应力 p_0、临塑压力 p_f 和强度指标的分析方法，最后再运用这些方法对旁压模型试验成果进行分析。

2　旁压试验基本理论

旁压试验是在竖向钻孔某预定位置上进行径向水平加压，并测量压力和变形关系的一种原位平面应变试验。在旁压试验初期，孔周土体均处于弹性应力状态。尔后随着试验压力的增大，弹性区向外扩展，孔壁土体依次出第一塑性应力状态、第二塑性应力状态和第三塑性应力状态，并依序向外扩展（见图1）。出现第三塑性应力状态即为钻孔达极限应力状态。

（1）基本假定

① 旁压孔周土体满足平衡条件

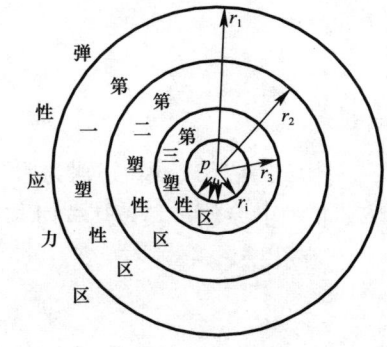

图 1　旁压孔周应力状态区示意图
注：1. $r_3 = r_i$；
2. r_2、r_1 表达式参见文献 [2]

$$\frac{d\sigma_r}{dr} + \frac{\sigma_r - \sigma_\theta}{r} = 0 \tag{1}$$

式中，σ_r、σ_θ 和 r 分别表示径向应力、环向应力和单元体所在处半径。

② 土体为理想弹塑体，弹性阶段土的本构关系可用下述增量弹性理论来描述

$$\{\varepsilon\} = [D]\{\Delta\sigma\} \tag{2}$$

式中，$[D]$ 为弹性矩阵的逆（王长科，1987）。

土的破坏条件符合摩尔-库仑准则：

本文原载《军工勘察》1992 年第 2 期，作者：王长科

$$\frac{\sigma_1 - \sigma_3}{2} = c \cdot \cos\varphi + \frac{\sigma_1 + \sigma_3}{2} \sin\varphi \qquad (3)$$

③ 取压应变为正，几何方程为

$$\varepsilon_r = -\frac{\mathrm{d}u}{\mathrm{d}r}, \quad \varepsilon_\theta = -\frac{u}{r} \qquad (4)$$

式中，ε_r、ε_θ 分别表示径向应变和环向应变；u 是距离旁压孔中心为 r 处的土体位移，顺径向坐标向为正。

④ 边界条件为

$$u|_{r \to \infty} = 0, \quad \Delta\sigma_r|_{r=r_i} = \Delta p = p - \sigma_{h0} \qquad (5)$$

其中 r_i 表示试验过程中旁压孔半径；p 表示试验压力；σ_{h0} 表示原位水平应力；$\Delta\sigma_r$ 表示孔内径向应力增量；其他符号意义同前。

（2）弹性区

在旁压试验初期，孔周土体均处于弹性应力状态（弹性区），其位移场和应力场为

$$u = \frac{\Delta p}{E_h^+} \cdot R \cdot \frac{r_i^{1+\lambda}}{r^\lambda} \qquad (6)$$

$$\begin{cases} \Delta\sigma_r = \Delta p \cdot \left(\dfrac{r_i}{r}\right)^{1+\lambda} \\[2mm] \Delta\sigma_\theta = -\Delta p \cdot \left(\dfrac{r_i}{r}\right)^{1+\lambda} \cdot K \end{cases} \qquad (7)$$

对于完全弹性土，$R = 1 + \mu$，$K = 1$，$\lambda = 1$，则

$$u = (1 + \mu) \cdot \frac{\Delta p}{E_h} \cdot \frac{r_i^2}{r} \qquad (6a)$$

$$\begin{cases} \Delta\sigma_r = \Delta p \cdot \left(\dfrac{r_i}{r}\right)^2 \\[2mm] \Delta\sigma_\theta = -\Delta p \cdot \left(\dfrac{r_i}{r}\right)^2 \end{cases} \qquad (7a)$$

上式中 E_h^+、E_h 分别为水平向加荷弹性模量和水平向弹性模量，μ 表示泊松比，R、K、λ 为土参数，其表达式可参阅文献 [2]。

在孔壁，$r = r_i$ 有

$$u = \frac{\Delta p}{E_h^+} \cdot R \cdot r_i \qquad (6b)$$

$$\begin{cases} \Delta\sigma_r = \Delta p \\[2mm] \Delta\sigma_\theta = -\Delta p \cdot K \end{cases} \qquad (7b)$$

（3）第一塑性区

随着旁压钻孔内壁压力 p 的增加，孔周土体径向应力 σ_r 增加，环向应力 σ_θ 减小，弹性区向外扩展。当 p 达某一数值时，记为 p_f，旁压孔壁土单元体进入塑性应力状态。若 $p_f \leqslant \sigma_z$（p_f 为临塑压力，σ_z 为试验深度上覆土压力），则为第一塑性应力状态（第一塑性区 $\sigma_1 = \sigma_z$，$\sigma_2 = \sigma_r$，$\sigma_3 = \sigma_\theta$）；若 $p_f > \sigma_z$ 则为第二塑性应力状态（第二塑性区）。第一塑性区应力场为

$$\begin{cases} \sigma_{\theta 1} = -\dfrac{2c \cdot \cos\varphi}{1+\sin\varphi} + \sigma_z \cdot \dfrac{1-\sin\varphi}{1+\sin\varphi} \\[3mm] \sigma_{r1} = \sigma_{\theta 1} + (p - \sigma_{\theta 1}) \cdot \dfrac{r_i}{r} \end{cases} \tag{8}$$

对于孔壁土体 $r = r_i$，应力状态为

$$\begin{cases} \sigma_{\theta 1i} = -\dfrac{2c \cdot \cos\varphi}{1+\sin\varphi} + \sigma_z \cdot \dfrac{1-\sin\varphi}{1+\sin\varphi} \\[3mm] \sigma_{r1i} = p \end{cases} \tag{8a}$$

式中，角标"1"表示第一塑性区，"i"表示孔壁。

出现第一塑性区时临塑压力 p_f 表达式为

$$p_f = \sigma_{h0}\left(1 + \frac{1}{K}\right) + \frac{1}{K}\left(\frac{2c \cdot \cos\varphi}{1+\sin\varphi} - \sigma_z \cdot \frac{1-\sin\varphi}{1+\sin\varphi}\right) \tag{9}$$

（4）第二塑性区

若 p 继续增加，当 $p > \sigma_z$ 时，旁压孔周土体便进入第二塑性应力状态（第二塑性区），$\sigma_1 = \sigma_r$，$\sigma_2 = \sigma_z$，$\sigma_3 = \sigma_\theta$，第二塑性区应力场为

$$\begin{cases} \sigma_{r2} = (c \cdot \cot\varphi + p)\left(\dfrac{r_i}{r}\right)^{\frac{2\sin\varphi}{1+\sin\varphi}} - c \cdot \cot\varphi \\[4mm] \sigma_{\theta 2} = \dfrac{1-\sin\varphi}{1+\sin\varphi}(c \cdot \cot\varphi + p) \cdot \left(\dfrac{r_i}{r}\right)^{\frac{2\sin\varphi}{1+\sin\varphi}} - c \cdot \dfrac{\cot\varphi + \cos\varphi}{1+\sin\varphi} \end{cases} \tag{10}$$

对于钻孔壁 $r = r_i$，应力状态为

$$\begin{cases} \sigma_{r2i} = p \\[3mm] \sigma_{\theta 2i} = \dfrac{1-\sin\varphi}{1+\sin\varphi} \cdot p - \dfrac{2c \cdot \cos\varphi}{1+\sin\varphi} \end{cases} \tag{10a}$$

若不出现第一塑性区，而直接出现第二塑性区，则临塑压力为

$$p_f = c \cdot \cos\varphi + \sigma_{h0}(1 + \sin\varphi) \tag{11}$$

上式中角标"2"表示第二塑性区，"i"表示钻孔内壁。

（5）第三塑性区

随着试验压力 p 的增加，σ_{r2}、$\sigma_{\theta 2}$ 继续增加，当 $\sigma_{\theta 2i}$ 超过 σ_z 时，钻孔壁土体进入第三塑性应力状态（第三塑性区），$\sigma_1 = \sigma_r$，$\sigma_2 = \sigma_\theta$，$\sigma_3 = \sigma_z$。旁压孔周不同应力区示意图见图1。第三塑性区应力场为

$$\sigma_{\theta 3} = 2c \cdot \frac{\cos\varphi}{1-\sin\varphi} + \sigma_z \cdot \frac{1+\sin\varphi}{1-\sin\varphi} \tag{12}$$

$$\sigma_{r3} = \sigma_{\theta 3}$$

其中角标"3"表示第三塑性区。

极限压力表达式为

$$p_L = 2c \cdot \frac{\cos\varphi}{1-\sin\varphi} + \sigma_z \cdot \frac{1+\sin\varphi}{1-\sin\varphi} \tag{13}$$

（6）旁压试验孔壁剪应力的一般解

$$\tau = \frac{1}{2} \cdot \frac{\mathrm{d}p}{\mathrm{d}\varepsilon_{\theta i}}(1-\varepsilon_{\theta i}) \times \left[1 - \frac{(1-\varepsilon_{\theta i})^2}{1-\varepsilon_v} \right] \tag{14}$$

式中，τ 为孔壁剪应力；ε_v 为孔壁土的体积应变；$\varepsilon_{\theta i}$ 为孔壁土的环向应变；$\varepsilon_{\theta i} = -u_i/r_i$，$u_i$ 为钻孔内壁在试验中的位移。

3 旁压试验应力路径

按前述旁压试验基本理论，旁压试验条件下孔壁土单元体的应力路径可用图 2 中的空间曲线 $ABCDE$ 来表示。A 表示土的原位应力状态点；AB 表示处于弹性应力状态，其运动规律可用式（7b）表示；BC 表示处于第一塑性应力状态，其运动规律可用式（8a）表示；CD 表示处于第二塑性应力状态，其运动规律可用式（10a）表示。E 表示第三塑性应力状态，其状态可用式（12）表示。

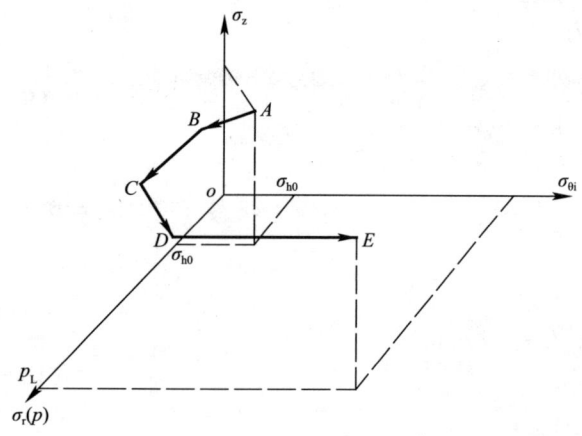

图 2　旁压试验空间应力路径

空间曲线 $ABCDE$ 在 σ_r-σ_θ 坐标面上的投影可用图 3 表示。$A'B'$ 表示弹性应力状态（A' 表示原位水平应力状态点）；$B'C'$ 表示第一塑性应力状态；$C'D'$ 表示第二塑性应力状态；E' 表示第三塑性应力状态。

姜前等人曾在大模型槽内砂土中进行了旁压试验[4]。并在距旁压器中心 25cm 处埋设了可测不同方向土压力的压力盒，实测得半径为 25cm 处土单元体的应力路径（图 4）。从结果来看，旁压试验实测应力路径和前述从理论上揭示的应力路径（图 2、图 3）是很一致的。

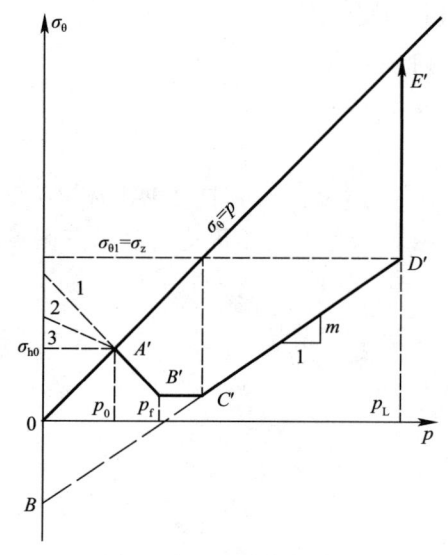

图 3　旁压试验应力路径

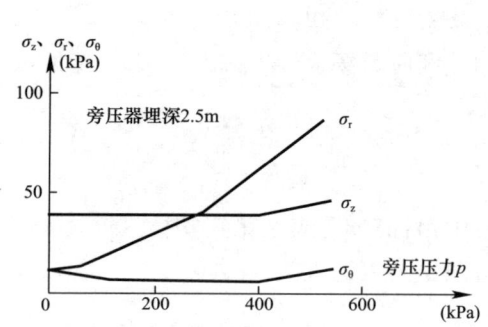

图 4　σ_z、σ_r 和 σ_θ 的变化（姜前等，1989）

4 应力路径法在旁压试验分析中的应用

（1）用应力路径法确定地基原位水平应力

对于预钻式旁压试验，在地基中钻出一个圆孔之后，孔周土体径向应力的解除引起缩孔。于是土的径向应力减小，环向应力增加，应力状态由 $\sigma_r = \sigma_\theta$ 变为 $\sigma_r < \sigma_\theta$。旁压试验开始后，孔周土体径向应力增加，环向应力减小，应力状态由 $\sigma_r < \sigma_\theta$ 径 $\sigma_r = \sigma_\theta$ 变为 $\sigma_r > \sigma_\theta$。如图 3 示，不考虑孔壁土体扰动，若土为完全弹性介质，应力状态的这一变化过程可用线"1"和 $A'B'$ 表示，线"1"和 $A'B'$ 共线；若土为完全刚塑体，这一变化过程可用"3"和 $A'B'$ 表示；若土为弹塑性介质，则这一变化过程可用线"2"和 $A'B'$ 表示，线"2"和 $A'B'$ 不在一条直线上。据此笔者认为，应力路径图上的这一拐点（第一拐点）对应的应力状态为原位应力状态，其横坐标为原位水平应力 $p_0(\sigma_{h0})$。求 p_0 的具体步骤为：

① 用适宜的函数（如三次样条函数）准确地模拟预钻旁压曲线$[p = f(\varepsilon_{\theta i})]$；

② 按公式（据式 14）

$$\sigma_{\theta i} = p - \frac{\mathrm{d}p}{\mathrm{d}\varepsilon_{\theta i}}(1 - \varepsilon_{\theta i}) \times \left[1 - \frac{(1 - \varepsilon_{\theta i})^2}{1 - \varepsilon_v}\right] \tag{15}$$

计算并画出应力路径图；

③ 应力路径图上第一拐点所对应的试验压力值为 p_0。

（2）用应力路径法确定旁压试验临塑压力 p_f

画出旁压试验应力路径图，继第一拐点后的第二拐点所对应的压力为临塑压力 p_f（图 3）。

当旁压曲线直线段比例界限不明显时，直接从旁压曲线上确定临塑压力 p_f 就比较困难，这时就可用压力路径法来确定 p_f。

（3）用应力路径法确定地基强度指标

按前述方法画出应力路径图后，找出第二塑性应力状态（第二塑性区）应力路径直线方程（图 3），按下式求解土的强度参数

$$\begin{cases} \varphi = \sin^{-1}\dfrac{1 - m}{1 + m} \\ c = -\dfrac{B}{2} \cdot \dfrac{1 + \sin\varphi}{\cos\varphi} \quad (B < 0) \end{cases} \tag{16}$$

式中，m、B 分别表示斜率和截距。

5 旁压模型试验成果分析

作者曾自制模型旁压仪，进行了旁压模型试验[2]。试验采用北京中砂，将北京中砂制成 $D_r = 0.95$、0.75、0.60 的试样，分别在固结压力 $\sigma_c = 20$、40、60、80、100kPa 下进行旁压模型试验和排水三轴试验（见图 5 和表 1）。

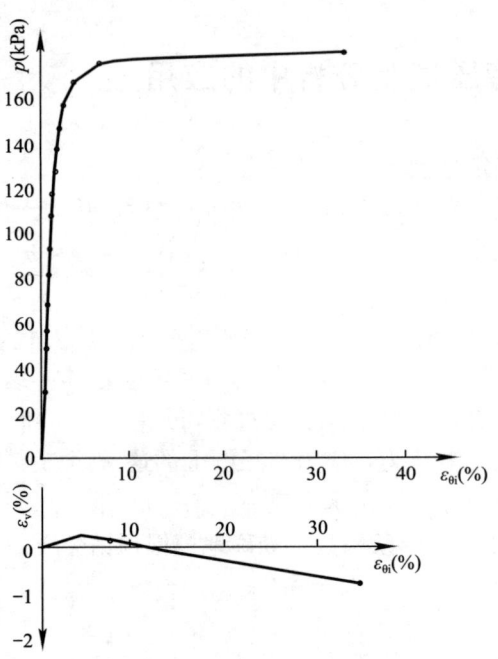

图 5　典型旁压模型试验成果

砂土的强度指标　　　　　　　　　　　　　　　　　　　　表 1

D_r	σ_c (kPa)				
	20	40	60	80	100
	φ (°)				
0.95	46.0	—	—	—	43.0
0.75	42.6	38.9	40.2	—	—
0.60	42.0	40.3	39.0	39.8	38.9

按前述应力路径法分析旁压模型试验土料的原位水平应力（结果见图 6 和表 2）和强度指标（见表 3 和图 7）。从结果看，分析结果是较准确的。

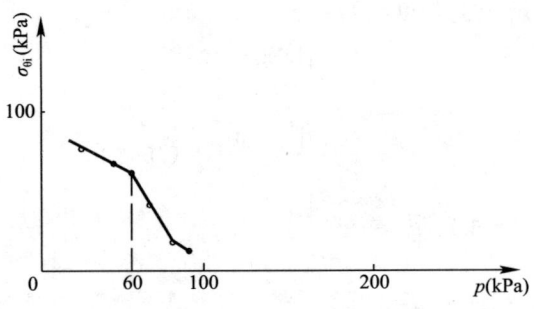

图 6　典型应力路径分析结果

典型应力路径法分析结果　　　　　　　　　　　　　　　表 2

D_r	固结压力 σ_c (kPa)	应力路径法分析结果 p_0 (kPa)
0.95	100	111
0.60	60	60
0.60	80	85

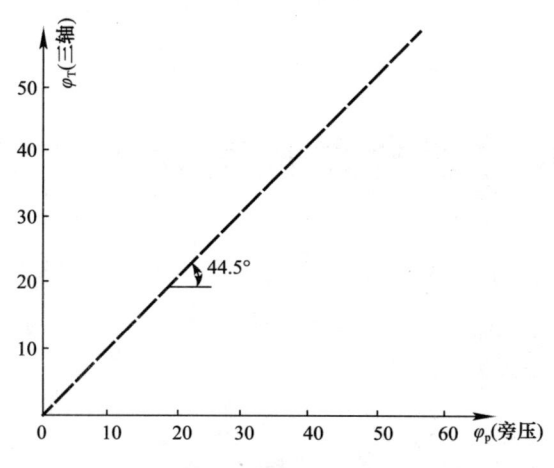

图 7　旁压试验和三轴试验结果比较

典型应力路径法分析结果　　　　　　　　　表 3

D_r	σ_c(kPa)				
	20	40	60	80	100
	$\varphi(°)$				
0.95	46.4				43.4
0.75	42.9	42.0	41.0		
0.60	43.5	41.3	40.4	39.9	39.2

6　小结

　　本文依据前述旁压试验基本理论分析了旁压试验的应力路径。并运用应力路径法的原理，分析了地基原位水平应力 p_0、临塑压力 p_f 和强度指标的确定方法。实际上，应用应力路径法分析旁压试验成果，其内容远不止这些，如应用应力路径法来分析体变规律、变形指标等内容在本文中就未予阐述。而且由于作者水平所限，文中一定会存在一些不足之处。但作者以为，本文最为重要的宗旨是将应力路径法的概念和原理引入到旁压试验分析中来，希望能起到抛砖引玉的作用。对本文的一些概念和分析方法欢迎同行来讨论。

参考文献

［1］　王长科. 预钻式旁压试验应力分析初探. 全国第二届旁压测试应用讨论会交流论文. 华北水利水电学院北京研究生部，1986.

［2］　王长科. 对旁压试验中几个问题的分析和试验研究（硕士论文）. 华北水利水电学院北京研究生部，导师：王正宏，1987.

［3］　王正宏. 应力路径和应力路径法. 华北水利水电学院报，1980（1）.

［4］　姜前，陈映南，蒋崇伦. 旁压试验的临界深度. 勘察科学技术，1989（1）.

旁压模量物理含义及其计算方法的研究

【摘　要】　本文讨论了旁压模量的物理含义，给出了计算旁压模量的改进公式。

1　概述

旁压模量这一概念几乎是从旁压试验研究的一开始就被提出来了。根据古典弹性理论的分析，Menard 建议旁压模量的计算公式为 $E_M = 2(1+\mu)(V_0+V_m) \cdot \Delta p/\Delta V$。这个既成的概念似乎已根深蒂固，事实上大量对比试验研究已表明，旁压模量在数值上不一定等于变形模量，而且和压缩模量间的关系不具确定性。于是许多学者和部门建立了地区性的旁压模量和变形模量及压缩模量之间的经验相关关系，而这些关系在实践中并不满足要求。这些事实告诉我们，这方面存在的问题实际上包括两个方面：旁压模量物理含义和计算方法，下面即针对这两个方面的问题进行讨论。

2　旁压模量物理表达式

古典弹性理论分析基于土体为均质、各向同性和完全弹性的假定，进而使用虎克定律进行分析。实际上，土体一般为各向异性、弹塑性的，因此更合理的做法是从上述假定出发去探讨旁压模量的表达式、物理含义和计算方法。

对于均质、正交各向异性弹塑性体，笔者曾研究了其在旁压试验条件下的应力场和位移场。本文就是应用这一成果来研究旁压模量。

下面推导旁压模量的表达式。为方便起见，取钻孔单位深度考虑。由几何学概念，钻孔初始体积 $V_0 = \pi r_0^2$（r_0 为钻孔初始半径），试验过程中钻孔体积 $V = \pi r_i^2$，其中 $r_i = r_0 + u_i$，u_i 是钻孔内壁的位移，其表达式为

$$u_i = \frac{\Delta p}{E_h^+} \cdot R \cdot r_0 \tag{1}$$

式中，Δp 为孔壁压力增量（$\Delta p = p - p_0$）；E_h^+ 为土的水平向加荷弹性模量；r_0 为钻孔初始半径；R 为关于土压缩性的参数 $R = f(E_h^+, E_h^-, \mu_{hh}^-, \mu_{hh}^+, \mu_{hv}^+, \mu_{vh}^+)$，对于完全弹性体，$R = 1 + \mu$，$\mu$ 表示泊松比。

将 $\varepsilon_{\theta i} = u_i/r_0$（钻孔壁土体的环向线应变，以拉伸为正），代入上式得

$$E_h^+ = R \cdot \frac{\Delta p}{\varepsilon_{\theta i}} \tag{2}$$

本文原载《军工勘察》1992 年第 4 期，作者：王长科

$$\varepsilon_{\theta i} = \sqrt{1 + \frac{\Delta V}{V_0}} - 1 \tag{3}$$

再将式（3）代入式（2）得

$$E_h^+ = R \cdot (V_0 + \sqrt{V_0 \cdot V}) \cdot \frac{\Delta p}{\Delta V} \tag{4}$$

或改写为下面两种形式：

$$E_h^+ = R \cdot \left(1 + \sqrt{\frac{V}{V_0}}\right) \cdot V_0 \cdot \frac{\Delta p}{\Delta V} \tag{5}$$

$$E_h^+ = R \cdot \left(\sqrt{1 - \frac{\Delta V}{V}} + 1\right) \cdot \sqrt{1 - \frac{\Delta V}{V}} \cdot V \cdot \frac{\Delta p}{\Delta V} \tag{6}$$

如果土具有完全弹性，$E_h = E_h^+ = E_h^-$（E_h^+ 表示土的水平向弹性模量，E_h^- 表示水平向卸荷弹性模量），$R = 1 + \mu$（μ 表示土的泊松比），式（2）、式（4）可化为：

$$E_h^+ = (1 + \mu) \cdot \frac{\Delta p}{\varepsilon_{\theta i}} \tag{7}$$

$$E_h^+ = (1 + \mu) \cdot (V_0 + \sqrt{V_0 \cdot V}) \cdot \frac{\Delta p}{\Delta V} \tag{8}$$

式中 V_0 表示钻孔初始体积，V 表示试验过程中的钻孔体积。

工程上，常将上式写为

$$E_M = (1 + \mu) \cdot \frac{\Delta p}{\varepsilon_{\theta i}} \tag{9}$$

$$E_M = 2(1 + \mu) \cdot V \cdot \frac{\Delta p}{\Delta V} \tag{10}$$

其中，E_M 表示旁压模量，$V = V_0 + V_m$，V_0 表示旁压器中腔初始体积，V_m 表示旁压曲线 p_0 值和 p_f 值之间中点对应的试验体积［将式（8）写为式（10）是不合适的，下文将讨论之］。

3 旁压模量物理含义讨论

式（7）～式（10）的左边项习惯上被称为旁压模量，并记为 E_M，从前述可以看出，如果土具有完全弹性，$E_h^+ = E_h^-$，$R = 1 + \mu$，旁压模量 E_M 就是土的水平向弹性模量 E_h。对于弹塑性土，$E_h^+ \neq E_h^-$，式（2）、式（4）中的 R 是 E_h^+、E_h^-、μ_{hh}^-（水平向卸荷时，与其正交的水平向的泊松比）、μ_{hh}^+（水平向加荷时，与其正交的水平向的泊松比）、μ_{hv}^+（水平向加荷时竖直方向的泊松比）、μ_{hv}^-（水平向卸荷时竖直方向的泊松比）和 μ_{vh}^+（竖直方向加荷时水平方向的泊松比）等参数的函数，而不等于（$1 + \mu$），所以目前工程上按式（9）、式（10）求得的旁压模量只是特定条件（$E_h^+ = E_h^-$）下的，而非普遍意义的水平向加荷弹性模量。普遍意义的旁压模量是一个综合反映土体压缩特性的参数，难以看出它有何明确的物理意义。

4 旁压模量计算方法讨论

当前旁压模量多采用式（10）来计算，其依据是旁压试验似弹性段一般符合 $\Delta V / V_0 <$

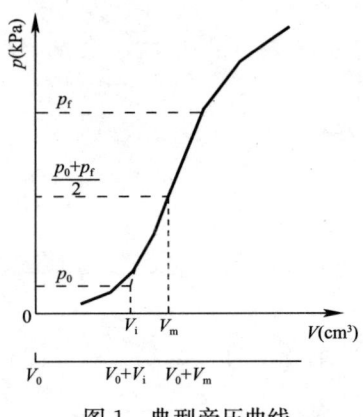

图 1 典型旁压曲线

20％，而这时式（8）（或式 6）可近似简化为式（10），因式（10）中 V 是个变量，故计算 E_M 时采用旁压曲线上 p_0 和 p_f 的平均值（中间点）所对应的钻孔体积 $V = V_0 + V_m$（图 1）。

实际上，这种简化使得旁压模量计算结果偏大。笔者认为，将式（8）简化为下式则较为合理：

$$E_M = 2(1 + \mu) \cdot V_0 \cdot \frac{\Delta p}{\Delta V} \quad (11)$$

若将按式（8）计算的旁压模量记为 $E_{M真值}$，按式（10）计算的旁压模量记为 $E_{M常规}$，按式（11）计算的旁压模量记为 $E_{M本文}$，则

$\dfrac{E_{M常规} - E_{M真值}}{E_{M真值}}$ 和 $\dfrac{E_{M本文} - E_{M真值}}{E_{M真值}}$ 随 $\dfrac{\Delta V_0}{V_0}$ 的变化情况可用表 1 来表示。

从表 1 可以看出，本文建议的旁压模量计算公式（式 11）较为合理。

表 1

$\dfrac{\Delta V}{V_0}$	0	5％	10％	15％	20％	25％	30％
$\dfrac{E_{M常规} - E_{M真值}}{E_{M真值}}$	0	3.7％	7.4％	11.0％	14.5％	18.0％	21.5％
$\dfrac{E_{M本文} - E_{M真值}}{E_{M真值}}$	0	−1.2％	−2.4％	−3.5％	−4.6％	−5.6％	−6.6％

在实际工程应用上，式（11）可写为：

$$E_M = 2(1 + \mu) \cdot (V_0 + V_i) \cdot \frac{\Delta p}{\Delta V} \quad (12)$$

式中，V_0 在此处为旁压器中腔初始体积；V_i 为旁压曲线 p_0 值对应的试验体积（见图 1）。

5 结论

（1）对弹塑性土，旁压模量是一个综合反映土体压缩特性的参数，没有明确的物理含义。

（2）旁压模量按式（12）计算较为合理。

参考文献

[1] Gibson & Anderson. In Situ Measurement of Soil Properties with the Pressuremeter C. E. P. R., Vol. 56, 1961.

[2] 冯国栋. 土力学. 北京：水利电力出版社，1986.

[3] 中华人民共和国水利电力部. 土工试验规程，第二分册. SD 128—86. 北京：水利电力出版社，1986.

用旁压试验原位测定土的强度参数

【摘　要】 本文提出了用单项旁压试验原位测定土的强度参数（c、φ）的方法，并进行了验证。

用旁压试验测定土强度的方法多是：对黏性土主要用于计算不排水抗剪强度；对砂土则用于估算内摩擦角和剪胀角。对一般黏性土，用单项旁压试验尚不能同时测算土的黏聚力 c 和内摩擦角 φ。笔者近年来在对旁压试验学习和研究中发现，用单项旁压试验可同时测求土的强度参数 c、φ 值。本文是笔者在这方面研究结果的总结。谬误之处请同行指正。

1　旁压试验基本理论简述[1]

假定土体为均质、各向同性的理想弹塑性体，旁压孔周土体的应力应变状态为轴对称的平面应变状态，土的屈服条件符合摩尔-库仑准则。

试验初期，孔周土体处于弹性应力状态，径向应力增加，环向应力减小，$\sigma_1 = \sigma_z$，$\sigma_2 = \sigma_r$，$\sigma_3 = \sigma_\theta$（σ_1、σ_2、σ_3 分别表示大、中、小主应力，σ_z、σ_r、σ_θ 分别表示竖向、径向、环向应力）。

随着试验的进行，钻孔周围土体开始进入塑性应力状态。若主应力 $\sigma_1 = \sigma_z$，$\sigma_2 = \sigma_r$，$\sigma_3 = \sigma_\theta$，即最大、最小主应力方向未发生变换，则该塑性应力状态称为第一塑性应力状态。

钻孔内压力继续增大，待径向应力 σ_r 大于竖向应力 σ_z 时，最大主应力方向变换为 σ_r 方向，最小主应力方向仍为 σ_θ 方向，即 $\sigma_1 = \sigma_r$，$\sigma_2 = \sigma_z$，$\sigma_3 = \sigma_\theta$，该塑性应力状态称为第二塑性应力状态。

若旁压钻孔内压力 p 再进一步增加，则孔周土体中处于第二塑性应力状态的点，其环向应力 σ_θ 和径向应力 σ_r 继续增大，当环向应力增至并超过竖向应力 σ_z 时，土体最小主应力方向由 σ_θ 方向变换为 σ_z 方向，最大主应力方向仍为 σ_r 方向，即 $\sigma_1 = \sigma_r$，$\sigma_2 = \sigma_\theta$，$\sigma_3 = \sigma_z$，该塑性应力状态称为第三应力状态。

出现第一塑性区时（$p_f < q$），临塑压力 p_f 表达式为

$$p_f = 2\sigma_{h0} + \frac{2c \cdot \cos\varphi}{1 + \sin\varphi} - q \cdot \frac{1 - \sin\varphi}{1 + \sin\varphi} \tag{1}$$

若不出现第一塑性区，而直接出现第二塑性区（$p_f \geqslant q$），则临塑压力为

$$p_f = c \cdot \cos\varphi + \sigma_{h0}(1 + \sin\varphi) \tag{2}$$

极限压力表达式为

$$p_L = 2c \cdot \frac{\cos\varphi}{1 - \sin\varphi} + q \cdot \frac{1 + \sin\varphi}{1 - \sin\varphi} \tag{3}$$

本文原载《勘察科学技术》1992 年第 6 期，作者：王长科

式中，p_f 为旁压临塑压力；p_L 为旁压极限压力；σ_{h0} 为试验点原位水平应力；q 为试验点原位上覆压力，$q = \sigma_z$；c、φ 为强度参数。

2 强度参数计算方法与实际验证

联解上述式（1）和式（3）得

$$\varphi = \sin^{-1} \frac{p_L - p_f + 2\sigma_{h0} - 2q}{p_L + p_f - 2\sigma_{h0}}, \quad 当\ p_f < q \tag{4}$$

联解式（2）和式（3）得

$$\varphi = \sin^{-1} \frac{p_L - q + 2\sigma_{h0} - 2p_f}{p_L + q - 2\sigma_{h0}}, \quad 当\ p_f \geqslant q \tag{5}$$

由式（3）得

$$c = \frac{1}{2\tan\left(45^\circ + \dfrac{\varphi}{2}\right)}\left[p_L - q \cdot \tan^2\left(45^\circ + \dfrac{\varphi}{2}\right)\right] \tag{6}$$

至此不难看出，用旁压试验基本参数（σ_{h0}、q、p_f、p_L）根据式（4）或式（5）和式（6）可计算土的强度参数 c、φ。

用上述方法对北京、石家庄等地的几例旁压试验资料进行了整理计算（见图1），并和相应的室内试验结果作了对比（见图2和图3）。从图中可看出，用旁压试验测算的 φ 值与室内三轴试验结果基本相同，但旁压 c 值普遍高于室内 c 值，其比值平均为 4.2。

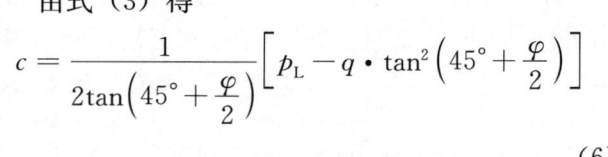

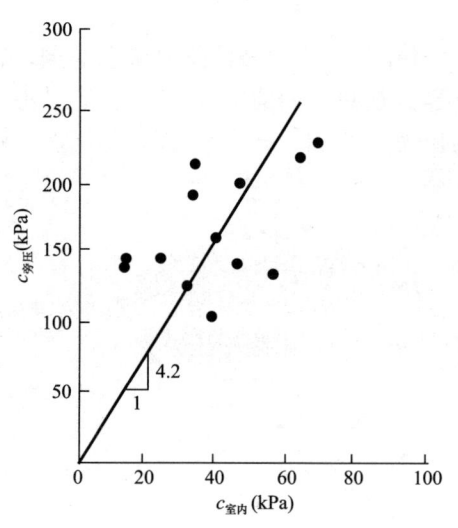

图 1 典型旁压试验成果图

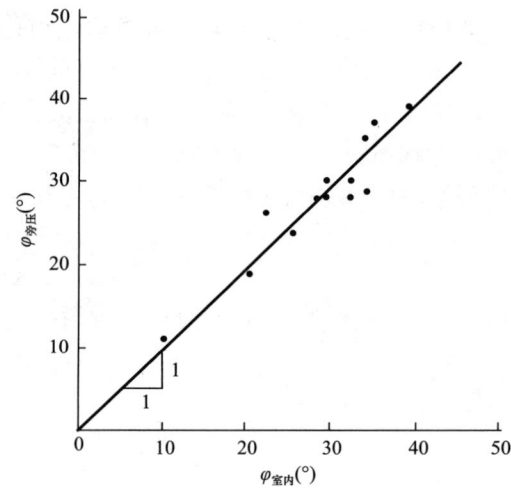

图 2 $c_{旁压}$ 与 $c_{室内}$ 值对比

图 3 $\varphi_{旁压}$ 与 $\varphi_{室内}$ 值对比

3 讨论

基于上述不难看出，运用式（4）～式（6）计算土的强度参数时，其中一个重要的问题就是如何合理确定旁压试验基本参数 p_L、p_f、σ_{h0} 和 q 的值。为此，下面分别对其讨论。

（1）p_L 值

从前述旁压试验基本理论来看，p_L 是试验的理论极限压力，其含义就是土的被动土压力。因此，确定 p_L 值时，不能用 Menard 方法（双倍体法），而应采用倒数法、目估法、双曲线拟合法等。但不管采用何种方法，p_L 值理论上应是相应于孔穴体积为无穷大时的旁压试验极限压力。

（2）p_f 值

从前述旁压试验基本理论来看，p_f 是旁压试验孔周土体刚进入塑性状态的临塑压力，其含义是十分明确的。但欲从旁压试验曲线上准确确定其值，情况是比较复杂的。对自钻式旁压试验而言，旁压曲线没有明显的直线段。一般认为，p_f 值是相应于孔壁环向应变为 4% 的孔壁压力。但据笔者的经验，此值有时偏高，p_f 取孔壁应变为 3%～4% 的孔壁压力较为合适。对预钻式旁压试验而言，旁压曲线一般有明显的直线段。按笔者经验，p_f 取弹性段和塑性段的分界点所对应的压力较合适，其值小于比例极限 p_b，如图 1 所示。

（3）σ_{h0} 值

σ_{h0} 值是试验点的原位水平应力，可通过自钻式旁压试验测定。对预钻式旁压试验，目前从旁压曲线上确定 p_0 值的方法有 Menard 法、Tavenas 法、割线法和交点法。当成孔质量高，试验初期（小应变时）成果可靠，建议按交点法确定 σ_{h0}。当从旁压曲线上难以准确确定 σ_{h0} 时，建议按土的类别、性质、地质年代和超固结比来估算 σ_{h0}。

（4）q 值

q 值是试验点的原位竖向应力，一般可按 $\sum \gamma H$ 来计算。

4 结语

综上所述可得出，用旁压试验确定土的强度参数是有可能的，但在应用本文方法时，必须重视旁压试验基本参数（p_L、p_f、σ_{h0}、q）的确定问题。

参考文献

[1] 王长科. 对旁压试验中几个问题的分析和试验研究（硕士论文）. 华北水利水电学院北京研究生部. 导师：王正宏. 1987 年

快速法载荷试验沉降量外推计算

【摘　要】　本文给出了一个快速法载荷试验沉降量外推计算方法和程序。

对可塑—硬塑状态的黏性土、砂类土和碎石类土，目前常用快速法进行载荷试验。每级荷载下沉降观测达到一定时间后施加下一级荷载，每级观测时间 2 小时。这样缩短了试验时间，便于在工程中推广、应用。

用快速法测得的沉降量，不能直接作为试验结果使用，需要进行外推计算，以达到或接近相对稳定标准时的沉降量。

1　外推计算原理

（1）设定沉降与时间的对数呈线性关系，因此，沉降速率达到相对稳定标准时所需要的时间与相应的沉降量为：

$$t_n = \frac{t_w}{1 - e^{-s_w/\beta_n}}$$

$$s_n = \alpha_n + \beta_n \cdot \ln(t_n + 1)$$

式中，t_n 为第 n 级荷载下沉降达到相对稳定标准时所需的时间（min）；当 t_n 值不足为 30 的倍数时，可增大至 30 的倍数；s_n 为第 n 级荷载下，沉降达到相对稳定标准时的沉降量（mm）；t_w 为沉降速率达到相对稳定标准的时间增量（$t_w = 60$min）；s_w 为沉降速率达到相对稳定标准的沉降增量（$s_w = 0.1$mm）；e 为自然对数的底；α_n 为第 n 级荷载下，s-$\ln t$ 曲线的截距（mm）；β_n 为第 n 级荷载下，s-$\ln t$ 曲线的斜率。

（2）α_n、β_n 的计算方法

$$\alpha_n = \frac{\sum s_i' \cdot \sum [\ln(t_i'+1)]^2 - \sum \ln(t_i'+1) \cdot \sum s_i' \ln(t_i'+1)}{N \cdot \sum [\ln(t_i'+1)]^2 - [\sum \ln(t_i'+1)]^2}$$

$$\beta_n = \frac{N \cdot \sum s_i' \cdot \ln(t_i'+1) - \sum s_i' \cdot \sum \ln(t_i'+1)}{N \cdot \sum [\ln(t_i'+1)]^2 - [\sum \ln(t_i'+1)]^2}$$

式中，N 为每级荷载下沉降观测次数；t_i' 为第 n 级荷载下观测时间（min）；s_i' 为第 n 级荷载下 t_i' 时的净沉降量（mm）（实际观测值扣除前几级荷载下的剩余沉降值）。

（3）每级荷载下，各次观测值中应扣除的剩余沉降量计算公式

$$\Delta s_{k,n}^{(i)} = \sum_{k=1}^{n-1} \beta_k \{\ln[N \cdot (n-k) + i]\Delta t + 1\} - \ln[N(n-k)\Delta t + 1]$$

式中，$\Delta s_{k,n}^{(i)}$ 为第 n 级荷载下第 i 次观测值中应扣除的剩余沉降量（mm）；k 为第 n 级前的

本文原载《军工勘察》1993 年第 4 期，作者：贾文华，王长科

荷载级数（$k=1,2,\cdots\cdots,n-1$）；Δt 为沉降观测的时间间隔（min）；N 为每级荷载下沉降观测的次数；n 为荷载级数。

2 外推计算程序

按上述各式推算达到相对稳定标准时的沉降量，计算工作量大，人工计算一个点需数小时时间，为此，编制了计算程序。该程序用 BASIC 语言编写，已在 PC-1500 袖珍机上通过，通常一个试验点计算时间不超过 10 分钟（附程序清单）。

程序中使用的变量说明如下：

输入部分：A$——键入 YES 表示原始数据采用"READ—DATA"读入，键入其他字符表示用 INPUT 输入；

NP——总加荷次数；

NT——每级荷载下观测的次数；

$T(J)$——每级荷载下第 J 次观测时间（min），（$J=1,2,\cdots,NT$）；

$P(I)$——第 I 级荷载（kPa）（$I=1,2,3,\cdots,NP$）；

$S(I,J)$——第 I 级荷载下第 J 次观测的总沉降量累计值（mm）。

输出部分：$P(I)$——第 I 级荷载（kPa）；$S(I)$——第 I 级荷载外推后的累计沉降量（mm）。

原始数据的输入按上述变量顺序进行（见程序清单），程序提供了两种输入方式，即"READ—DATA"和"INPUT"法，笔者建议采用前一种，因为"INPUT"法一旦某一原始数据输入有误，则整个计算失败。使用"READ—DATA"法可以随时检查校对原始数据，并可及时修改。程序的 800 行以后供原始数据使用。

3 工程计算实例

某工程 3 号载荷点快速法试验，手工和电算外推计算对比结果见表 1。

表 1

压力 p(kPa)	手工计算外推沉降量 s(mm)	电算外推沉降量 s(mm)
40	0.71	0.71
80	1.36	1.37
120	2.27	2.27
160	3.36	3.36
200	6.05	6.01
240	8.91	8.86
280	13.23	13.21
320	18.40	18.33
360	24.19	24.09

两种计算方法相比，各级荷载下累计沉降量误差不超过 10%，计算精度可以满足要求。

程序清单

```
10:REM MAIN PROGRAMM
12:CLEAR
13:Z=100
15:INPUT"DATA?";A$:IF A$="YES" THEN 21
18:Z=700
21:INPUT "NP=" ; NP
22:INPUT "NT=" ; NT
25:DIM P(NP), T(NT), S(NP,NT), AR(NP), BA(NP), S0(NP), TN (NP)
30:GOSUB Z
40:FFF=0
50:FOR N=1 TO NP
55:FOR J=1 TO NT
60 GOSUB 500
65:NEXT J
70:GOSUB 300
80:GOSUB 600
82:NEXT N
90:END
100:REM SUB 1
105:FOR I =1 TO NT
110:READ T(I)
112:NEXT I
125:FOR I =1 TO NP
126:READ P(I)
128:FOR J =1 TO NT
130:READ S(I,J)
132:NEXT J
133:NEXT I
135:FOR I = NP TO 1 STEP-1:I1=I-1
136:FOR J=NTTO 1 STEP-1:S(0,NT)=0
137:S(I,J)=S(I,J)-S(I1,NT)
138:NEXT J
139:NEXT I
140:RETURN
300:REM SUB 2
305:T1=0,T2=0,S1=0,S2=0
310:for I=1 to NT
320:T1=T1+LN(T(I)+1)
330:T2=T2+(LN(T(I)+1))∧2
340:S1= S1 + S(N,I)
350:S2 = S2 +S(N,I) * LN(T(I)+1)
360:NEXT I
```

36

```
370:AR(N)=(S1 * T2-T1 * S2)/(NT * T2—T1^2)
380:BA(N)=(NT * S2-S1 * T1)/(NT * T2—T1^2)
390:RETURN
500:REM SUB 3
501:DS=0
505:IF N=1 THEN 550
510:K = 1
511:B=TN(K)-T(NT)+5
513:X=(NT * (N-K-1)+J) * 15
515 :IF B<X THEN 525
520 :DS=DS+BA(K) * (LN((NT * (N-K)+J) * 15+1)-(LN(NT * (N-K) * 15+1)))
525 :DS=DS
530:IF K > N-2 THEN 540
532:K=K+1
533:GOTO 511
540:S(N,J)= S(N,J)- 0. 001 * INT ( 1000 * DS)
550:RETURN
600:REM SUB 4
610:TN(N) = 60 / (1- EXP (-0. 1/ BA(N)))
611:IF(TN(N)/30)=INT(TN(N)/30) THEN 620
612:TN(N)=30 * (1+INT(TN(N)/30))
620:S0(N) = AR(N)+BA(N) * LN(TN(N)+1)
628:USING "# # #"
630:LPRINT "P(" ; N ; ")=" ; USING "# # # # #. # #";P(N)
638:USING"# # #"
639 :FFF=FFF+S0(N)
640:LPRINT "S(" ; N ; ")=" ; USING "# # # # #. # #";FFF
642:REM LPRINT S0(N)
645:LPRINTT "·······················"
650:RETURN
700:REM SUB 5
710:S(0 , NT )=0
715:FORI=1 TO NT
720 :WAIT 0:PRINT "T(";I; ")=";:INPUT T(I):CLS
722:NEXT I
725:FOR I=1 TO NP
726:WAIT 0:PRINT "p(" ; I; ")=";INPUT P(I):CLS
728:FOR J =1 TO NT
730:WAIT 0:PRINT "S(" ; I; ",";J; ")=";:INPUT S(I,J):CLS
732:NEXT J
733:NEXT I
735:FOR I= NPTO 1 STEP-1: I1 = I-1
736:FOR J= NTTO 1 STEP-1:S(0,NT) = 0
```

737:S(I,J) = S(I,J)-S(I1,NT)

738:NEXT J

739:NEXT I

745:RETURN

800:DATA 15,30,45,60,75,90,105,120

810:DATA 40,0.6,0.66,0.68,0.7,0.71,0.72,0.72,0.73

820:DATA 80,1.25,1.3,1.34,1.36,1.38,1.38,1.38,1.4

830:DATA 120,2.08,2.15,2.18,2.22,2.25,2.28,2.3,2.31

840:DATA 160,2.92,3.07,3.11,3.17,3.22,3.27,3.3,3.33

850:DATA 200,4.64,4.93,5.08,5.21,5.31,5.41,5.47,5.53

860:DATA 240,6.93,7.33,7.57,7.75,7.9,8,8.11,8.18

870:DATA 280,9.95,10.54,10.9,11.16,11.38,11.53,11.68,11.8

880:DATA 320,13.3,14.08,14.56,14.96,15.2,15.43,15.62,15.78

890:DATA 360,18.1,18.98,19.51,19.91,20.2,20.48,20.7,20.9

900:DATA

参考文献

[1] 中华人民共和国水利电力部. 土工试验规程 SD 128 — 86. 1986.

饱和黏性土旁压固结试验

【摘　要】　本文介绍旁压固结试验的基本原理和资料整理方法，并对其中存在的问题进行了讨论。

1　概述

目前测算地基固结沉降（速率）的办法，大多是先取原状土样做室内固结试验（竖向排水），求得地基的固结系数，进而用太沙基单向固结理论进行计算，计算结果往往比实测值小。这可能是由于土层结构的影响，使得地基水平向固结系数比竖向固结系数大，因而这时地基固结排水主要为水平向的缘故。室内测定土的固结系数，因受土样扰动、尺寸效应和计算方法（时间平方根法、半对数法、三点法等）的影响，其精度往往不能令人十分满意。

用可测孔隙水压力的旁压仪可进行原位水平（径向）固结试验，测定地基水平（径向）固结系数。而至今有关旁压固结试验方面的内容很少能见到报道，本文拟论述有关旁压固结试验基本原理和资料整理方法方面的内容，希望抛砖引玉，早日使旁压仪在测定地基固结特性方面起到应有的作用。

2　试验原理及资料整理方法

旁压固结试验，就是将可测孔隙水压力的旁压器放入地基某位置。加压使之膨胀（常规旁压试验），至某孔径时（孔周出现塑性区后，一般相应于环向应变 $\varepsilon = 10\%$ 左右的孔径），做保持试验（holding test），即保持孔径不变（环向应变为恒值），观测孔壁总压力变化和孔壁超静孔隙水压力消散的过程；或保持孔壁点压力不变，观测超静孔隙水压力消散和孔径继续增长的过程。然后根据超静孔隙水压力消散的过程来计算地基水平（径向）固结系数。

对理想弹塑性土，在旁压固结试验初期（弹性阶段），孔周土体体变为零，超静孔隙水压力亦为零，径向应力和环向应力成等值反向增长（即应力增量绝对值相等，正负号相反），竖向应力保持常量。当孔壁刚出现塑性变形时，孔隙水压力仍为 u_0（静水压力），而孔壁压力增至 $\sigma_{h0} + c_u$（σ_{h0} 为试验点的原位水平应力；c_u 为土的不排水抗剪强度）。当孔壁总压力再增加时，孔壁有效压力不再增加，这时总压力增量等于孔壁孔隙水压力增量（即超静孔隙水压力），见图1。

本文原载《工程勘察》1994年第1期，作者：王长科

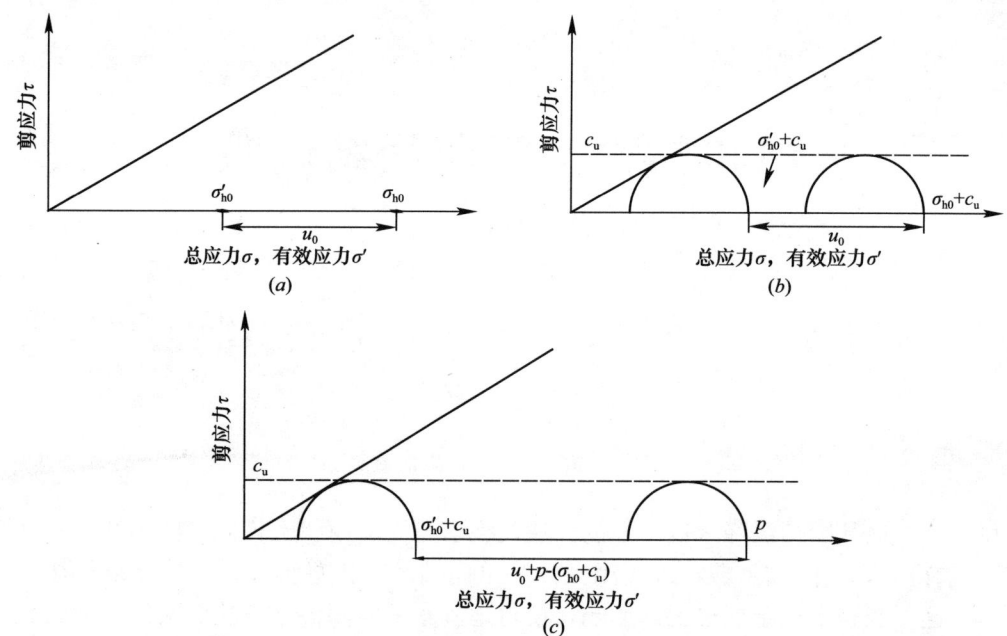

图 1　理想弹塑性土旁压试验超静孔隙水压力的产生过程（据 Mair et al，1987）

（a）初始状态；（b）刚出现塑性变形时；（c）孔穴压力连续增加时

$$\Delta u = p - (\sigma_{h0} + c_u) \tag{1}$$

按照理想弹塑体旁压试验应力分析结果，总压力为

$$p = \sigma_{h0} + c_u + c_u \cdot \ln\left(\frac{\Delta V}{V} \cdot \frac{G}{c_u}\right) \tag{2}$$

将式（2）代入式（1）得超静孔隙水压力表达式

$$\frac{\Delta u}{c_u} = \ln\left(\frac{G}{c_u} \cdot \frac{\Delta V}{V}\right) \tag{3}$$

式中，p 为孔壁总压力；Δu 为超静孔隙水压力，做保持试验时，按式（3）计算的 Δu 即为初始最大超静孔隙水压力 Δu_{max}，即计算结果为 $\Delta u_{max}/c_u$；G 为剪切模量；c_u 为不排水抗剪强度；$\Delta V/V$ 为体积应变，$\Delta V/V = 1 - 1/(1+\varepsilon)^2$；$\varepsilon$ 为孔壁环向应变，以拉伸为正。

在弹性区和塑性区界限上：

$$\frac{R}{\rho} = e^{\Delta u/2c_u} \tag{4}$$

式中，R 为塑性区外缘半径；ρ 为试验过程中的钻孔半径；其他符号意义同前。

超静孔隙水压力随半径的变化规律见图 2。

若这时保持孔径不变（孔壁环向应变为常量）做保持试验，则超静孔隙水压力就会消散，地基水平（径向）固结系数便可依据下式来计算：

$$C_h = \frac{T_{50}}{t_{50}} \cdot \rho^2 \tag{5}$$

图 2　孔周超静孔压分布规律（据 Clarke et al，1979）

式中，C_h 为水平（径向）固结系数；ρ 为做保持试验时钻孔的半径；t_{50} 为超静孔隙水压力消散至其初始最大超静孔隙水压力（Δu_{max}）之半时所需的时间；T_{50} 为时间因数，是 R/ρ 的函数，实践上可从图 3 中依据 $\Delta u_{max}/c_u$ 查得。

图 4 是一例典型旁压固结试验结果，保持试验是在环向应变为 10% 时进行的，从旁压曲线上可求得 G、c_u，再据式（3）计算出 $\Delta u_{max}/c_u$，从图 3 中查出 T_{50}，然后从图 4 上查出 $\Delta u_{max}/2$ 对应的 T_{50}，一并代入式（5）可计算出 c_h（见图 4）。

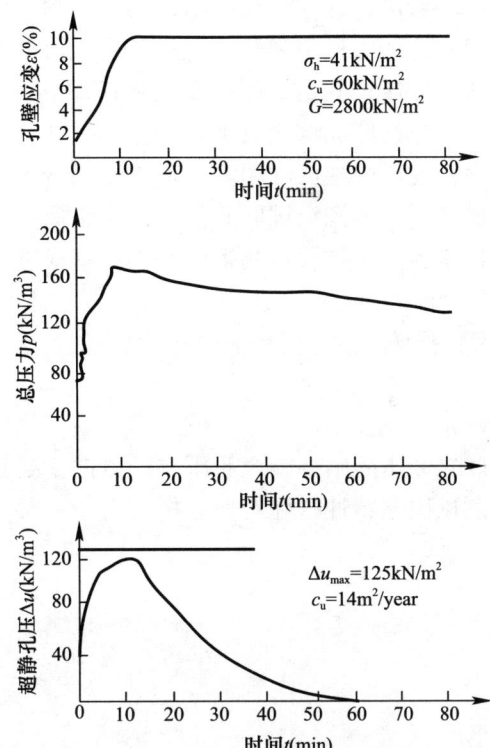

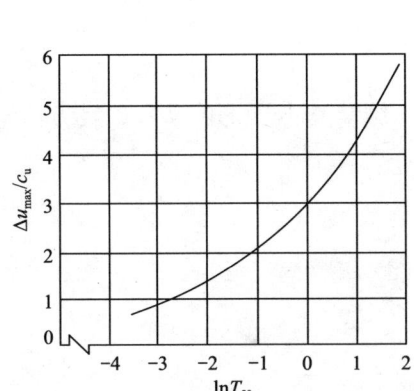

图 3　T_{50}-$\Delta u_{max}/c_u$ 关系图

（据 Clarke et al，1979）

图 4　典型旁压固结试验结果

（据 Clarke et al，1979）

根据水平向固结系数，还可计算水平向渗透系数和估算竖向固结系数

$$k_h = C_h \frac{\gamma_w}{2G} \cdot \frac{1-2\nu'}{1-\nu'} \tag{6}$$

$$C_V = c_u/\beta \tag{7}$$

式中，k_h 为水平向渗透系数；γ_w 为孔隙介质重度；ν' 为有效泊松比；C_V 为竖向固结系数；β 为经验系数。

目前，关于 β 经验值的报道还不多，表 1 中仅列出 Clarke et al（1979）、Clarke（1981）和 Beoit（1983）报道的结果。

表 1

土名	软塑有机质粉质黏土	软塑粉质黏土
试验地	Canvey Island	San Francisco
β	20～235	11～16

3 几点意见

在旁压固结试验资料整理过程中，需事先算出 c_u 和 G。无疑，这两个参数的准确与否将影响 C_h 的计算结果的精度。当前从旁试验结果中判释 c_u、G 等参数的方法较多，显然如何合理确定这些参数已不属本文论述的范畴。

必须看出，前述旁压固结试验的资料整理实际已包含了下述几条假定：

（1）土体为理想弹塑性体；

（2）旁压试验是平面应变试验；

（3）弹性区无体变发生；

（4）孔周塑性区内超静孔隙水压力分布规律符合 Randolph 和 Wroth（1978）理论。

诚然，旁压固结试验有待于进一步研究和实践，但前述原理正确，结果能用于工程实践，这是为旁压试验在测定地基固结特征方面开辟新路。

4 结束语

（1）旁压固结试验可原位测定地基固结特性。

（2）旁压固结试验今后研究的方向主要是完善旁压固结基本理论、参数确定方法以及几种测试固结特性指标对比分析。

土的压缩模量计算探讨

【摘　要】　本文讨论了压缩模量计算公式，指出了现行做法存在的问题，并提出了新的计算方法。

1　概述

土的压缩模量是评价地基均匀性和计算地基基础沉降的重要参数。用压缩试验成果计算压缩模量是很常规的事情，似乎已不存在问题。但我国几个规范和一些手册、教科书给出的计算公式并不完全相同（见表1）。

孙仁廷[1]最近也撰文讨论了这个问题。可以说这一问题在实践中是常常遇到的，采用不同的计算公式就会导致不同的计算结果。看来澄清这个问题是非常重要，无论是在理论上还是在实践上都是十分有益的。

压缩模量计算公式

表1

序号	资料来源	计算公式
1	国家标准《土工试验方法标准》GBJ 123—1988	$E_s = \dfrac{1+e_0}{a}$ e_0—天然孔隙比 a—压缩系数
2	国家标准《建筑地基基础设计规范》GBJ 7—1989	
3	行业标准《高层建筑岩土工程勘察规程》JGJ 72—1990	
4	浙江省标准《建筑软弱地基基础设计规范》DBJ 10—1—90	
5	常士骠主编《工程地质手册》(第三版)*	
6	陈仲颐，叶书麟《基础工程学》	
7	北京市标准《北京地区建筑地基基础勘察设计规范》DBJ 01—501—92	$E_s = \dfrac{1+e_1}{a}$ e_1—土的自重压力下孔隙比
8	天津市标准《建筑地基基础设计规范》TBJ 1—88	$E_s = \dfrac{1+e_1}{a}$ e_1—100kPa 压力时的孔隙比
9	广东省标准《建筑地基基础设计规范》DBJ 15—3—91	

*资料中未给出表中公式的形式，但其实质是一致的。

2　几个基本概念

为了更清楚地说明问题，我们首先定义几个基本概念：

本文原载《军工勘察》1994 年第 3 期，作者：王长科，汤福南

原位孔隙比——土单元在原位天然地基中时的孔隙比，用 e_n 表示。因土样从地基中一经取出，土样的原位天然环境便不存在，故 e_n 无法直接测得；

初始孔隙比——土样从地基中取出后，便出现应力释放，土样周围压力为零，这时测得的孔隙比称初始孔隙比，用 e_0 表示。土样在试验室内测求的（自由状态时的）孔隙比就是 e_0。实践上常说的"天然孔隙比"从其测求方法来看，实际上是初始孔隙比的概念；

自重应力孔隙比——在试验室里，将土样放在固结仪内做压缩试验，当竖向压力等于土样在其原位地基中所承受的上覆土体自重应力时，土样所具有的孔隙比，用 e_g 表示。在 e-p 曲线上，e_g 就是相应于 $p = \sigma_z$（土样原位上覆自重应力）时的孔隙比；

标准压力孔隙比——在室内压缩试验 e-p 曲线上相应于某标准压力（如 $p = 100\text{kPa}$）时的孔隙比，用 e_p 表示。

3 压缩模量计算公式

压缩模量的工程意义有两种：一是作为土的参数，对土的压缩性、地基均匀性进行评价；二是作为计算参数，依据 E_s 可采用分层总和法进行地基最终沉降量 s 计算。无论是何种用途，其理论价值都是一致的。

分层总和法计算公式为

$$s = \varPsi_s \sum_{i=1}^{n} \varepsilon_i H_i \tag{1}$$

式中，ε_i 为第 i 层土的平均压应变；H_i 为第 i 层土的原始厚度；$\varPsi_s$ 为修正系数。

分层总和法前提是假定地基只发生一维沉降（单向压缩），在单向压缩条件下，第 i 层土的压应变 ε_i 和孔隙比的关系为（ε_i 以压缩为正）：

$$\varepsilon_i = -\frac{\Delta e_i}{1 + e_{ni}} \tag{2}$$

式中，e_{ni} 为第 i 层土的原位孔隙比；Δe_i 为第 i 层土的孔隙比变化平均值。

将式（2）中的角标 i 去掉，推而广之，则式（2）可写为：

$$\varepsilon = -\frac{\Delta e}{1 + e_n} \tag{3}$$

由弹性理论，在单向压缩条件下

$$\varepsilon = \frac{\Delta p}{E_s} \tag{4}$$

式中，Δp 为压力增量。

将式（4）代入式（3）并整理得

$$E_s = \frac{1 + e_n}{-\dfrac{\Delta e}{\Delta p}} \tag{5}$$

再将压缩系数 $a = -\Delta e / \Delta p$ 代入式（5）得

$$E_s = \frac{1 + e_n}{a} \tag{6}$$

由此可见，E_s 计算公式中的孔隙比既不是初始孔隙比 e_0，也不是自重应力下孔隙比

e_g，而应是原位孔隙比 e_n。

4 原位孔隙比 e_n 的确定

如前所述，e_n 是无法直接测出的。因而只能根据试验结果依据经验来推算。

我们先来看一下典型压缩试验结果。如图 1 所示，当试验加压至 580kPa 时卸荷，曲线出现回弹，卸荷至 100kPa 时停止卸荷，然后再加荷直至试验结束。从图中可以看出，卸荷点（N 点）、终止卸荷点（F 点）和压力恢复点（G 点，G 点和 N 点对应的压力相等）的孔隙比大小顺序为

$$e_F > e_N > e_G$$

其中 e_F、e_N、e_G 分别表示 F、N、G 点对应的孔隙比。

下面再来看一下土样从在其原位地基中，到取样应力释放、室内压缩试验时加荷的孔隙比变化情况。如图 2 所示，假定土样在其原位地基中的孔隙比为 e_n，上覆自重应力为 σ_z，则在图 2 中可用 N 点来表示这时土样的情况。随着取样，土样被取出，土样会出现应力释放，上覆压力由 σ_z 减为零（周围压力按 K_0 关系也减为零），取样后土样情况可用 F 点表示，孔隙比为 e_0，NF 则表示 e-p 运动轨迹。在室内对土样进行压缩试验，e-p 曲线如图中 FGE 所示。G 表示压缩试验的压力加压至其原位上覆土压力（自重应力）时的点，G 点对应的孔隙比就是自重应力孔隙比 e_g。e_0、e_n、e_g 的关系为：

$$e_0 > e_n > e_g$$

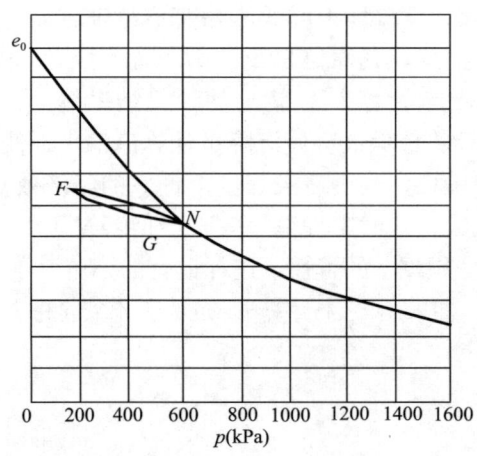

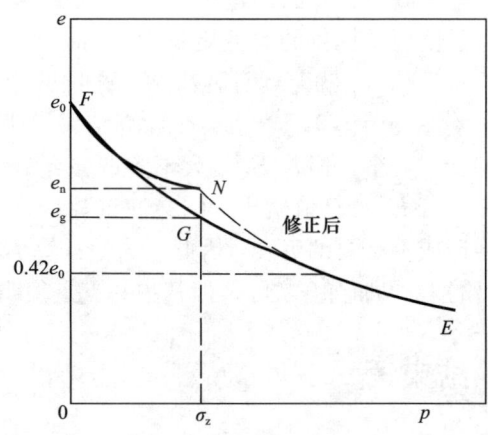

图 1 典型压缩试验 e-p 曲线   图 2 推测的 e-p 曲线

因此，e_n 介于 e_0 与 e_g 之间，实践上 e_n 应在 e_0 与 e_g 之间进行取值。

根据上述分析，笔者提出计算 e_n 的公式。其公式为：

$$e_n = e_g + \frac{e_0 - e_g}{N}$$

$$或 \quad e_n = \frac{1}{N}[e_0 + (N-1)e_g] \tag{7}$$

其中 $N \geqslant 1$。不难看出，当 $N=1$ 时，$e_n = e_0$；当 $N \to \infty$ 时，$e_n = e_g$。根据经验，土的类别及土的原位自重应力 σ_z 对 N 值有重要影响。土的弹性愈大、σ_z 愈高，N 值就愈大。

相反，N 值就愈小。建议对浅埋高塑性土［如塑性指数 I_p 较大的土，这类土因取样应力释放引起的回弹量（$e_0 - e_n$）较小］取 $N = 1 \sim 2$；对深埋低塑性土［如 I_p 较小的土，这类土因取样应力释放引起的回弹（$e_0 - e_n$）较大］取 $N = 2 \sim 5$。

5 压缩曲线修正及压缩系数的计算问题

推算出原位孔隙比 e_n 之后，自然就会有压缩曲线的修正问题（由室内压缩曲线修正为现场压缩曲线）。如图 2 所示，NE 曲线表示修正后的现场压缩曲线。根据 $e\text{-}\lg p$ 压缩曲线的修正经验，建议压缩曲线上孔隙 $e < 0.42e_0$ 时室内压缩曲线就是现场曲线，即这段不需修正。对于 $e > 0.42e_0$ 段，在室内压缩曲线上相应于 $e = 0.42e_0$ 的点和 N 点间按 $e\text{-}p$ 曲线变化规律连一曲线，就是修正后的现场曲线（图 2）。

压缩系数应根据修正后的现场压缩曲线计算：

$$a = -\frac{\Delta e}{\Delta p} = -\frac{e - e_n}{p - \sigma_z} \text{ 或 } a = \frac{e_n - e}{p - \sigma_z} \tag{8}$$

式中，e 为现场压缩曲线上相应于 p 时的孔隙比；p 为计算段压力区间上限值，为自重应力与附加应力之和。

6 讨论

随着高层、超高层建筑物的大量兴建，评价和计算深埋土层的压缩变形越来越显得重要，这就要求提供的参数更符合实际。对于深埋土层，其原位自重应力 σ_z 较大，如前所述，e_0、e_n、e_g 就会有明显差异。这时若用 e_0 代替 e_n 计算 E_s，就会使计算结果偏大；若用 e_g 代替 e_n 计算 E_s，就会使计算结果偏小。E_s 计算值偏大会使沉降量计算值偏小，使工程偏于不安全，但若 E_s 偏大不多或在允许误差范围内，则会使工程获得良好的经济效益。相反，若 E_s 计算值偏小，则会使沉降量计算值偏大，这时工程偏于安全，但若过于保守，就会造成不必要的浪费。因此，讨论计算 E_s 时，应根据土的特性，选择适宜的 N 值，使计算出的 E_s 更加符合实际。但其中一点是很明确的，即采用 e_0 来计算 E_s 是偏于不安全的。

7 结束语

通过以上分析，建议今后在计算压缩模量时，尤其对于高层、超高层建筑岩土工程，要考虑原位孔隙比 e_n、初始孔隙比 e_0 和自重应力孔隙比 e_g 在物理概念上的不同及数值上的差异。在考虑这一问题时，笔者推荐按式（6）～式（8）计算。

参考文献

[1] 孙仁廷. 地基土压缩模量的计算. 军工勘察，1994（1）.

地基变形计算参数勘察评价试验研究

1 问题的提出

在岩土工程勘察中，土的压缩系数和压缩模量是评价地基压缩性和进行地基变形计算的基本参数。近几年来，岩土工程界越来越重视对建筑物沉降量的计算和控制问题。例如上海市建设行政主管部门要求，从 1999 年起，住宅的地基基础设计，必须以控制变形值为主，目前，国家标准[1]规定，用压缩系数 a_{1-2} 来评价土压缩性的高低，用压缩模量 E_s 来计算基础沉降量，其中 E_s 的压力段取值为自重应力至自重应力加附加应力。存在的问题是：

（1）压缩系数 a 的大小与压力段取值有关，将压力段统一取 100~200kPa，用 a_{1-2} 作为统一标准，似乎是便于统一比较，但实际上，对于浅埋土层（如埋深小于 5m，自重应力小于 100kP），a_{1-2} 反映了压缩曲线上压缩段的压缩性，而对于深埋土层（如埋深大于 13m，自重压力大于 200kPa）a_{1-2} 反映的是压缩性曲线上再压缩段的压缩性。显然，用一种土压缩段的压缩性和另一种土再压缩段的压缩性做比较来区分土的压缩性高低是不合适的。

（2）对于 E_s，规范上规定的压力段取值是科学的，但在工程实践上，由于岩土工程师在进行勘察时，并不能准确地知道将来结构工程师设计的基础底面平均压力设计值大小，而是了解上部结构高度、类型、预计基础形式和埋深的基础上，对基底压力的大小进行估计，针对土层的埋深、考虑到附加压力的衰减，分层有选择地提供压力段为 100~200kPa、200~300kPa、300~400kPa、400~500kPa 时的压缩模量 E_s。如果岩土工程师提供的 E_s 在压力段上和实际情况不吻合，就会给结构工程师带来不便。可见岩土工程师在对 E_s 勘察评价时，准确评价 E_s 的固有性质和变化规律是至关重要的。

2 地基变形计算原理回顾[2]

以固结试验结果为依据，采用分层总和法计算最终固结沉降量，然后乘以经验系数来作为基础最终沉降量

$$s = \psi_s \int_0^{z_n} \frac{\Delta p}{E_s} \mathrm{d}z \tag{1}$$

本文原载《中国建筑学会工程勘察分会第六届学术交流会论文选集》2000 年，地质出版社，作者：王长科，汤福南

式（1）可写为：

$$s = \psi_s \int_0^{z_n} \frac{\alpha p_0}{E_s} dz \tag{2}$$

$$= \psi_s \sum_{i=1}^n \frac{p_0}{E_{si}} \int_{z_{i-1}}^{z_i} \alpha dz \tag{3}$$

$$= \psi_s \sum_{i=1}^n \frac{p_0}{E_{si}} \left[\int_0^z \alpha dz - \int_0^{z_{i-1}} \alpha dz \right] \tag{4}$$

$$= \psi_s \sum_{i=1}^n \frac{p_0}{E_{si}} \left[z_i \bar{\alpha}_i - z_{i-1} \bar{\alpha}_{i-1} \right] \tag{5}$$

式中，s 为基础最终沉降量；ψ_s 为经验修正系数；z_n 为压缩层厚度；E_s 为相应于附加应力为 Δp 时的压缩模量；Δp 为基底下深度为 z 处的附加应力；α 为基底下深度为 z 处的附加应力系数；p_0 为基础底面附加应力；n 为分层计算层数；$\bar{\alpha}_i$ 为基底下深度 z_i 范围内的平均附加应力系数；$\bar{\alpha}_{i-1}$ 为基底下深度 z_{i-1} 范围内的平均附加应力系数；E_{si} 为第 i 层土的压缩模量。

其中第 i 层土的平均附加应力为

$$\frac{z_i \bar{\alpha}_i - z_{i-1} \bar{\alpha}_{i-1}}{z_i - z_{i-1}} p_0$$

3 压缩系数、压缩模量试验研究

在石家庄市区，分别在 8.00m、11.0m、12.70m、20.40m 处取样进行固结试验。土样物理性质指标见表1，固结试验结果见图1～图4。

土样物理性质指标　　　　　　　　　　　　　　　　　　　　表1

试样编号	土名	取样深度（m）	自重应力（kPa）	w（%）	ρ（$g \cdot cm^{-3}$）	G	e_0	S_r（%）	w_L（%）	I_p
1	粉砂	8.00	152	12.7	1.62	2.70	0.878			
2	粉质黏土	11.00	210	26.1	1.94	2.74	0.745	96	40	15
3	粉土	12.70	240	11.0	1.55	2.70	0.934	32	26	6
4	粉质黏土	20.40	400	25.4	1.89	2.73	0.774	89	37	14

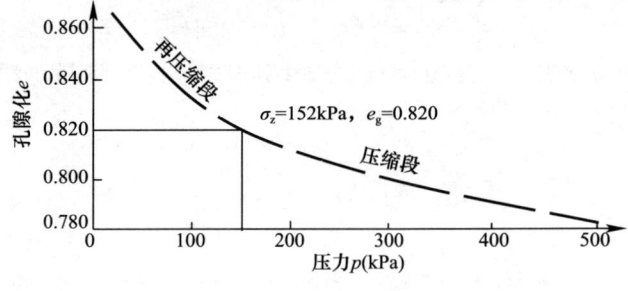

图1　1号试样压缩曲线

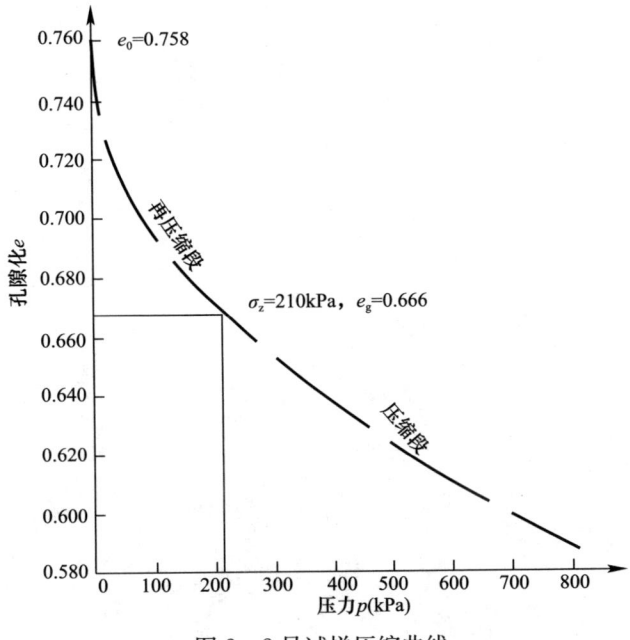

图2　2号试样压缩曲线

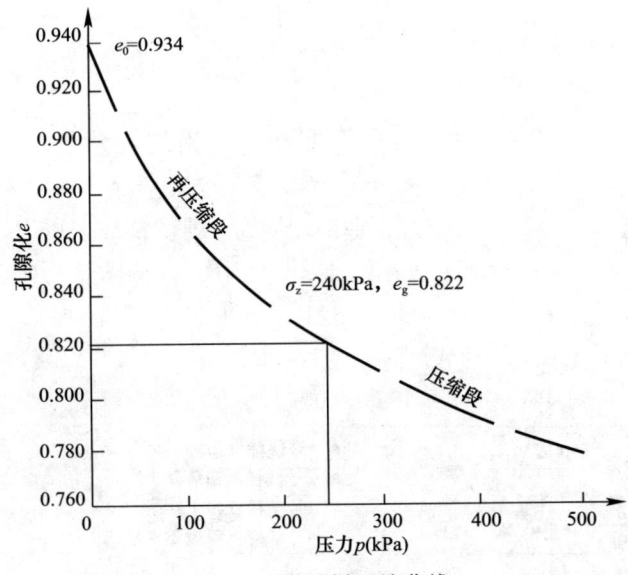

图3　3号试样压缩曲线

根据汤福南，王长科（1994）的建议[1]，附加应力为零时的切线压缩模量 E_{s0}（暂定义为初始切线压缩模量）按下列公式计算：

$$E_{s0} = \frac{1 - e_g}{a_0} \qquad (6)$$

$$a_0 = \frac{\mathrm{d}e}{\mathrm{d}p} \quad p = \sigma_z \qquad (7)$$

式中，E_{s0} 为初始切线压缩模量；a_0 为初始切线压缩系数；e_g 为自重应力孔隙比，即压缩曲线上对应于压力值为自重应力 σ_z 时的孔隙比；σ_z 为自重应力。

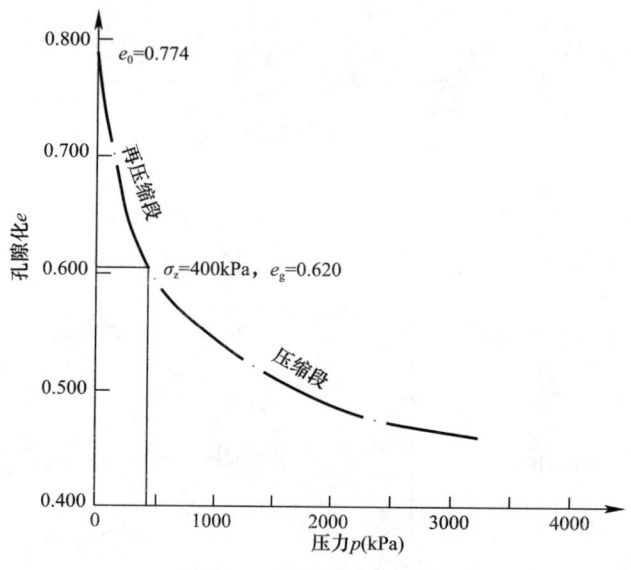

图4 4号试样压缩曲线

当附加应力为 Δp 时，压缩模量 E_s 按下列公式计算

$$E_s = \frac{1 + e_g}{a} \tag{8}$$

$$a = \frac{e_g - e_p}{\Delta p} \tag{9}$$

式中，e_p 为压缩曲线上对应于压力 p（自重应力 σ_z 与附加应力 Δp 之和）时孔隙比；Δp 为附加应力。

依据式（6）～式（9）对 4 个试样的固结试验结果进行整理，可以得到图 5 和图 6，并将根据图 4 得到的 a-σ_z 关系和 E_s-σ_z 关系绘于图 7 和图 8。从图 5～图 8 可以看出：

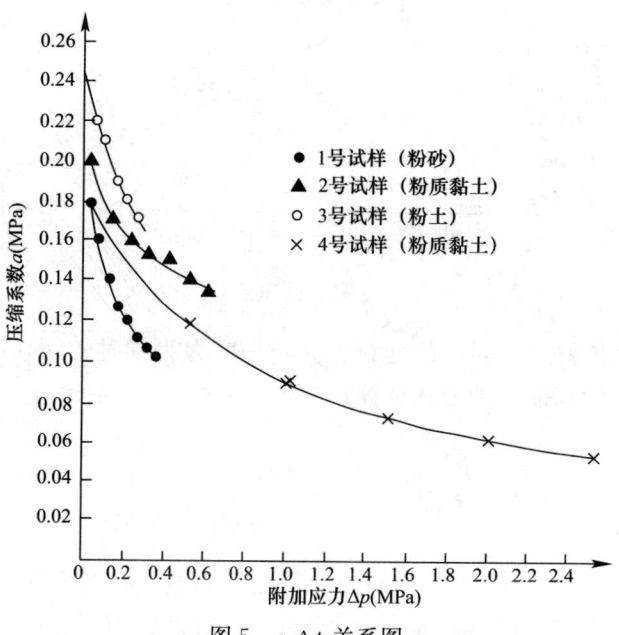

图5 a-Δp 关系图

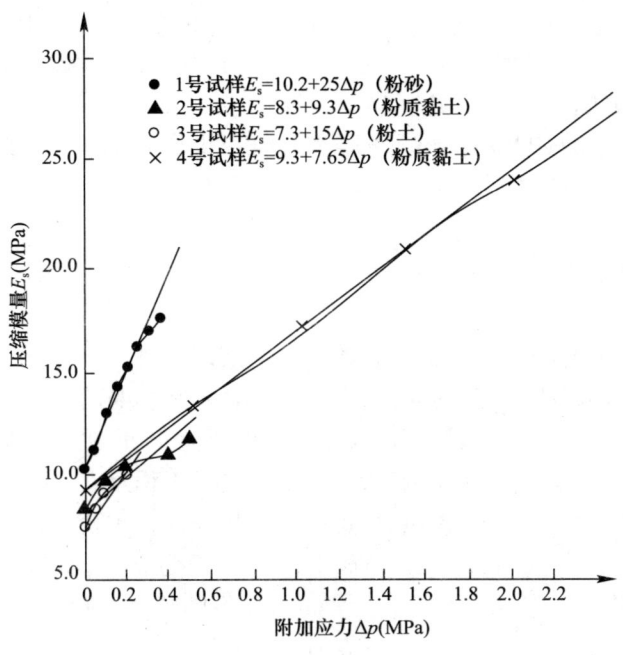

图 6 E_s-Δp 关系图

注：图中 E_s、Δp 均以 MPa 计

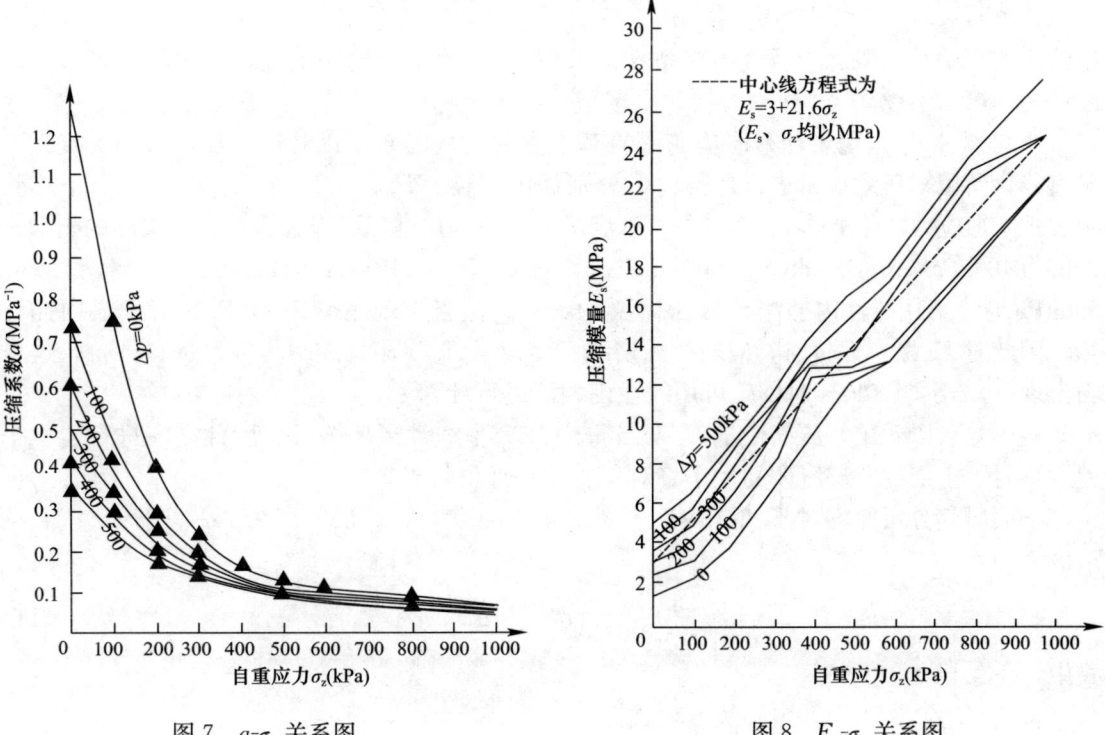

图 7 a-σ_z 关系图   图 8 E_s-σ_z 关系图

（1）压缩系数 a 随附加应力 Δp 的增加而降低，并逐渐趋于稳定。

（2）压缩模量 E_s 随附加应力 Δp 的增加而增加，变化规律可用一个直线方程式来描述。

（3）压缩系数 a 随自重应力 σ_z 的增加而减小，并渐趋稳定。从图 7 可以进一步发现，随着自重应力 σ_z 的增加，附加应力 Δp 对压缩系数 a 的影响逐渐减小，当 $\sigma_z > 500\text{kPa}$ 时，不同附加压力 Δp 时的压缩系数 a 几乎趋于相等。

（4）压缩模量 E_s 随自重应力 σ_z 的增加而增加，其变化规律中心线用一个直线方程线来描述。

4 讨论

压缩系数是反映土的压缩性的基本参数，在勘察评价时，根据压缩系数 a 的大小将土的压缩性分为低压缩性、中压缩性、高压缩性，这是非常必要的。从上述试验研究可以看出，压缩系数 a 的大小不仅与附加应力 Δp 有关，而且与自重应力 σ_z 的大小有关，离开了自重应力 σ_z 和附加应力 Δp 来评价压缩系数 a 就失去了工程意义，甚至在概念上就会出现错误（例如上文提到压力段 $100 \sim 200\text{kPa}$ 可能是再压缩段）评价压缩系数 a 的大小，科学的方法应该是采用压力段 $\sigma_z \sim \sigma_z + \Delta p$ 的压缩系数，记为 $a_{\Delta p}$（如 a_{200}，表示附加应力为 200kPa 时的压缩系数）。

$$\Delta p = \frac{z_i \, \bar{\alpha}_i - z_{i-1} \, \bar{\alpha}_{i-1}}{z_i - z_{i-1}} p_0 \tag{10}$$

符号意义同前。

考虑到科学性、客观性和实用性，在对压缩性评价时，建议采用 a_{100}（附加应力 100kPa）或 a_{200}（附加应力为 200kPa）来评价。这样就避免了采用 a_{100} 时，有时会代表再压缩段的压缩性的概念矛盾，当有条件时采用 $a_{\Delta p}$ 来评价土的压缩性，会更加合理，其中 Δp 按式（10）计算。

压缩模量 E_s 是用于计算地基变形的基本参数，从图 6 可以看出，E_s-Δp 关系接近一条直线，所以对压缩模量进行评价时，分别提供 E_{s100}、E_{s200}、E_{s300}、E_{s400}、E_{s500}（下标数字表示附加应力，计量单位 kPa）是可以满足要求的，在进行沉降验算时，当实际的附加应力值为 $100\text{kPa} < \Delta p < 200\text{kPa}$，$200\text{kPa} < \Delta p < 300\text{kPa}$，$300\text{kPa} < \Delta p < 400\text{kPa}$，$400\text{kPa} < \Delta p < 500\text{kPa}$ 时，可用线性内插法计算所需要的 $E_{s\Delta p}$。但当出现 $\Delta p < 100\text{kPa}$，就无法内插计算，因此对 E_s 勘察评价时，应对初始切线压缩模量 E_{s0}（附加应力为零）进行评价，这样当出现 $0 < \Delta p < 100\text{kPa}$ 时，就可用线性内插法进行计算了。

从图 8 可以看出，压缩模量 E_s 与自重应力 σ_z 呈线性递增关系。因此，在进行岩土工程勘察时，土层的分层厚度的大小将对 a，E_s 的评价带来影响。

下面研究分层厚度对 E_s 的影响。假定层顶埋深为 d，分层厚度为 Δd，则该层中点自重应力为：

$$\sigma_z = \gamma \left(d + \frac{1}{2} \Delta d \right) \tag{11}$$

式中，γ 为土的重度。

将式（11）代入图 8 中心线方程式得：

$$E_s = 3 + 21.6 \gamma \left(d + \frac{1}{2} \Delta d \right) \tag{12}$$

令 $\Delta d = 0$，得

$$E_s = 3 + 21.6\gamma d \tag{13}$$

假定 Δd 的变化引起 E_s 的变化幅度为 β，则

$$\beta = \frac{\Delta E_s}{E_s} \tag{14}$$

将式（12）代入式（13），再代入式（14）得

$$\beta = \frac{10.8\gamma\Delta d}{E_s} \tag{15}$$

$$\Delta d = \frac{\beta E_s}{10.8\gamma} \tag{16}$$

取 $\gamma = 19\text{kN} \cdot \text{m}^{-3}$，据式（16）给出的分层厚度最大允许值见表 2。

分层厚度建议值

表 2

E_s(MPa)	允许的最大分层厚度（m）			
	$\beta = 5\%$	$\beta = 10\%$	$\beta = 15\%$	$\beta = 20\%$
1.0	0.2	0.5	0.7	1.0
3.0	0.7	1.5	2.2	2.9
5.0	1.2	2.4	3.7	4.9
10.0	2.4	4.9	3.7	9.8
15.0	3.7	7.3	11.0	14.6
20.0	4.9	9.8	14.0	19.5
25.0	6.1	12.2	18.3	24.4
30.0	7.3	14.6	21.9	29.2
40.0	9.8	19.5	29.2	39.0

5 结论

本文通过试验研究，得出以下结论

（1）在岩土工程勘察中，应采用压缩系数 a_{100}、a_{200} 或 $a_{\Delta p}$ 来作为评价土的压缩性高低的参数，不宜再采用 a_{1-2}。

（2）在分析评价压缩模量 E_s 时，岩土工程师应视附加应力的大小分层提供 E_{s50}、E_{s100}、E_{s200}、E_{s300}、E_{s400}、E_{s500} 等数据，在进行沉降验算时可用线性内插法计算所需要的 $E_{s\Delta p}$。

（3）在岩土工程勘察中，土的分层厚度除考虑工程地质特征外，尚应根据岩土工程安全等级的大小，视土的压缩性高低参照表 2 来确定。

本文在研究期间，得到北京市勘察设计研究院张在明教授的帮助，表示感谢！

参考文献

[1] 中华人民共和国国家标准. 建筑地基基础设计规范 GBJ 7—1989. 北京：中国建筑工业出版社，1990.
[2] 林宗元. 岩土工程勘察设计手册. 沈阳：辽宁科学技术出版社，1995.
[3] 汤福南，王长科. 土的压缩模量计算探讨. 军工勘察，1994（3）.

天然地基及复合地基的基床系数测评

【摘　要】　基床系数是进行基础梁板受力计算及地基基础上部结构共同作用分析计算的一个重要参数。对运用载荷试验、旁压试验、三轴试验、固结试验测定基床系数的方法，进行了分析总结。对天然地基和复合地基的基床系数评价，进行了探讨。

【关键词】　基床系数

1　前言

土对外力的反应，是建筑物共同作用分析中必须考虑的重要方面。由于土的性能非常复杂，因此在共同作用分析中对土加以模型化，是绝对必要的。当前，进行基础反力、内力及共同作用分析时，基本都采用了文克尔模型、改进的文克尔模型或弹性半空间模型。其中，前两个模型，因简单实用，备受工程界欢迎。应用文克尔模型、改进的文克尔模型前，地基基床系数的测评工作，是非常重要的。相信，在天然地基、复合地基上进行独、条、筏、箱基础设计时，以及进行地铁轻轨设计时，基床系数的测定和评价有着重要意义和广泛前景。

当前，随着地基-基础-上部结构共同作用分析的普及发展，基床系数评价的重要性日趋显著。而在已报道的国家规范、行业手册和学术论文中，除 Terzaghi[1] 外，很少涉及基床系数的试验方法、修正公式和评价方法。

2　基床系数试验

（1）浅层载荷试验

浅层载荷试验一般考虑载荷试验坑直径不小于 $3d$（d 表示载荷板直径或边长），载荷板周围无超载。弹性力学公式如下：

$$p = \frac{E_0}{\frac{\pi}{4}(1-\mu^2)} \cdot \frac{s}{d} \tag{1}$$

式中，p 表示附加压力（kPa）；E_0 表示变形模量（kPa）；d 表示承压板直径（m）；s 表示承压板沉降（m）；μ 表示泊松比。

浅层载荷试验基床系数可按下式计算：

$$k = \frac{p}{s} = \frac{E_0}{\frac{\pi}{4}(1-\mu^2)} \cdot \frac{1}{d} \tag{2}$$

本文原载《岩土工程技术及进展》2002 年，作者：王长科，贾文华，王永正，陈追田

（2）深层载荷试验

深层载荷试验（或称深井载荷试验）是在深井中进行的载荷试验，载荷板周围有超载。弹性力学公式如下：

$$p = \frac{E_0}{I_0 I_1 (1-\mu^2)} \cdot \frac{s}{d} \tag{3}$$

$$I_0 = 0.785 \tag{4}$$

$$I_1 = 0.5 + 0.23 \frac{d}{z} (\text{适用条件 } z > d) \tag{5}$$

式中，I_0 表示圆形承压板影响系数；I_1 表示承压板埋深影响系数；其他符号意义同前。

深层载荷试验基床系数可按下式计算：

$$k = \frac{p}{s} = \frac{E_0}{I_0 I_1 (1-\mu^2)} \cdot \frac{1}{d} \tag{6}$$

（3）旁压试验

旁压试验是在钻孔中进行的一种水平向原位测试，分自钻式和预钻式两种。弹性力学公式如下：

$$p - p_0 = \frac{E_M}{1+\mu} \cdot \frac{r-r_0}{r_0} \tag{7}$$

式中，p 表示试验压力；p_0 表示试验点原位水平应力；E_M 表示旁压试验弹性模量；r_0 表示钻孔初始半径；r 表示与试验压力 p 相应的钻孔半径；μ 表示泊松比。

旁压试验基床系数可按下式计算：

$$k = \frac{p - p_0}{r - r_0} = \frac{E_M}{1+\mu} \cdot \frac{1}{r_0} \tag{8}$$

（4）三轴试验

三轴试验是室内进行的水平各向等压三向压缩试验。弹性力学公式如下：

$$\Delta\sigma_1 = E \cdot \frac{H_0 - H}{H_0} + 2\mu\Delta\sigma_3 \tag{9}$$

式中，$\Delta\sigma_1$ 表示大主应力增量；$\Delta\sigma_3$ 表示小主应力（围压）增量；E 表示三轴试验弹性模量；H_0 表示试样初始高度；H 表示试验过程中与 $\Delta\sigma_1$ 相对应的试样高度。

三轴试验基床系数可按下式计算：

采用 $\Delta\sigma_3 = 0$ 的常规三轴试验时：

$$k = \frac{\Delta\sigma_1}{H_0 - H} = E \cdot \frac{1}{H_0} \tag{10a}$$

采用 $n = \Delta\sigma_1 / \Delta\sigma_3$ 为常量的应力路径时：

$$k = \frac{\Delta\sigma_1}{H_0 - H} = \frac{E}{1 - \dfrac{2\mu}{n}} \cdot \frac{1}{H_0} \tag{10b}$$

（5）固结试验

固结试验是室内进行的侧限单向压缩试验。弹性力学公式如下：

$$\sigma = E_s \cdot \frac{H_0 - H}{H_0} \tag{11}$$

式中，σ 表示试验附加应力；H_0 表示试样初始高度；H 表示试验过程中与 σ 相对应的试样高度。

固结试验基床系数可按下式计算：

$$k = \frac{\sigma}{H_0 - H} = E_s \cdot \frac{1}{H_0} \tag{12}$$

3 基床系数物理意义辨析

（1）建筑地基的基床系数表达式

独、条、筏、箱基础下地基受荷弹性力学公式如下：

$$p = \frac{E}{\omega(1-\mu^2)} \cdot \frac{s}{B} \tag{13}$$

式中，p 表示基底平均附加应力（kPa）；E 表示地基弹性模量（kPa）；B 表示基础宽度或直径（m）；s 表示基础沉降量（m）；μ 表示泊松比；ω 表示沉降影响系数，按基础的刚度、底面形状及计算点位置从表 1 查得。

沉降影响系数 ω 值   表 1

荷载面形状	圆形	方形	矩形										
			$L/B=1.5$	2.0	3.0	4.0	5.0	6.0	7.0	8.0	9.0	10.0	100
ω_c	0.64	0.56	0.68	0.77	0.89	0.98	1.05	1.11	1.16	1.20	1.24	1.27	2.00
ω_o	1.00	1.12	1.36	1.53	1.78	1.96	2.10	2.22	2.32	2.40	2.48	2.54	4.01
ω_m	0.85	0.95	1.15	1.30	1.50	1.70	1.83	1.96	2.04	2.12	2.19	2.25	3.70
ω_r	0.79	0.88	1.08	1.22	1.44	1.61	1.72					2.12	

注：ω_c 表示角点沉降影响系数；ω_o 表示中心点沉降影响系数；ω_m 表示平均沉降影响系数；ω_r 表示绝对刚性基础沉降影响系数；L 表示基础长度；B 表示基础宽度。

由式（13）可知，建筑地基的基床系数按下式计算：

$$k = \frac{p}{s} = \frac{E}{\omega(1-\mu^2)} \cdot \frac{1}{B} \tag{14}$$

（2）基床系数物理意义辨析

从式（14）看出，基床系数是地基附加应力水平 p、弹性模量 E、泊松比 μ、基础沉降影响系数 ω（反映了基础刚度、形状、尺寸、计算点位置）和基础宽度 B 的函数。可以说，基床系数既不是一个纯粹的地基参数，也不是一个纯粹的基础参数，而是相应于一定应力水平时地基基础共同作用的一个参数。由此，可以得出结论，基床系数不是地基或基础的一个固有参数，因地基性质、基础性质和应力水平而变，没有明确的物理意义。

4 天然地基的基床系数评价

包括三个问题：试验、修正、统计。下面分别阐述。

（1）试验

试验问题包括试验方法选择、试验条件选择两个问题。

① 试验方法选择

选择试验方法时，应考虑到不同试验方法所得基床系数之间的差异，注意选择相对最能代表建筑地基受荷条件的室内外试验方法。

② 试验条件选择

试验条件包括加荷速率、排水条件、应力路径三方面。因基床系数主要是用于计算基础净反力和基础内力，故各种室内外试验的加荷速率要慢。

载荷试验、旁压试验不能控制应力路径，只是分为快速法、慢速法，来区别模拟建筑地基受荷的加荷速率、排水条件。应选择慢速法。

三轴试验分为不固结不排水（UU）、固结不排水（CU）、固结排水（CD），可以控制应力路径。用三轴试验测定基床系数时，应采用先进行 K_0 固结，然后沿不同等应力比（$n=\sigma_1/\sigma_3$ 保持常量）应力路径，进行排水（慢剪）试验。

固结试验主要用来模拟地基压缩层相对基础宽度很薄时的情况。

（2）修正

前已述及，基床系数因试验方法、受荷面尺寸、形状、刚度而异，因此，工程应用前应对试验测定的基床系数加以修正。

将式（14）与各式比较，经理论推导后得到下述不同试验基床系数的修正公式：

浅层载荷试验

$$k = \left(\frac{0.785}{\omega} \cdot \frac{d_t}{B} \right) \cdot k_t \tag{15}$$

深层载荷试验

$$k = \left(\frac{0.785 I_{1t}}{\omega} \cdot \frac{d_t}{B} \right) \cdot k_t \tag{16}$$

旁压试验

$$k = \left[\frac{1}{\omega \cdot (1-\mu)} \cdot \frac{r_{0t}}{B} \right] \cdot k_t \tag{17}$$

三轴试验

$$k = \left[\frac{1 - \dfrac{2\mu}{n}}{\omega \cdot (1-\mu^2)} \cdot \frac{H_{0t}}{B} \right] \cdot k_t \tag{18}$$

固结试验

$$k = \left(\frac{H_{0t}}{H} \right) \cdot k_t \tag{19}$$

式中，角标 t 含义表示试验；k_t 表示试验得到的基床系数；k 表示修正后的基床系数；d_t 表示载荷板直径；I_{1t} 表示深层载荷试验深度修正系数；r_{0t} 表示旁压试验钻孔初始半径；n 表示大主应力增量与小主应力增量值比；H_{0t} 表示试样初始高度；B 表示基础宽度；H 表示建筑地基压缩层厚度；ω 表示沉降影响系数；μ 表示泊松比。

（3）统计

应以地基附加应力为权重，对修正后基床系数的倒数进行加权平均，将倒数加权平均值的倒数作为地基设计计算的基床系数代表值。计算公式如下：

$$\bar{k} = \frac{z_n \overline{\alpha_n}}{\sum\limits_{i=1}^{n} \dfrac{z_i \overline{\alpha_i} - z_{i-1} \overline{\alpha_{i-1}}}{k_i}} \tag{20}$$

式中，$\bar{k}$ 表示建筑地基的基床系数代表值（当量值）；k_i 表示第 i 层土的基床系数；z_n 表示自基底算起的沉降计算深度；z_i 表示第 i 层土的层底深度（自基底算起，$z_0 = 0$）；$\bar{\alpha_i}$ 表示基底至第 i 层土层底深度范围内的平均附加应力系数；$\bar{\alpha_i} = \frac{1}{z_i} \int_0^{z_i} \alpha dz$；$\alpha$ 表示附加应力系数，当 $i = 1$ 时；$\bar{\alpha}_{i-1} = 1$。

5 复合地基的基床系数评价

复合地基的基床系数评价比较复杂，工程实践中可按下式估算：

$$k_{sp} = \frac{f_{sp,k}}{f_k} \cdot k \qquad (21)$$

式中，k_{sp} 表示复合地基的基床系数；$f_{sp,k}$ 表示复合地基承载力标准值；f_k 表示天然地基承载力标准值；k 表示天然地基的基床系数。

6 结束语

本文对基床系数的试验、修正等问题进行了阐述，并给出了一系列公式。当前，由于规范很少涉及基床系数如何试验、如何修正等具体问题，所以工程上遇到评价基床系数问题时，往往不知所从。本文从理论上给予了探讨，给出了解答。

今后加强对基床系数的研究是十分重要的。

参考文献

［1］ K. Terzaghi. Evaluation of Coefficients of Subgrade Reaction. Geotechnique，Vol. 5，No. 4，1955.

对旁压仪试验基本理论和工程应用的再认识

【摘　要】　阐述了旁压试验基本理论框架，提出了用旁压试验结果计算地基抗剪强度指标和浅层、深层地基承载力的计算方法。

1　旁压试验基本理论框架

（1）基本假定

① 钻孔周围的岩土介质是均质无限体，孔穴呈圆柱形，孔穴扩张处于平面应变状态；

② 孔周介质具有各向同性和弹塑性；

③ 介质是连续的并且处于平衡状态；

④ 孔穴扩张时，介质的应力应变关系能用增量弹性理论描述，屈服面服从摩尔-库仑方程。

（2）弹性理论

孔穴受到内压力 p 后开始扩张，扩张初期，孔周介质径向应力增加，环向应力减小，介质富有弹性可张性质，处于弹性应力状态。

处于弹性应力状态土的应力应变关系可用下式表示：

$$\begin{Bmatrix} \varepsilon_{\theta} \\ \varepsilon_{r} \\ \varepsilon_{z} \end{Bmatrix} = [D] \cdot \begin{Bmatrix} \Delta\sigma_{\theta} \\ \Delta\sigma_{r} \\ \Delta\sigma_{z} \end{Bmatrix} \tag{1}$$

式中，$\Delta\sigma_{\theta}$、$\Delta\sigma_{r}$、$\Delta\sigma_{z}$ 分别表示环向、径向、竖向应力增量，以压为正；ε_{θ}、ε_{r}、ε_{z} 分别表示环向、径向、竖向应变，以压为正；$[D]$ 表示增量弹性矩阵。

孔周土的平衡微分方程为：

$$\frac{d\sigma_{r}}{dr} + \frac{\sigma_{r} - \sigma_{\theta}}{r} = 0 \tag{2}$$

取压应变为正，则几何方程为：

$$\varepsilon_{r} = -\frac{du}{dr} \tag{3a}$$

$$\varepsilon_{\theta} = -\frac{u}{r} \tag{3b}$$

$$\varepsilon_{z} = 0 \tag{3c}$$

式中，r 表示孔穴内壁半径；u 表示距离孔穴中心为 r 处的水平位移。孔穴扩张的边界条

本文原载于《岩土工程界》2004 年第 6 期，作者：王长科，马旭东，赵国强

件位：① $r \rightarrow \infty$ 时，$u=0$；② $r=r_i$ 时，$\Delta\sigma_r = \Delta p$。其中 r_i 表示孔穴半径，Δp 表示孔内压力增量。

联解式（1）~式（3），并代入上述边界条件；可得弹性位移场和应力场：

$$u = \frac{\Delta p(1+\mu)}{E} \cdot \frac{r_i^2}{r} \tag{4}$$

$$\Delta\sigma_r = \Delta p \left(\frac{r_i}{r}\right)^2 \tag{5a}$$

$$\Delta\sigma_\theta = -\Delta p \left(\frac{r_i}{r}\right)^2 \tag{5b}$$

式中，E 表示土的弹性模量；r_i 表示孔穴半径；μ 表示土的泊松比，Δp 表示孔内附加压力。

对孔壁土，式（4）可以写为：

$$p = p_0 - 2G \cdot \varepsilon_i \tag{6}$$

其中

$$G = \frac{E}{2(1+\mu)} \tag{7}$$

$$\varepsilon_i = -\frac{u_i}{r_i} \tag{8}$$

式中，G 表示剪切模量；E 表示弹性模量；p_0 表示初始水平应力；p 表示孔内径向压力；ε_i 表示孔壁环向应变，此处压为正；u_i 表示孔壁位移。

式（6）就是弹性阶段旁压试验应力应变关系。

（3）$c \neq 0$、$\varphi \neq 0$ 土的塑性理论

随着孔穴进一步扩张，当孔周介质应力状态满足摩尔-库仑方程时，孔周介质进入塑性应力状态。

孔周土的屈服方程为：

$$\frac{\sigma_1 - \sigma_3}{2} = c\cos\varphi + \frac{\sigma_1 + \sigma_3}{2}\sin\varphi \tag{9}$$

式中，c、φ 分别表示土的黏聚力和内摩擦角。

孔壁土由弹性应力状态进入塑性应力状态的界限压力记为 p_{cr}，称之为临界压力。联解式（6）、式（9）得：

$$p_{cr} = p_0(1+\sin\varphi) + c\cos\varphi \tag{10}$$

孔周土处于塑性应力状态时，由于试验平面应变的缘故 $\sigma_1 = \sigma_r$，$\sigma_2 = \sigma_z$，$\sigma_3 = \sigma_\theta$，联解方程式（2）、式（9）并应用孔壁应力边界条件，得塑性区应力分布：

$$\sigma_r = (c\cot\varphi + p)\left(\frac{r_i}{r}\right)^{\frac{2\sin\varphi}{1+\sin\varphi}} - c\cot\varphi \tag{11a}$$

$$\sigma_\theta = \frac{1-\sin\varphi}{1+\sin\varphi}(c\cot\varphi + p)\left(\frac{r_i}{r}\right)^{\frac{2\sin\varphi}{1+\sin\varphi}} - c\frac{\cot\varphi + \cos\varphi}{1+\sin\varphi} \tag{11b}$$

孔壁土进入塑性应力状态后，随着孔内压力 p 的增加，孔周出现塑性和弹性两个应力区。

根据式（11a），可以得到孔周土进入塑性阶段后的旁压试验应力应变关系式：

$$p = (p_{\text{cr}} + c\cot\varphi)\left(\frac{r_{\text{cr}}}{r_{\text{i}}}\right)^{\frac{2+\sin\varphi}{1+\sin\varphi}} - c\cot\varphi \tag{12}$$

式中，r_{cr} 表示弹性区和塑性区分界面的半径；r_{i} 表示孔穴内壁半径。

下面求 $r_{\text{cr}}/r_{\text{i}}$ 的表达式。

取一个单位长度的孔穴，可以列出下式：

$$\pi(r_{\text{cr}} + u_{\text{cr}})^2 - \pi(r_{\text{i}} + u_{\text{i}})^2 + \Delta V = \pi r_{\text{cr}}^2 - \pi r_{\text{i}}^2 \tag{13}$$

式中，u_{cr} 表示弹塑性区临界面的水平位移；ΔV 表示单位长度圆环的体积变化，以体积压缩为正。

孔壁环向应变：

$$\varepsilon_{\text{i}} = -\frac{u_{\text{i}}}{r_{\text{i}}} \tag{14}$$

弹塑性区临界面环向应变：

$$\varepsilon_{\text{cr}} = -\frac{u_{\text{cr}}}{r_{\text{cr}}} \tag{15}$$

塑性区平均体积应变（取体压缩为正）：

$$\varepsilon_{\text{v}} = \frac{\Delta V}{\pi r_{\text{cr}}^2 - \pi r_{\text{i}}^2} \tag{16}$$

将上述三式代入前式（13）整理可得：

$$\left(\frac{r_{\text{cr}}}{r_{\text{i}}}\right)^2 = \frac{\varepsilon_{\text{i}}(2-\varepsilon_{\text{i}}) + \varepsilon_{\text{v}}}{\varepsilon_{\text{cr}}(2-\varepsilon_{\text{cr}}) + \varepsilon_{\text{v}}} \tag{17}$$

其中 ε_{cr} 根据式（6），用下式表达（受压为正）：

$$\varepsilon_{\text{cr}} = -\frac{p_{\text{cr}} - p_0}{2G} \tag{18}$$

将式（17）代入式（12），得到孔周土进入塑性阶段后的旁压试验应力应变关系式：

$$p = (p_{\text{cr}} + c\cot\varphi)\left[\frac{\varepsilon_{\text{i}}(2-\varepsilon_{\text{i}}) + \varepsilon_{\text{v}}}{\varepsilon_{\text{cr}}(2-\varepsilon_{\text{cr}}) + \varepsilon_{\text{v}}}\right]^{\frac{\sin\varphi}{1+\sin\varphi}} - c\cot\varphi \tag{19}$$

式中，p_{cr}、ε_{cr} 分别表示临界压力和临界应变（压缩为正），表达式见式（10）、式（18）。ε_{v} 表示塑性区平均体积应变，以体压缩为正。

（4）$\varphi = 0$ 土的塑性理论

对 $\varphi = 0$ 情况，将 c 记为 c_{u}（表示不排水黏聚力）。同理可得出下述公式：

临界压力表达式：

$$p_{\text{cr}} = p_0 + c_{\text{u}} \tag{20}$$

塑性区应力分布为：

$$\sigma_{\text{r}} = p - 2c_{\text{u}}\ln\frac{r}{r_{\text{i}}} \tag{21}$$

$$\sigma_{\theta} = p - 2c_{\text{u}}\left(1 + \ln\frac{r}{r_{\text{i}}}\right) \tag{22}$$

旁压试验应力应变关系式：

$$p = (p_0 + c_{\text{u}}) + c_{\text{u}}\ln\frac{\varepsilon_{\text{i}}(2-\varepsilon_{\text{i}}) + \varepsilon_{\text{v}}}{\varepsilon_{\text{cr}}(2-\varepsilon_{\text{cr}}) + \varepsilon_{\text{v}}} \tag{23}$$

式中，ε_{cr} 表示临界应变，以压缩为正，表达式见式（18）。ε_v 表示塑性区平均体积应变，以体压缩为正。

（5）$c=0$ 土的塑性理论

对 $c=0$ 情况，同理可得出下述公式：

临界压力表达式：

$$p_{cr} = p_0(1+\sin\varphi) \tag{24}$$

塑性区应力分布：

$$\sigma_r = p\left(\frac{r_i}{r}\right)^{\frac{2\sin\varphi}{1+\sin\varphi}} \tag{25a}$$

$$\sigma_\theta = \frac{1-\sin\varphi}{1+\sin\varphi} \cdot p \cdot \left(\frac{r_i}{r}\right)^{\frac{2\sin\varphi}{1+\sin\varphi}} \tag{25b}$$

旁压试验应力应变关系式：

$$p = p_0(1+\sin\varphi) \cdot \left[\frac{\varepsilon_i(2-\varepsilon_i)+\varepsilon_v}{\varepsilon_{cr}(2-\varepsilon_{cr})+\varepsilon_v}\right]^{\frac{\sin\varphi}{1+\sin\varphi}} \tag{26}$$

式中，ε_{cr} 表示临界应变，以压缩为正，表达式见式（18）。ε_v 表示塑性区平均体积应变，以体压缩为正。

（6）孔壁剪应力通解

旁压试验孔壁土剪应力的通解为[2]：

$$\tau = \frac{1}{2}\frac{\mathrm{d}p}{\mathrm{d}\varepsilon_i}(1-\varepsilon_i)\left[1-\frac{(1-\varepsilon_i)^2}{1-\varepsilon_v}\right] \tag{27a}$$

当 $\varepsilon_v=0$ 时

$$\tau \approx \frac{\mathrm{d}p}{\mathrm{d}\varepsilon_i}\varepsilon_i \tag{27b}$$

其中：

$$\tau = \frac{\sigma_{ri}-\sigma_{\theta i}}{2} \tag{27c}$$

式中，τ 为孔壁土剪应力；σ_{ri}、$\sigma_{\theta i}$ 分别表示孔壁土的径向应力、环向应力；ε_i 为孔壁土的环向应变；以压缩为正；ε_v 为孔壁土的体积应变，以体压缩为正。

2 旁压试验特征参数的概念剖析

预钻式旁压仪试验曲线特征参数有：初始压力 p_0、临塑压力 p_f、极限压力 p_L。但对于自钻式旁压试验曲线的特征参数只有 p_0，p_f，p_L 在曲线上看是不明显的。

p_0 的物理含义应该是试验点的原位水平应力，但对于预钻式旁压试验来说，由于预钻孔的扰动，用旁压曲线确定的 p_0 并不能表示原位水平应力，往往比实际的原位水平应力大。对于自钻式旁压试验来说，p_0 基本表示了原位水平应力。

p_f 是指旁压曲线直线段末端的压力，应该是表示进入塑性阶段的界限压力。像自钻式旁压试验曲线，就没有明显的直线段，这和室内三轴试验没有明显直线段的现象和道理是一样的。作者以为，旁压试验曲线原本不应该有明显直线段，正因为有了预钻孔，所以预钻式旁压试验就有了这样一个特征参数 p_f。由于这个缘故，为了和 p_f 区别，本文在进行理论研究时，将孔壁土进入塑性阶段的界限压力记为 p_{cr}，而不用 p_f 表示。

Menard 规定将 $V = V_c + 2V_0$ 时的压力作为极限压力。实际上，极限压力是专门为计算地基承载力而规定的一个特征参数，没有明确的物理含义。

3 土的抗剪强度指标计算

根据前述研究，根据实测的旁压试验曲线，可以反求土的抗剪强度指标 c、φ。

需要注意的是，对于预钻式旁压试验，由于预钻孔的扰动影响，旁压试验曲线的前段（p_f 之前）是孔周扰动土、原状土的性质综合反映，后段（p_f 之后）可能才是原状土的性质反映。所以运用于预钻式旁压试验计算抗剪强度指标时，应以曲线后段为根据。

4 土的变形指标计算

弹性模量按下式计算：

$$E_M = 2(1 + \mu)G_M \tag{28}$$

$$G_M = \frac{1}{2} \cdot \frac{p - p_0}{(-\varepsilon_i)} \tag{29}$$

$$\varepsilon_i = 1 - \sqrt{1 + \frac{\Delta V}{V_0}} \approx -\frac{1}{2} \cdot \frac{\Delta V}{V_0} \tag{30}$$

式中，E_M 表示用旁压试验测定的弹性模量；G_M 示用旁压仪测定的剪切模量；μ 表示土的泊松比；p 表示钻孔内壁所受径向压力；p_0 表示初始水平应力；ε_i 表示孔壁环向应变，压缩为正；V_0 表示钻孔试验段初始体积；ΔV 表示钻孔试验段体积变化。

5 地基承载力估计

换一种思维方法来研究这个问题。

如图 1 所示，将圆形垂直荷载下的阴影部分作为脱离体，脱离体上部作用着荷载 q，四周作用着水平法向应力 σ_χ；下部作用着反力 σ_z。假定地基破坏前，具有均质、弹性，服从弹性解。那么，σ_χ 和 q 之间存在下面关系：

$$\sigma_\chi = kq \tag{31}$$

式中，k 表示侧压力系数。用 q_a 表示竖向地基承载力特征值（容许承载力），用 p_a 表示和竖向地基承载力相对应的水平压力，q_0 表示上覆土压力。则：根据弹性解，k 的最大值为 0.5，代入式（32），得到式（33）：

$$q_a = \frac{1}{k}(p_a - p_0) + q_0 \tag{32}$$

$$q_a = 2(p_a - p_0) + q_0 \tag{33}$$

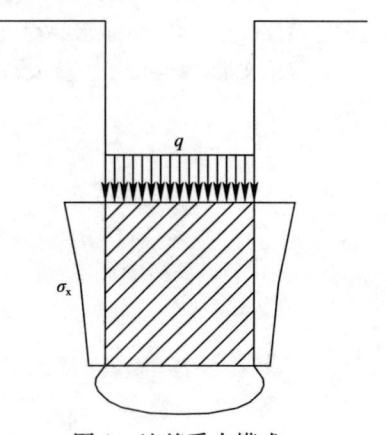

图 1 地基受力模式

式（33）的推导是相对严密的，问题是如何从旁压曲线上取 p_a，p_a 的取值应注意竖向变形和横向变形相协调，即 p_a 的取值应考虑地基泊松比 μ 的大小。

一般情况下，建议按下式取值：

$$(p_a - p_0) = \frac{1}{2}(p_f - p_0) \tag{34}$$

代入式（33），得：

$$q_a = (p_f - p_0) + q_0 \tag{35}$$

同理，得：

$$q_u = (p_L - p_0) + q_0 \tag{36}$$

式中，q_u 表示地基极限承载力。

式（35）、式（36）包含深度效应，不包含基础宽度、刚度效应，适用于浅层土、深层土。

6 结束语

通过研究，得到以下结果：

（1）得到了旁压试验的弹性解、塑性解和孔壁剪应力通解；

（2）剖析了旁压试验特征参数的概念；

（3）提出了运用旁压试验结果计算土的抗剪强度指标、变形指标的新方法；

（4）提出了运用旁压试验特征参数估计地基承载力特征值、地基极限承载力的理论新途径。

参考文献

［1］ 王长科. 对旁压试验中几个问题的分析和试验研究（硕士论文）. 华北水利水电学院北京研究生部，导师：王正宏. 1987.

［2］ 王长科. 旁压试验 p_0 值物理含义及其求法的研究. 工程勘察，1990，（3）.

［3］ 卢世深等译. 旁压仪和基础工程. 北京：人民交通出版社，1984.

［4］ A. S. Vesic. expantion of cavities in infinite soil mass. Journal of the soil mechanics and foundation engineering, ASCE, Vol98, No. SM3, 1972.

［5］ 黄熙龄等. 旁压试验及黏性土变形模量的测定//中国土木工程学会第一届土力学及基础工程学术会议论文集，1964.

压缩模量精度的影响因素分析

【摘　要】　分析了压缩模量计算精度的影响因素，提出了孔隙比取值精度要达到小数点后4位要求和采用自重应力孔隙比的建议。

当前按照我国现行规范的规定，进行地基变形计算使用的土层压缩性参数主要是压缩模量。作者发现，多数岩土工程师在提交岩土工程勘察报告中提供的压缩模量数值精度偏低，压缩模量精度低，会直接降低地基基础设计的精度。

调查发现，当前影响压缩模量精度的原因主要有两个方面：一是由于多数单位采用了土工试验自动化，提供的 $e\text{-}p$ 曲线中的孔隙比小数点后取 3 位，精度低，二是计算压缩模量采用了初始孔隙比 e_0，而没有采用原位自重孔隙比 e_i。现分述如下。

1　孔隙比的精度对压缩模量精度的影响

在石家庄市某工地 28.5m 深度处取试样，进行压缩试验，试验结果见表 1。

压缩试验成果　　　　　　　　　　　　　　　　　　　　　　表 1

试验压力 p(kPa)	0	50	100	200	400	800
试样高度 H_i(mm)	20.000	19.761	19.585	19.315	18.900	18.340

从表 1 看出，试验直接结果给出的变形量是采用 1/1000mm 精度的。直接采用这个结果计算分段压缩模量，和按照试验给出的孔隙比（三位小数）计算分段压缩模量，结果见表 2、表 3。可以看出，二者有差异。作者通过计算统计，发现压缩模量误差最大可达 10%～15%。建议，今后室内土工试验孔隙比小数点后的取 3 位数改为取 4 位数。改取 4 位数后，压缩模量的误差可控制在 2% 以内。

分段压缩模量　　　　　　　　　　　　　　　　　　　　　　表 2

试验压力 p(kPa)	0	50	100	200	400	800
压缩模量 E_s(MPa)		5.68	7.41	9.64	14.29	

分段压缩模量　　　　　　　　　　　　　　　　　　　　　　表 3

试验压力 p(kPa)	0	50	100	200	400	800
孔隙比 e	0.644	0.625	0.610	0.588	0.554	0.508
压缩模量 E_s(MPa)		5.48	7.47	9.67	14.30	

本文原载《河北勘察》2010 年第 1 期，作者：王长科

2 天然孔隙比取值对压缩模量的影响

根据土力学基本原理，压缩模量计算公式如下：

$$E_s = \frac{1+e_0}{a_v} \qquad a_v = \frac{e_i - e_{i+1}}{p_{i+1} - p_i}$$

符号意义不再赘述。这里的 e_0 从理论上来说，应该指地基天然应力状态下的孔隙比，如果 e-p 曲线上来确定，就应该取相应于自重应力的孔隙比。

e_0 取值不同，得出压缩模量自然不同。分别取试样初始孔隙比和 e-p 曲线上的自重孔隙比，仍使用前述实验数据，对比计算结果列入表 4。发现起始压力越大，压缩模量误差越大。

分段压缩模量对比计算结果　　　　　　　　　　表 4

试验压力 p(kPa)		0	50	100	200	400	800
压缩模量 E_s(MPa)	使用初始孔隙比	5.68	7.41	9.64	14.29		
	使用自重孔隙比	5.61	7.25	9.31	13.50		

3 建议

本文论述了有关压缩模量的计算误差问题为提高压缩模量的计算精度，提出建议如下：

（1）孔隙比的取值精度应达到小数点后 4 位；

（2）计算压缩模量使用的天然孔隙比，应采用 e-p 曲线上的自重孔隙比。

浅议地下水勘察和地下室抗浮水位压力计算

【摘　要】 运用伯努利原理，给出了地下水勘察要求和地下室抗浮水位压力计算方法。

1　伯努利原理

在岩土工程勘察中，地下水的勘察直接关系到地下室抗浮设防水位的确定。按照伯努利方程，地下水压力满足下式：

$$(1/2)\rho V^2 + \rho g h + p = c$$

式中，ρ 为水的质量密度；g 为重力加速度；h 为水的位置水头高度；p 为水压力；V 为流速；c 为表示常量。

2　地下水水头和抗浮设防水压力计算

地下水的流速和压力是有联系的，流速越大，压力越小，反之亦然。所以，现场进行岩土工程勘察时，要特别注意根据钻孔测定的各含水层的水头和流速，分析含水层各点水压力和流速的空间分布规律，并预见工程使用期间地下室位置处的流速，从而计算和综合取定抗浮设防水位。

地下水水头计算公式为：

$$h = z + \frac{p}{\gamma_w} + \frac{V^2}{2g}$$

式中，h 为水头（m）；z 为位置水头（m）；p 为压力（kPa）；γ_w 为水的重度（kN/m³）；V 为水的流速（m/s）；g 为重力加速度，9.81m/s^2。

地下室抗浮设防水位压力，可按下式计算：

$$p_2 = \beta\left(\rho g h_1 + \frac{1}{2}\rho V_1^2\right) - \frac{1}{2}\rho V_2^2$$

式中，p_2 为地下室底板位置的浮力（压强）；β 为考虑未来使用期的地下水压力调整系数；ρ 为水的质量密度；g 为重力加速度；h_1 为勘察钻孔水头；V_1 为勘察钻孔实测地下水流速；V_2 为预计建筑物使用期间地下室底板位置处的地下水流速。

本文原载微信公众平台《岩土工程学习与探索》2017 年 10 月 15 日，作者：王长科

《岩土工程勘察报告》提供压缩模量 E_s 值探讨

【摘　要】　《岩土工程勘察报告》提供压缩模量有三种方法：p_{0+} 法、分段法、平均 $e\text{-}p$ 曲线法。

1　前言

室内固结试验给出了 $e\text{-}p$ 曲线，从而计算压缩模量 E_s。由于土的非线性，E_s 的大小，与两个参数有关：p_1（自重压力）、p_2（自重压力＋附加压力）。地基设计中进行变形计算时，要使用的是"实际压力段"的压缩模量 E_s，实际压力段就是指 $p_1 \sim p_2$。

2　《岩土工程勘察报告》提供土压缩模量的方法

《岩土工程勘察报告》提供各层土的变形参数时，有 3 种方案：

（1）提供 p_{0+} 的压缩模量 E_s（MPa）。p_0 表示该层土的平均自重压力（kPa）。见表 1。

各层土的压缩模量 E_s（MPa）　　　　　　　　　　　　　　　　表 1

土层及编号	$E_{\text{s}(p_0+50)}$	$E_{\text{s}(p_0+100)}$	$E_{\text{s}(p_0+200)}$	...
粉土②	10.0	11.0	13.0	...
...	...	...	...	...

注：p_0+100 单位为 kPa，$E_{\text{s}(p_0+100)}$ 表示压力段为 $p_0 \sim p_0+100$kPa 时的压缩模量 E_s，其他同理。

（2）提供分段压缩模量 E_s，见表 2。

各层土的压缩模量 E_s（MPa）　　　　　　　　　　　　　　　　表 2

土层及编号	$E_{\text{s}1\text{-}2}$	$E_{\text{s}2\text{-}3}$	$E_{\text{s}3\text{-}4}$	...
粉土②	10.0	11.0	13.0	...
...	...	...	...	...

注：$E_{\text{s}1\text{-}2}$ 表示压力段为 100～200kPa 的压缩模量。其他同理。

（3）提供各层土平均 $e\text{-}p$ 曲线，供地基设计时，根据实际情况计算使用。注意孔隙比 e 的精度，要给到小数点后 4 位数。见表 1 和图 1。

②层土的平均 $e\text{-}p$ 曲线数据　　　　　　　　　　　　　　　　　表 3

压力（kPa）	孔隙比 e
0	0.4760
50	0.4691

本文原载微信公众平台《岩土工程学习与探索》2017 年 11 月 7 日，作者：王长科

压力（kPa）	孔隙比 e
100	0.4622
200	0.4530
400	0.4407
800	0.4239
1600	0.4032
3200	0.2704

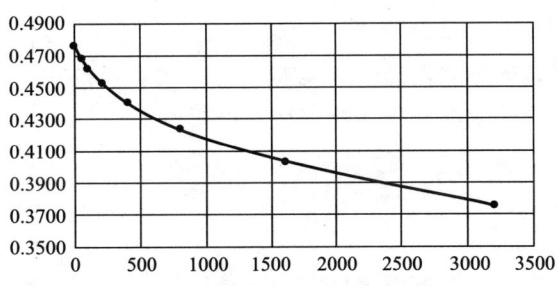

图 1　②层土的平均 e-p 曲线

3　结束语

各地区，及行业目前做法不尽相同。上述三种办法各有利弊。一个目标，就是满足设计使用，且尽量方便、实用。

参考文献

[1]　王长科，汤福南. 土的压缩模量计算探讨. 军工勘察，1994，（3）
[2]　王长科，汤福南，黄献辉. 地基变形计算参数勘察评价试验研究∥中国建筑学会工程勘察分会第六届学术交流会论文选集. 北京：地质出版社，2000.
[3]　高晓军，顾宝和，毛尚之等. 压缩模量的问题及解决途径. 工程勘察，2007，（2）
[4]　王长科. 沉降计算的现状和思考∥梁金国，聂庆科主编. 岩土工程新技术与工程实践. 石家庄：河北科学技术出版社，2007.
[5]　王长科. 论压缩模量计算中的孔隙比精度. 河北勘察，2010，（1）.

三轴试验固结排水条件模拟工程实际的
不适应性分析与改进建议

【摘　要】　分析了三轴试验固结排水条件模拟工程实际的不适应性，得出结论，对地基、基坑，选用 UU 法三轴试验测定抗剪强度是偏于保守的，而选用 CU 法三轴试验测定抗剪强度则又是偏于危险的。最后提出了三轴试验改进建议。

1　前言

在计算确定地基承载力、坝坡稳定性、边坡稳定性、基坑开挖支护土压力等时，需要使用土的抗剪强度指标：黏聚力 c、内摩擦角 φ。c、φ 值的确定，目前对饱和土，主要依据取土试样进行室内三轴试验测定。当然也有现场大剪试验、室内直剪试验。因三轴试验能控制围压、固结排水，所以，被认为是一种相对最能模拟现场工程实际的科学试验，因而，各个规范都明确规定采用三轴试验，对有经验的地区和行业，对非饱和土，有的规范也允许采用直剪试验。

三轴试验按照固结排水条件分类，分为：不固结不排水（UU）、固结不排水（CU）、固结排水（CD）。工程上根据实际情况按规范规定选用其一。因工程上尚未发现有不固结排水（UD）情况，故三轴试验未给出 UD 试验。

2　当前的工程做法

对于建筑地基，各个规范几乎都规定了采用三轴试验不固结不排水（UU 法）强度指标进行地基承载力计算。对基坑开挖支护工程，有的规范规定采用三轴试验固结不排水（CU 法）强度指标计算土压力，也有的规范规定采用三轴试验不固结不排水（UU 法）强度指标，显得有些不统一。

3　三轴试验固结排水条件分析

三轴试验，试验步骤有三步：试验准备阶段、加围压阶段、加压剪切阶段。

（1）试验准备阶段，是用符合要求的薄柔的橡皮膜，把预先制备的圆柱形土试样，无缝隙地套裹好，使土试样与外界隔开。然后将其一同放入压力室内。

本文原载微信公众平台《岩土工程学习与探索》2017 年 12 月 28 日，作者：王长科

（2）加围压阶段，在压力室内的橡皮膜外空间，充水并施加压力，这个压力称为围压 σ_3。期间，上下前后左右都是这个压力，这时，$\sigma_1 = \sigma_3$。加围压阶段，如果连通土试样的排水管阀门是开启，土试样就是处于固结（C）状态，结合后续"加压剪切阶段"的排水与否，称三轴试验为固结不排水剪（CU 法）、固结排水剪（CD 法）。两者中的前两个字"固结"（C）指的就是土试样在"加围压阶段"的排水阀门始终开着，加围压过程中土试样能排水，从而土试样处于固结状态。反之，加围压阶段，如果连通土试样的排水管阀门是关闭，土试样处于不固结状态（U），结合后续"加压剪切阶段"的排水与否，称三轴试验为不固结不排水剪（UU 法）。其中的前三个字"不固结"指的就是土试样在"加围压阶段"的排水阀门始终关着，加围压过程中因土试样不能排水，从而土试样处于不固结状态。

（3）加压剪切阶段，完成围压加压后，开始施加轴向压力，直至剪切破坏。新增的轴向压力记为 $\Delta\sigma_1$，$\Delta\sigma_1$ 和围压 σ_3 之和为 σ_1，σ_1 为土试样受到的轴向压力。加压剪切阶段，如果连通土试样的排水管阀门是开通的，土试样处于排水状态（D），结合前续"加围压阶段"的固结（C），称三轴试验为固结排水剪（CD 法），后两个字"排水"指的就是土试样"加压剪切阶段"的排水阀门始终开着，土试样处于排水状态。反之，加压剪切阶段，如果连通土试样的排水管阀门是关闭的，土试样处于不排水状态（U），结合前续"加围压阶段"的固结与否，称三轴试验为固结不排水剪（CU 法）、不固结不排水剪（UU 法），两者中的后三个字"不排水"指的就是土试样在"加压剪切阶段"的排水阀门始终关闭，土试样处于不排水状态。

综上分析，三轴试验"加围压阶段"排水阀的开与关，决定了土试样在加压剪切前的"加围压阶段"处于固结与不固结，"加压剪切阶段"排水阀的开与关，决定了土试样在"加压剪切阶段"是排水与不排水。

4 工程上实际土的固结排水条件分析

工程上，土在加荷受力前，处于原位状态。"原位状态阶段"相应于三轴试验的"加围压阶段"，之后的加荷受力过程相应于三轴试验的"加压剪切阶段"。

（1）原位状态阶段，称为 K_0 状态。竖向有效应力为 σ_1'，竖向总应力为 σ_1，侧向有效应力为 σ_3'，侧向总应力为 σ_3。孔隙水压力为 u，水平向、竖向相等。有 $\sigma_1 = \sigma_1' + u$，$\sigma_3 = \sigma_3' + u$，$K_0 = \sigma_3'/\sigma_1'$，$K_0$ 为静止土压力系数。

土在原位状态，若其孔隙水压力 u 等于 0，或较小接近于 0，就排水条件而言，说明土处于充分固结状态，反之，若其孔隙水压力 u 明显大于 0，说明土处于不充分固结状态。原位状态土的固结是否充分，从孔隙水压力大小给予判断。

（2）加荷受力阶段，相应于三轴试验的"加压剪切阶段"。这个阶段能否排水，主要看工程实际土的透水性质、加荷速率及排水环境条件。

工程上土的两个阶段，无论是"原位状态阶段"，还是"加荷阶段"，固结排水情况复杂，与三轴试验用阀门控制固结排水不同，还不能用要么不固结、不排水（相应于三轴试验排水阀门关闭），要么充分固结、充分排水（相应于三轴试验排水阀门开启），来表达，工程实际土的固结排水情况应用期间产生的孔隙水压力大小，来衡量。

5 结论和建议

（1）对建筑天然地基承载力计算、基坑开挖支护土压力计算，土的原位状态处于 K_0 状态，即用 σ_1'、σ_3'、u 三个参数表达，对于原位状态土的孔隙水压力 $u>0$ 情况（既不是不固结，也不是充分固结），以及考虑施工加荷迅速情况时，显然，选用 UU 法三轴试验测定抗剪强度是偏于保守的，而选用 CU 法三轴试验测定抗剪强度则又是偏于危险的。

（2）建议对常规三轴试验进行如下改进：

① 加围压阶段，用工程实际土的 K_0 应力状态模拟，即用 σ_1'、σ_3'、u 三个参数表达的应力状态。一是受力由各向相等的围压 σ_1，调为 σ_1'、σ_3'、u，二是由开闭排水管阀门改为由孔隙水压力控制模拟工程实际的固结排水情况。

② 加压剪切阶段，由开闭排水管阀门控制排水改为控制孔隙水压力值模拟工程实际的固结排水情况。

基床系数的特殊性分析与设计使用换算方法建议

【摘　要】　分析了基床系数的特殊性，得出结论，言基床系数，必说试验方法条件或结构设计条件。用基床系数，必针对具体工程条件，对试验得出的基床系数进行换算后使用。建议了基床系数试验值换算为地基基础基床系数的方法和公式。

1　前言

1867 年，捷克工程师温克尔（Winkler）提出了基床系数的概念，假定地基由相互独立的竖向弹簧组成，地基任何一点受到的压强与该点的竖向沉降量成正比，其中的比例系数称作基床系数，英文术语为 coefficient of subgrade reaction，汉语翻译也有称为地基反力系数、地基系数。温克尔首先将这样的假定和概念引入到应用力学中，到了 1888 年，齐梅尔曼（Zimmermann）用于路基压力的计算。后来这一理论逐渐应用到柔性基础的压力计算以及在轮压作用下混凝土路面的压力计算。1921 年，Hayashi 提出通过荷载板试验来测定基床系数，并认为无论何种地基土与基础形式，基床系数都是一个常数。1955 年，太沙基（Terzaghi）发表文章，阐述了地基基床系数，2002 年，笔者曾撰文阐述了天然地基基床系数测试、修正以及复合地基的基床系数问题。2012 年版本的国家标准《城市轨道交通岩土工程勘察规范》GB 50307—2012 对基床系数做出了相应规定。

应该说，温克尔提出的基床系数概念，是基于两点假定：一是受力介质是竖向互相不影响的弹簧群，受力变形是一维的；二是弹簧为弹性材料，压强与相应沉降量的比值，即基床系数值，为常数，不随压强大小或沉降量大小而变。将温克尔基床系数理论应用到岩土工程，用于计算地基基础竖向受力变形、桩基横向受力变形、基坑支护工程护坡桩的横向受力变形等领域，由于土具有非线性、弹塑性、压硬性和随应力而变等性质，加之土中应力传递除了压力之外尚有剪力，即岩土体的三维受力变形特征，因而关于基床系数，就其概念与理论而言，简单、清晰、明了，但在地基基础工程、地下空间围护工程等岩土工程领域的应用，无论是在室内试验、原位测试，还是在参数选用、工程设计应用环节，都还存在许多问题，甚至有的工程，对土的基床系数进行了测试，但在工程设计上，基本用不好试验成果。因为基床系数的试验结果，和工程经验值相比，相差甚远。

和温克尔假定的一维弹簧相比，土的基床系数具有许多特殊性，工程师和学者应给予特别关注。本文就此进行分析，并提出基床系数试验值的设计使用换算方法建议，不妥之处请同行专家指正。

本文原载微信公众平台《岩土工程学习与探索》2018 年 1 月 17 日，作者：王长科

2 基床系数的特殊性分析

（1）基床系数并不是材料自身的基本参数

基床系数就其本质含义来说，应该不算做一个土的固有参数，即便是针对温克尔当年假定的一维弹簧，也是如此。

基床系数 K 的表达式为：

$$K = \frac{p}{s}$$

式中，p 表示压强；s 表示沉降。显然，在相同的压强 p 作用下，弹簧长度 L 不同，其沉降量（位移）不同。按照胡克定律，位移表达式为：

$$s = \frac{p}{E} \cdot L$$

式中，E 表示弹簧一维形变的弹性模量。对完全弹性材料，E 为常数，因材料不同而具相应数值。对某一特定的材料，E 不随压强 p、沉降 s 以及弹簧长度 L 而变。

综合上述两个公式，得到：

$$K = \frac{E}{L}$$

由此可以看出，基床系数 K 与弹性常数（即弹性模量）E 成正比，与弹簧长度 L 成反比。基床系数 K 并不是弹簧材料性质的固有参数，而是与材料性质、材料受力变形几何长度有关的参数。

（2）基床系数与测试仪器的几何尺寸有关

按照文献［2］的阐述，土的原位测试和取样室内试验的基床系数表达式分别为：

旁压试验：

$$K = \frac{E_{\mathrm{M}}}{1+\mu} \cdot \frac{1}{r_0}$$

式中，r_0 表示试验孔的初始半径；E_{M} 表示旁压模量；μ 表示泊松比。旁压试验测定的基床系数 K 除与土的性质 E_{M}、μ 有关外，与旁压试验钻孔半径 r_0 有关。

载荷试验：

$$K = \frac{E_0}{\frac{\pi}{4}(1-\mu^2)} \cdot \frac{1}{d}$$

式中，d 表示载荷板直径；E_0 表示载荷试验变形模量；μ 表示泊松比。载荷试验测定的基床系数 K 除与土的性质 E_0、μ 有关外，与载荷板直径 d 有关。

固结试验：

$$K = \frac{E_{\mathrm{s}}}{h_{\mathrm{oed}}}$$

式中，h_{oed} 表示试样高度；E_{s} 表示固结试验压缩模量。固结试验测定的基床系数 K 除与土的性质 E_{s} 有关外，与试验环刀内的试样高度 h_{oed} 有关。

常规三轴试验：

$$K = \frac{E}{h_0}$$

式中，h_0 表示试样高度；E 表示三轴试验变形模量。由此看出，常规三轴试验测定的基床系数 K 除与土的性质 E 有关外，与圆柱体土试样高度 h_0 有关。

（3）基床系数与实际压力段有关

图1是某工程项目的粉质黏土固结试验成果。图1的纵坐标是试样变形量 s，横坐标为试验压力（压强）p，因基床系数 K 即试验曲线的斜率，试验曲线为曲线并非直线，由此知道，基床系数并非常数，与实际压力段（位移段）有关。分别取附加压力 $(p_2-p_1)=100\mathrm{kPa}$ 计算为例，得到 K 与 p_1 的关系，见图2。取 $p_1=0$ 计算为例，得到 K 与 (p_2-p_1) 的关系，见图3。从图2、图3，更加看到了基床系数 K 随实际压力段（即：起始压力 p_1、附加压力 (p_2-p_1)）而变。起始压力 p_1（原位应力）越大，K 值越大，附加压力 (p_2-p_1)（压力增量）越大，K 值越大。

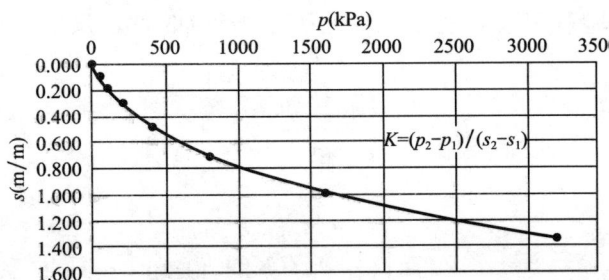

图1 某粉质黏土的固结试验曲线与基床系数计算原理

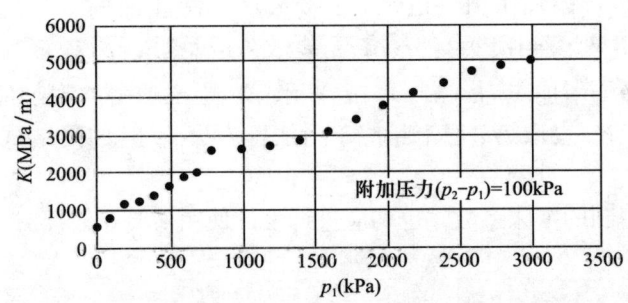

图2 基床系数 K 与起始压力 p_1 的关系

［注：取压力增量 $(p_2-p_1)=100\mathrm{kPa}$ 计算为例］

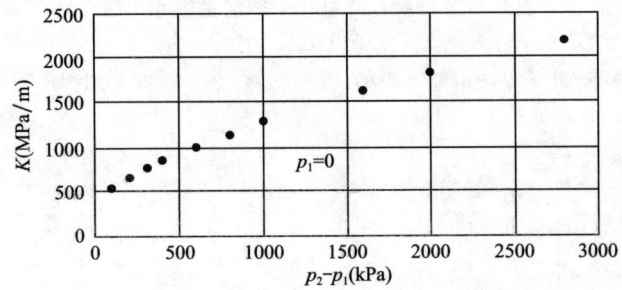

图3 基床系数 K 与附加压力 (p_2-p_1) 的关系

（注：取 $p_1=0$ 计算为例）

3 结论和建议

基床系数不是纯粹的土本身的固有参数，也不是纯粹的结构本身的固有参数，而是反映土与结构共同作用（比如地基基础共同作用、桩土共同作用、基坑支护土与结构共同作用等）的一个共同作用参数，引入基床系数的概念和理论，主要是方便研究解决土与结构共同作用中结构体的受力变形计算。

鉴于基床系数的特殊性，建议无论测试，还是工程设计，言基床系数，必说试验方法条件或结构设计条件。用基床系数，必针对工程条件，对试验得出的基床系数进行换算后使用。具体建议如下：

（1）对于试验得出的基床系数，应在"基床系数"前冠以"试验名称"，如固结试验基床系数、三轴试验基床系数、旁压试验基床系数、载荷试验基床系数等。

（2）运用固结试验基床系数进行基础受力变形计算时，建议按下式计算工程设计条件下的基床系数 K：

$$K = \frac{p_0}{\sum[p_i \cdot h_i / (K_i \cdot h_{oed})]}$$

或表示为：

$$K = \frac{1}{\sum[\bar{\alpha}_i \cdot h_i / (K_i \cdot h_{oed})]}$$

其中 $\bar{\alpha}_i = p_i / p_0$

式中，p_0 表示基础底面附加压力（kPa）；i 表示从基础底面向下至压缩层层底标高范围内，划分的土分层序号，$i=1、2、3、\cdots、n$，n 表示分层总数；p_i 表示基础底面附加压力 p_0 传递给第 i 层土的平均附加应力（kPa）；$\bar{\alpha}_i$ 表示第 i 层土的平均附加应力系数；h_i 表示第 i 层土的厚度（m）；K_i 表示第 i 层土相应于附加压力为 p_i 时的固结试验基床系数；h_{oed} 表示试样高度。

（3）其他试验得到的基床系数，也均应进行设计使用换算，思路方法可参考上述（2）。

参考文献

[1] K. Terzaghi. Evaluation of Coefficients of Subgrade Reaction. Geotechnique, Vol. 5, N0. 4, 1955.
[2] 王长科，贾文华，王永正，陈追田. 天然地基及复合地基的基床系数测评//顾晓鲁，张振拴，郑刚，吴永红，刘春原. 岩土工程技术及进展. 北京：中国建筑工业出版社，2002：124-128.
[3] 国家标准. 城市轨道交通岩土工程勘察规范 GB 50307—2012. 北京：中国计划出版社，2012.
[4] 王长科. 压缩模量 E_s 并不是土的基本参数. 微信公众平台_岩土工程学习与探索，2017-12-07.

深井载荷试验测定井底土的变形模量

【摘　要】　深井载荷试验的边界条件不同于 Mindlin 课题的边界条件，经过分析论证，认为用 Boussinesq 解解决深井载荷试验问题比较合适，给出了变形模量计算公式。

1　前言

高层建筑的筏板基础、箱形基础或扩底桩基础，埋深通常是很深的，因此，常常需要做现场深井载荷试验，测定持力层在原位应力状态下的承载力和变形模量。深井载荷试验的做法是：在地面上或基坑底面挖出一个圆井，直径为 0.8~1.2m，挖至试验土层标高以上约 1.0~1.5m 时，向下改挖直径 0.8m 的圆井，直至试验土层标高，如图 1 所示。现场制作混凝土刚性承压板，按应力控制法进行载荷试验，得出压力-沉降试验曲线。根据载荷试验曲线确定承载力和变形模量。

由于深井载荷试验的承压板不在地表，而是位于地表下某一深度，所以有的文献推荐用 Mindlin 解来计算变形模量[1-3]，计算公式如下：

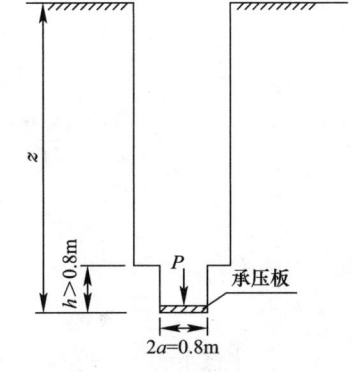

图 1　深井载荷试验

$$E_0 = I_0 I_1 (1 - \mu^2) \frac{pd}{s} \qquad (1)$$

$$I_0 = 0.785 \qquad (2)$$

$$I_1 = 0.5 + 0.23 \frac{d}{z} (\text{适用条件 } z > d) \qquad (3)$$

式中，E_0 表示变形模量（kPa）；d 表示承压板直径（m）；I_0 表示圆形承压板影响系数；I_1 表示承压板埋深影响系数；p 表示荷载（kPa）；s 表示承压板沉降量（m）；μ 表示泊松比。

是否采用 Mindlin 解，对变形模量计算结果影响很大。因此，对深井载荷试验的边界条件进行分析，合理选择弹性力学解答是非常重要的。

2　深井载荷试验课题

Boussinesq、Mindlin 课题分别见图 2、图 3。

本文作者：王瑞华，王长科

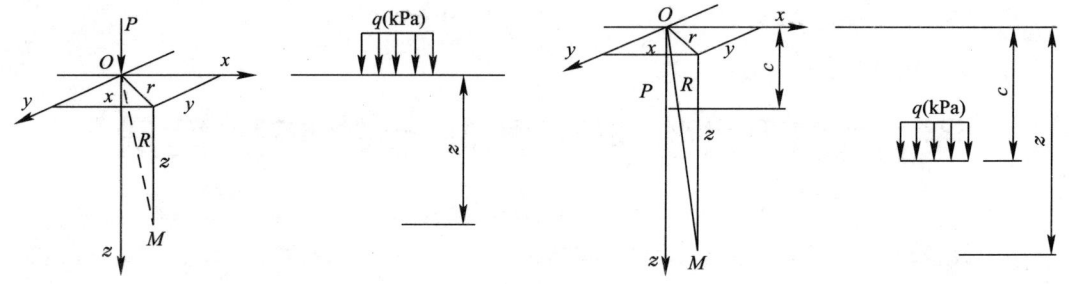

图 2 Boussinesq 课题   图 3 Mindlin 课题

深井载荷试验课题见图 4。从图 4 中取脱离体 ABC 得到图 5，不计体力，ABC 面、$A'B'C'$ 面均是通过圆井中心轴的面，因对称性，ABC 面、$A'B'C'$ 面上剪应力为零，$ABB'A'$ 面、$ACC'A'$ 面为自由临空面，所以，$BCC'B'$ 面上只能存在水平应力，而竖向应力一定为零。$BCC'B'$ 面的倾角 $\alpha = 0 \sim 90°$，由此可以看出，由于深井的开口效应，井底竖向荷载 q 作用面以上的周围上覆土体，不参与竖向荷载 q 的应力分配。荷载 q 只在作用面以下的半无限介质中传递。从该点看，深井载荷试验课题似乎更像 Boussinesq 课题。

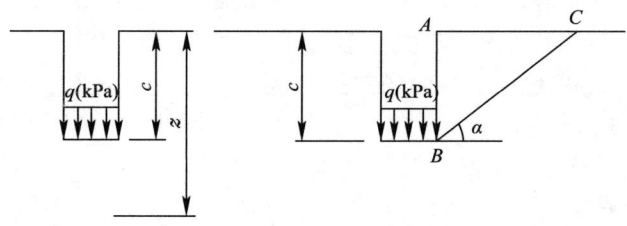

图 4 深井载荷试验课题

下面用 Mindlin 解答计算埋深为 3.0m 的 1m×1m 方板在 300kPa 均布荷载作用下的应力分布。假定泊松比 $\mu = 0.5$，板厚为零。方板中心点上下各点的垂直应力计算结果见图 6。从图 6 可以看出，−3m 以上为拉应力，−3m 以下为压应力。−3m 处，板顶应力为 −146kPa，板下为 154kPa。

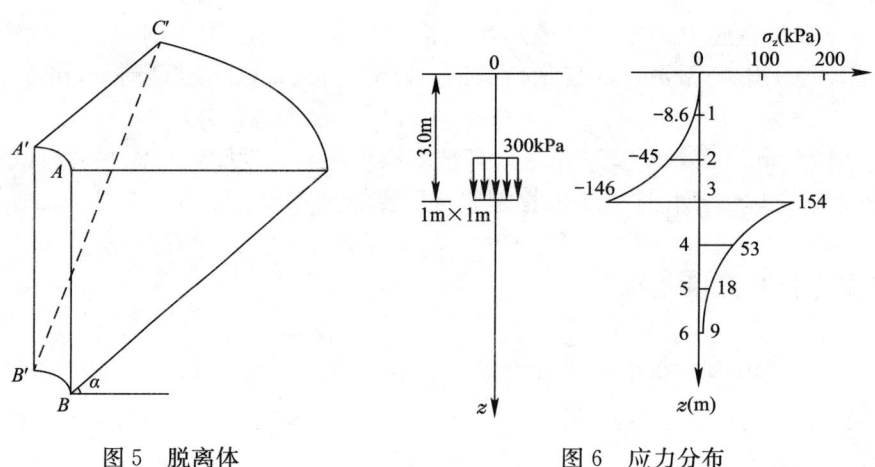

图 5 脱离体   图 6 应力分布

深井载荷试验由于深井开口效应，使得承压板以上为无介质存在、无应力状态，板下接触应力等于作用荷载。从 Mindlin 课题计算结果看，深井载荷试验课题和 Mindlin 课题是不同的。

通过以上分析可以看出，深井载荷试验课题和 Mindlin 课题是完全不同的。因此，用 Mindlin 课题来描述深井载荷试验是不合理的。

深井载荷试验的荷载作用在井底，实际上还是作用在半无限弹性体的表面，只不过这种半无限弹性体的表面不是"大平地"，而是"带有限深井的平地"。因此，深井载荷试验课题实质上还是 Boussinesq 课题。

Boussinesq 课题是垂直荷载作用于半无限弹性体表面。以上分析似乎可以得出如下结论：垂直荷载作用于半无限弹性体表面，不管半无限弹性体的表面形状如何，也不管垂直荷载作用在半无限弹性体表面的何处位置，都可以按 Boussinesq 解答来描述。这一结论是否具有普遍性，有待弹性力学和计算力学的进一步验证。

3　井底土的变形模量计算

根据 Boussinesq 解答，垂直荷载作用下圆形光滑刚性板的压板沉降公式为[3]：

$$u_z = \frac{\pi(1-\mu^2)}{2} \frac{pa}{E} \qquad (4)$$

式中，u_z 表示压板沉降（m）；p 表示平均压力（kPa）；a 表示压板半径（m）；E 表示弹性模量（kPa）；μ 表示泊松比；π 表示圆周率。

根据式（4）可以写出井底土的变形模量计算公式：

$$E_0 = \frac{\pi}{4}(1-\mu^2)d\frac{p}{s} \qquad (5)$$

式中符号物理意义同式（1）、式（4）。

4　试验及成果分析

试验场地位于石家庄市中心，地层情况如表 1 所示。拟建主楼为一幢 26 层、高度 99m、地下 2 层的塔楼，裙楼层高 6 层，地下 2 层。基础方案采用人工挖孔扩底桩，桩端持力层采用砾砂⑨层。基坑开挖深度 9.5m，基坑平面尺寸为 50m×50m。在基坑底人工挖出直径为 1.0m（底部 1.0m、深度直径为 0.8m）、深度为 14.0m 的深井，井底土层为砾砂⑨层，进行载荷试验 3 组。1 号点试验结果见图 7。1 号试验点原位自重应力为 260kPa，按式（5）计算，假定泊松比为 0.30，得到原位应力状态下砾砂⑨的变形模量 $E_0=96.3$MPa。

地层参数			表 1
编号	土名	层底埋深（m）	f_k(kPa)
①	杂填土	0.3～1.5	
②	黄土状粉质黏土	2.6～3.7	140
③	黄土状粉土	5.0～6.7	140
④	细砂	9.0～11.2	160

编号	土名	层底埋深（m）	f_k(kPa)
⑤	中砂	11.2～12.7	200
⑥	粉质黏土	20.2～20.8	180
⑦	细砂	20.9～21.4	180
⑧	粗砂	22.3～22.8	260
⑨	砾砂	36.5～38.1	400
⑩	黏土	40.6～41.8	300
⑪	卵石		600

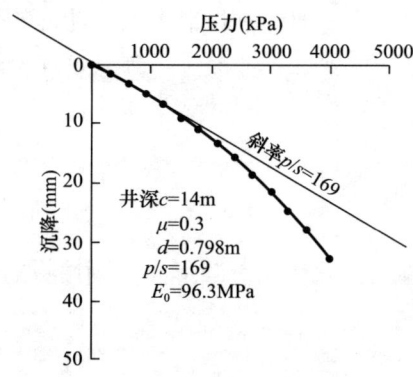

图7　1号砾砂深井载荷试验曲线

5　结论

通过分析和计算比较，认为采用 Boussinesq 解解决深井载荷试验问题比较合适。深井载荷试验的机理应给予进一步研究。

参考文献

[1]　《岩土工程手册》编委会. 岩土工程手册. 北京：中国建筑工业出版社，1996.

[2]　顾宝和，周红，朱小林. 深层平板静力载荷试验测定土的变形模量. 工程勘察，2000，（4）.

[3]　国家标准. 岩土工程勘察规范 GB 50021—2001. 北京：中国建筑工业出版社，2001.

[4]　沈珠江. 理论土力学. 北京：中国水利水电出版社，2000.

第2篇
地基基础

用旁压试验确定浅基础地基承载力初步研究

【摘　要】　本文通过对旁压应力场和地基稳定原理的分析与对比，导出了应用旁压试验确定地基强度指标和浅基础地基承载力的计算方法。

1　旁压应力场性状

在旁压试验条件下，钻孔周围土体应力分布与变化规律和试验点上覆垂直压力 q 有关。试验开始后孔周依次出现弹性区和塑性区；土体在塑性屈服之后，将存在几种不同类型的塑性区；当钻孔体积趋于无穷大时，孔壁土体进入第三塑性应力状态（极限状态），孔壁土体极限压力 p_L 是土体强度指标 c、φ 和上覆垂直压力 q 的函数：

$$p_L = 2c \cdot \frac{\cos\varphi}{1-\sin\varphi} + q \cdot \frac{1+\sin\varphi}{1-\sin\varphi} \tag{1}$$

或写成

$$p_L = 2c \cdot \tan\left(45° + \frac{\varphi}{2}\right) + q \cdot \tan^2\left(45° + \frac{\varphi}{2}\right) \tag{2}$$

式中，p_L 为旁压试验极限压力（kPa）；c 为土的黏聚力（kPa）；φ 为土的内摩擦角（°）；q 为试验点上覆垂直压力（kPa）。

旁压试验极限压力［式（2）中 p_L］就是试验处土体的被动土压力。

2　用旁压试验确定浅基础地基承载力

在当前生产实践中，用于确定浅基础地基承载力的理论计算法一般是临塑荷载法和极限平衡法。临塑荷载法承载力公式是

$$R_m = N_c \cdot c + N_q \cdot q + m N_\gamma \frac{B}{2} \cdot \gamma \tag{3}$$

式中，R_m 为极限平衡区的最大深度允许发展到基础宽度 B 的 m 倍时的地基容许承载力（kPa）；c 为土的黏聚力（kPa）；q 为基础埋深处上覆土体垂直压力（kPa）；B 为基础宽度（m）；γ 为基础埋深以下土体重度（kN/m³）；m 为经验系数，视具体情况可取 $m=$ 0，1/8，1/4，1/3；N_c、N_q、N_γ 为承载力因数。

$$N_c = \frac{\pi \cdot \cot\varphi}{\cot\varphi + \varphi - \frac{\pi}{2}} \tag{4}$$

本文原载《现代勘察》1991 年第 1 期，作者：王长科

$$N_q = \frac{\pi}{\cot\varphi + \varphi - \frac{\pi}{2}} + 1 \qquad (5)$$

$$N_\gamma = \frac{2\pi}{\cot\varphi + \varphi - \frac{\pi}{2}} \qquad (6)$$

N_c、N_q、N_γ 的值见表 1。

极限平衡法的承载力公式是：

$$R = \frac{p_u - q}{F_s} + q \qquad (7)$$

式中，R 为地基容许承载力（kPa）；F_s 为安全系数，一般取 $F_s = 2.5 \sim 3.0$。

表 1

φ	N_c	N_q	N_γ	$\tan\varphi$
0	3.14	1.00	0.00(0.00)	0.00
2	3.31	1.11	0.23(0.24)	0.03
4	3.50	1.24	0.49(0.48)	0.07
6	3.71	1.39	0.79(0.80)	0.11
8	3.93	1.55	1.10(1.12)	0.14
10	4.16	1.73	1.46(1.44)	0.18
12	4.42	1.93	1.87(1.84)	0.21
14	4.69	2.17	2.37(2.32)	0.25
16	4.98	2.43	2.86(2.88)	0.29
18	5.30	2.72	3.45(3.44)	0.32
20	5.65	3.05	4.11(4.08)	0.36
22	6.03	3.43	4.87(4.88)	0.40
24	6.44	3.87	5.74(6.40)	0.45
26	6.90	4.36	6.73(8.80)	0.49
28	7.39	4.93	7.86(11.20)	0.53
30	7.94	5.58	9.17(15.20)	0.58
32	8.54	6.34	10.68(20.00)	0.62
34	9.21	7.21	12.43(25.60)	0.67
36	9.96	8.24	14.48(33.60)	0.73
38	10.79	9.43	16.87(44.00)	0.78
40	11.73	10.84	19.69(57.60)	0.84

注：表中 N_γ 一栏中括号内数据是引自文献 [1]。

p_u 是地基极限承载力（kPa），对条形基础，其一般表达式：

$$p_u = N_c \cdot c + N_q \cdot q + N_\gamma \cdot \frac{B}{2}\gamma \qquad (8)$$

式中，γ 为基础埋深以下土体重度（kN/m³）；N_c、N_q、N_γ 为承载力因数。$N_q = e^{\pi\tan\varphi} \cdot \tan^2(45° + \varphi/2)$；$N_c = (N_q - 1)\cot\varphi$；$N_\gamma$ 目前尚无严格解析解；N_c、N_q、N_γ 值见表 2。

对于矩形、圆形或方形基础，式（8）尚需修正，各项修正系数见表 3～表 5。

表 2

$\varphi(°)$	N_c	N_q	N_γ						M_L	M_q	$\tan\varphi$
			太沙基	迈耶霍夫	汉森	范西克	陈	索柯洛夫斯基			
0	5.14	1.00	0.0	0.0	0.0	0.0	0.0	0.0	0.50	1.00	0.0
5	6.49	1.57	0.05	0.05	0.09	0.45	0.46	0.17	0.45	1.19	0.09
10	8.35	2.47	0.60	0.60	0.47	1.22	1.31	0.60	0.41	1.42	0.18
15	10.98	3.94	1.8	1.8	1.42	2.65	2.94	1.40	0.38	1.69	0.27
20	14.83	6.40	4.9	4.8	3.54	5.39	6.20	3.20	0.35	2.03	0.36
25	20.72	10.66	11.1	10.7	8.11	10.88	12.97	6.90	0.31	2.46	0.47
30	30.14	18.40	24.0	22.9	18.08	22.40	27.67	15.30	0.28	3.00	0.58
35	46.12	33.30	51.8	48.4	40.7	48.03	61.49	35.20	0.26	3.69	0.70
40	75.31	64.20	128.0	116.0	95.45	109.41	145.30	86.50	0.23	4.59	0.84

注: 1. $M_L = \dfrac{1}{2}\cot\left(45° + \dfrac{\varphi}{2}\right)$, $M_q = \tan^2\left(45° + \dfrac{\varphi}{2}\right)$;

   2. N_c、N_q、N_γ 引自文献 [2]、[3]。

基础形状修正系数（太沙基法）[4] 表 3

基础形状	修正系数		
	N_c	N_q	N_γ
条形	1.0	1.0	1.0
矩形（Skempton）	$1+0.2B/L$	1.0	$1-0.2B/L$
方形	1.3	1.0	0.4
圆形	1.3	1.0	0.3

基础形状修正系数（汉森法）[5] 表 4

基础形状	修正系数		
	N_c	N_q	N_γ
条形	1.0	1.0	1.0
矩形	$1+0.3B/L$	$1+0.3B/L$	$1-0.4B/L$
圆形或方形	1.2	1.2	0.6

基础形状修正系数（范西克法）[3] 表 5

基础形状	修正系数		
	N_c	N_q	N_γ
条形	1.0	1.0	1.0
矩形	$1+\dfrac{B}{L}\cdot\dfrac{N_q}{N_c}$	$1+\dfrac{B}{L}\cdot\tan\varphi$	$1-0.4\dfrac{B}{L}$
圆形或方形	$1+\dfrac{N_q}{N_c}$	$1+\tan\varphi$	0.6

按前述旁压试验机理，旁压试验极限压力 p_L 是试验深度处上覆垂直压力 q 和土体强度指标 c、φ 的函数（式2），那么应用旁压试验可以确定土体强度指标（见图1），将强度指标代入式（3）和式（7）可以确定浅基础地基承载力。显然，在式（2）基础上应用旁压试验确定地基承载力有两条途径，一条途径是先由旁压试验确定出土体强度指标，再应用式（3）或式（7）确定地基承载力；另一条途径是通过公式变换建立起用旁压试验直接确定地基承载力的旁压试验承载力公式，然后直接进行计算。

（1）用旁压试验确定土体强度指标

对于某一土层，在不同深度上进行旁压试验，确定出每次旁压试验的容许极限压力（以下称破坏压力 p_b，其确定方法见下述），将每次试验的破坏压力 p_b 和相应的垂直压力 q 点绘于 p_b-q 图上（图2），按下式确定土体强度指标：

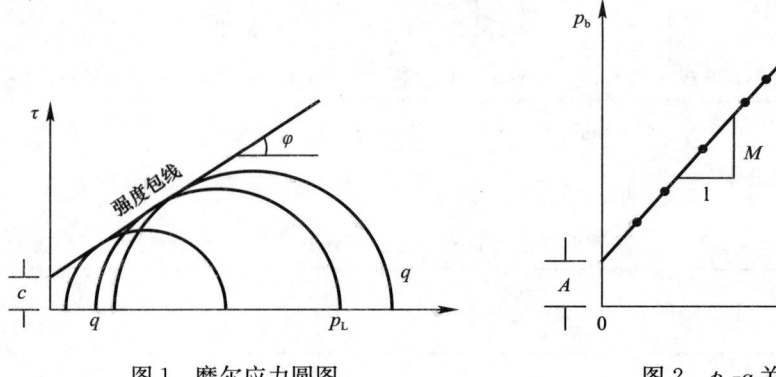

图1　摩尔应力圆图　　　　　　图2　p_b-q 关系图

$$\left.\begin{array}{l} \varphi = \sin^{-1}\dfrac{M-1}{M+1} \\[2mm] c = \dfrac{1}{2}A \cdot \cot\left(45° + \dfrac{\varphi}{2}\right) \end{array}\right\} \tag{9}$$

（2）旁压试验承载力公式

首先来看以临塑荷载法为理论基础的旁压试验承载力公式。

由上述和式（2）知

$$c = \frac{1}{2 \cdot \tan\left(45° + \dfrac{\varphi}{2}\right)} \times \left[p_b - q \cdot \tan^2\left(45° + \frac{\varphi}{2}\right)\right] \tag{10}$$

将式（10）代入式（3）整理可得旁压试验承载力公式

$$R_m = M_L \cdot p_b + M_q \cdot q + mM_\gamma \frac{B}{2} \cdot \gamma \tag{11}$$

或改写为

$$R_m = M_L(p_b - q) + q + mM_\gamma \frac{B}{2} \cdot \gamma \tag{12}$$

式中，p_b 为旁压试验破坏压力（kPa）；m 为经验系数，视具体情况可取 $m=0$，1/8，1/4，1/3；M_L、M_q、M_γ 为旁压试验承载力因数。

$$M_L = \frac{\pi}{2}\cot\left(45° + \frac{\varphi}{2}\right) \cdot \frac{\cot\varphi}{\cot\varphi + \varphi - \frac{\pi}{2}}$$

$$M_q = 1 - M_L$$

$$M_\gamma = \frac{2\pi}{\cot\varphi + \varphi - \frac{\pi}{2}}$$

(13)

根据式（13）计算的 M_L、M_q、M_γ 的值见表 6。

表 6

φ	M_L	M_q	M_γ
0	1.57	−0.57	0.00
2	1.60	−0.60	0.23
4	1.63	−0.63	0.49
6	1.67	−0.67	0.78
8	1.70	−0.70	1.10
10	1.74	−0.74	1.46
12	1.78	−0.78	1.87
14	1.83	−0.83	2.34
16	1.87	−0.87	2.86
18	1.92	−0.92	3.45
20	1.97	−0.97	4.11
22	2.03	−1.03	4.87
24	2.09	−1.09	5.74
26	2.15	−1.15	6.73
28	2.22	−1.22	7.86
30	2.29	−1.29	9.17
32	2.36	−1.36	10.69
34	2.44	−1.44	12.44
36	2.53	−1.53	14.49
38	2.63	−1.63	16.88
40	2.73	−1.73	19.71

地基容许承载力基本值 $[R]$ 可按下式取得

$$[R] = R - m_D \cdot \gamma_p (D - 1.5)$$

(14)

或 $\qquad [R] = M_L(p_{bl.5} - q_{1.5}) + q_{1.5} + 1.5mM_\gamma \cdot \gamma$

(15)

式中，R 按基础宽度为 3m 时计算出的地基容许承载力（kPa）；m_D 为深度修正系数，见表 7；γ_p 为基础埋深以上土体重度（kN/m³）；D 为基础埋深（试验点深度，m）；$p_{bl.5}$ 为 1.5m 深度时旁压试验破坏压力（kPa）。$p_{bl.5}$ 的确定方法见图 3；$q_{1.5}$ 为 1.5m 深度处垂直压力（kPa）。其他符号意义同前。

<table>
<tr><th colspan="2">基础埋深修正系数[1]</th><th>表 7</th></tr>
<tr><td colspan="2">土类</td><td>m_D</td></tr>
<tr><td colspan="2">淤泥和淤泥质土
新近沉积黏性土
红黏土
人工填土
d 及 I_L 均大于 0.9 的一般黏性土</td><td>1.0</td></tr>
<tr><td rowspan="2">老黏土和一般黏性土</td><td>黏土、亚黏土</td><td>1.5</td></tr>
<tr><td>轻亚黏土</td><td>2.0</td></tr>
<tr><td colspan="2">粉砂、细砂（不包括很湿、饱和状态的稍密粉细砂）</td><td>2.5</td></tr>
<tr><td colspan="2">中砂、粗砂、砾砂和碎石土</td><td>4.0</td></tr>
</table>

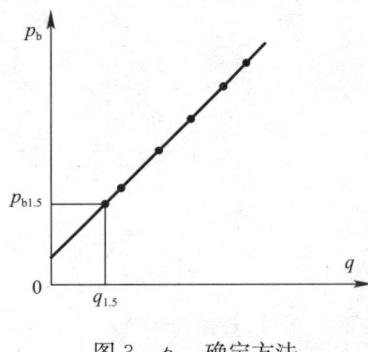

图 3 $p_{b1.5}$ 确定方法

上述叙述了以临塑荷载法为理论基础的旁压试验承载力公式，下面来看以极限平衡法为理论基础的旁压试验承载力公式。

将式（10）代入式（8），可得旁压试验极限承载力公式

$$p_u = N_c \cdot M_L (p_b - M_q \cdot q) + N_q \cdot q + N_\gamma \cdot \frac{B}{2}\gamma \tag{16}$$

式中，$M_L = \frac{1}{2} \cdot \cot\left(45° + \frac{\varphi}{2}\right)$；$M_q = \tan^2\left(45° + \frac{\varphi}{2}\right)$；

其他符号意义同前。M_L、M_q、N_c、N_q、N_γ 的值见表 2。

将式（16）代入式（7）可得地基容许承载力。同样地基容许承载力基本值 $[R]$ 可由式（14）或下式求得。

$$[R] = \frac{p_{u1.5} - q_{1.5}}{F_s} + q_{1.5} \tag{17}$$

其中：

$$p_{u1.5} = N_c \cdot M_L (p_{b1.5} - M_q \cdot q_{1.5}) + N_q \cdot q_{1.5} + 1.5 N_\gamma \cdot \gamma \tag{18}$$

式中，$p_{u1.5}$ 为 1.5m 深度处基础宽度为 3m 时地基极限承载力（kPa）。其他符号意义同前。

（3）旁压试验破坏标准问题

上面通过旁压试验机理和地基稳定原理（临塑荷载法和极限平衡法）的对比联系分析，分别建立了以临塑荷载法和极限平衡法为理论基础的旁压试验承载力公式。无疑，理论推导是严密的，旁压试验承载力公式的正确性依赖于前述旁压试验机理和地基稳定原理的合理性。看来，前述旁压试验承载力公式是毋庸置疑的，问题在于应用旁压试验承载力公式时如何规定旁压试验的破坏标准，亦即在旁压曲线上如何确定旁压试验破坏压力 p_b（容许极限压力）值。

当前常用于测定土体抗剪强度指标的室内剪切试验一般分为两类：一类是直接剪切，如直剪仪、单剪仪、扭剪仪等；另一类是根据破坏时的应力状态间接推算抗剪强度的方法，如单轴仪、三轴仪、真三轴仪等。一般说来，土的应力应变关系和抗剪强度取决于土

的类别、密度、含水量、排水条件、加荷方式、应力历史、应力路径、应力水平和加荷历时等。土的性质如此复杂，因此在目前生产实践上，对于土的变形问题仍用线弹性理论来对待，而对于土的稳定问题则按完全塑性理论来考虑。实际上，这些做法已将土简化为理想弹塑性材料（图4）。做了这个简化之后，当用实测应力应变曲线分析土的稳定问题时就有了如何规定试验的破坏标准问题。目前三轴剪切试验的破坏标准是这样规定的：土的应力应变关系有三种典型曲线如图5中a、b、c三条曲线所示[6]。试验的破坏标准应该根据实际的应力应变关系确定。对于曲线a和b，有明显的峰值和稳定值，很容易确定其破坏强度，而曲线c的破坏强度较难确定，《土工试验规程》SDS 01—79规定了三种破坏标准：

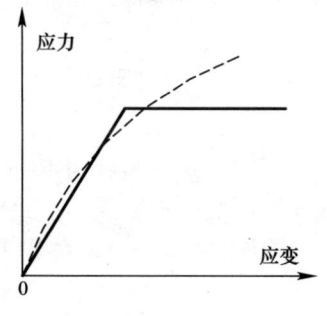

图4　理想弹塑性模型图　　　　图5　典型应力应变关系

① 以轴向应变达15%的主应力差做为破坏点；
② 以有效应力（σ_1'/σ_s'）的最大值做为破坏点；
③ 用有效应力路径来判定破坏点。

从前面旁压试验机理分析前提来看，应用旁压曲线来确定地基承载力时同样也存在着如何规定试验破坏标准问题。参照上述，破坏点也应从旁压曲线上视具体情况确定。大量的旁压试验表明，旁压曲线一般具有两种形式，如图6、图7所示。据笔者经验，当以确定地基容许承载力为目的时，对于图6中旁压曲线，可取临塑压力 p_f 作为破坏压力 p_b。对于图7中旁压曲线，可按经验在 p_f 和 p_L 之间选择一点，选择时应参照蠕变曲线进行。当无经验时按下式确定破坏压力

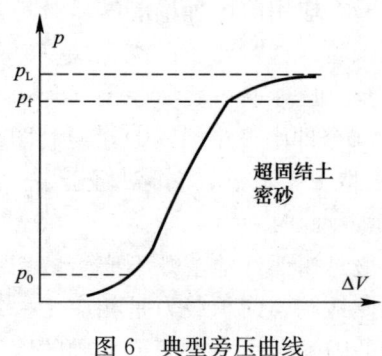

图6　典型旁压曲线

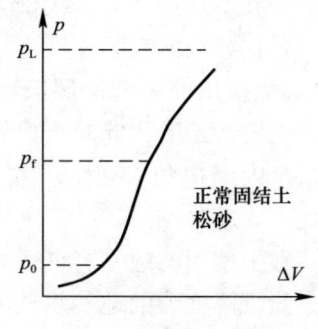

图7　典型旁压曲线

$$p_b = p_f + \frac{1}{N}(p_L - p_f) \tag{19}$$

式中，N 为经验系数，一般可取 $N=2\sim4$。其他符号意义同前。

3 讨论

上面给出了应用旁压试验确定地基承载力的办法。在实际应用中其计算结果与旁压试验值 p_0（原位水平应力）、p_f（临塑压力）、p_L（极限压力）和 q（试验点上覆垂直压力）是有关系的。按照前面的论述，p_0、p_f、p_L、q 的确定方法应按下述进行。

（1）按交点法确定 p_0 值（图8）。

（2）按蠕变曲线出现第二拐点时的压力为 p_f（图9）[7]。

（3）按试验体积等于孔穴原始体积时的压力为 p_L（图10）[7]。

（4）由于土中拱作用，实际 q 值不一定等于 γh（γ 是土重度，h 是试验点深度），q 值按 $q = p_0/K_0$ 计算比较合理。其中 K_0 从 p_0-σ_Z（$\sigma_Z = \gamma h$）图中来确定（图11）。

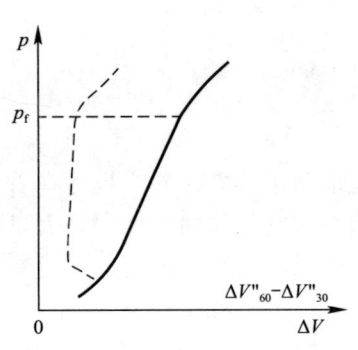

图8 用交点法求 p_0

图9 p_f 确定方法

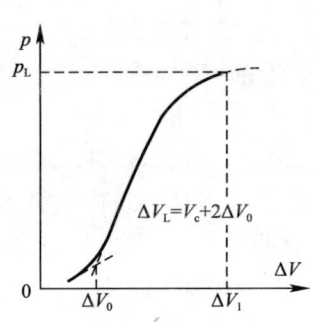

图10 p_L 确定方法

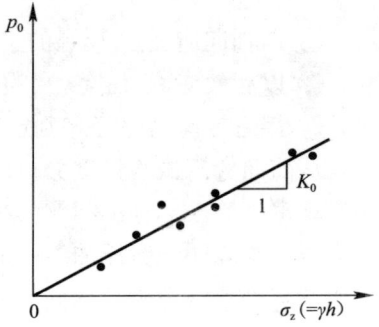

图11 K_0 值确定方法

对于一层土，在不同深度上多次做旁压试验，应用前述理论能够求解地基承载力。当条件受到限制时，比如只能在某深度上做旁压试验，这时对于砂类土层（$c=0$）或纯黏土土层（$\varphi=0$），显然应用前述理论照旧可以求解。但对于一般黏性土（$c \neq 0$，$\varphi \neq 0$）则不能求得唯一解。据笔者经验，此时可以假定 $c=0$（即图2中 $A=0$），绘制图2求得综合内摩擦角 ϕ，对综合内摩擦角修正后（对亚黏土取 $\varphi = 0 \sim 0.5\phi$，对轻亚黏土取 $\varphi = 0.5 \sim 1.0\phi$）再直接代入式（3）或式（7）求解（注意：此时 $c=0$）。

当前生产实践上使用的地基容许承载力一般是指保证地基既不产生剪切（或压缩）破坏，又不出现过量沉降变形的地基承载力，因此地基容许承载力是相应于一定变形的。另外影响地基承载力因素也较多，一方面是地基的因素，另一方面是基础的因素，当前工程上多习惯用平板载荷试验结果和规范经验表中的数据来作为旁压试验确定承载力的对照依据，这是合情合理的，但应注意三者间的区别与联系，尤其是在应用旁压试验结果时应十分重视指标的选取问题。

4 工程实例

在石家庄某建筑地基勘察中对某层土进行了旁压试验（结果见表8）。首先计算出各试验深度处上覆土体理想垂直压力 σ_z（按 γh 计算），点绘 p_0-σ_Z 关系图（图12），确定出该土层的侧压力系数 $k_0 = 0.36$，进而按 $q = p_0/k_0$ 计算出各试验深度处上覆土体实际垂直压力 q。依据前述确定各次试验的破坏压力（取 $N = 2.5$），点 p_b-q 关系图（图13），从图中确定出容许内摩擦角 $\varphi = 20°$，$q_{1.5} = 30\text{kPa}$，$p_{b1.5} = 90\text{kPa}$，应用式（15），其中取 $m = 0.25$，可计算出该层土的地基容许承载力基本值 $[R] = 179\text{kPa}$（表8）。若按规范（TJ 7—74）查表则得 $[R] = 180\text{kPa}$，二者相差 0.6%。按其他临塑压力法和极限压力法计算的承载力 $[R]$ 见表8。

旁压试验成果表 表8

土层编号	土性	试验编号	深度 (m)	σ_z (kPa)	p_0 (kPa)	p_f (kPa)	p_L (kPa)	E_M (kPa)	k_0	q	p_b	$[R]$ 式(15) (kPa)	$[R]$ 规范查表 (kPa)	$[R]$① (kPa)	$[R]$② (kPa)	$[R]$③ (kPa)	$[R]$④ (kPa)	$[R]$⑤ (kPa)
4	亚黏土	1	11.4	228	80	250	710	6.3	0.36	222	434	179	180	376	280	280	293	161
		2	14.8	296	105	280	625	8.6		292	418							
		3	11.1	222	90	330	810	6.8		250	522							
		4	15.7	314	120	520	1120	13.3		333	760							
		5	17.8	356	115	530	1060	8.4		319	742							

注：试验编号为1，2的为1号试验孔，编号为3，4，5的为2号试验孔。
① $[R] = m \cdot p_f$ ② $[R] = p_f - p_0$ ③ $[R] = p_f - k_0 q$ ④ $[R] = (p_L - p_0)/F$ ⑤ $R = [K(p_L - p_0)/3] + q$（以上各公式符号意义参见有关资料）

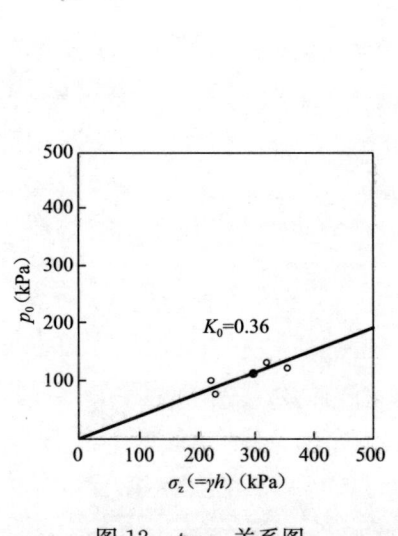

图12 p_0-σ_Z 关系图

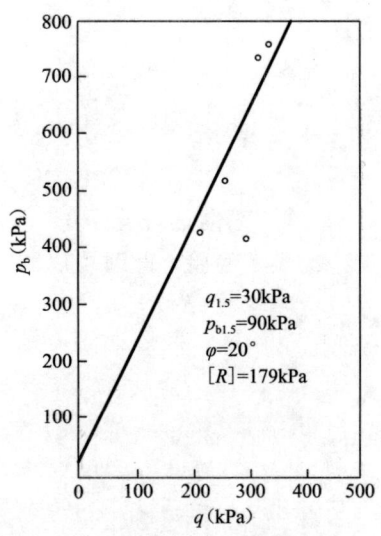

图13 p_b-q 关系图

参考文献

[1] 中国建筑科学研究院. 工业与民用建筑地基基础设计规范 TJ 7—74. 北京：中国建筑工业出版社，1974.

[2] C. R. 斯科特著，钱家欢等译. 土力学及地基工程. 北京：水利电力出版社，1983.

[3] R. M. Boerner, Construction and Geotechnical Method in Foundation Engineering. McGraw Hill Book Company，1984.

[4] 王正宏等. 土工计算和土体加固（高等土力学之二，研究生讲义）. 华北水利水电学院北京研究生部，1986.

[5] 冯国栋. 土力学. 北京：水利电力出版社，1986.

[6] 范珂. 土工测试技术. 华北水利水电学院北京研究生部. 1986.

[7] 弗·巴居兰等（1978）著，卢世深等译. 旁压仪和基础工程. 北京：人民交通出版社，1984.

散体材料桩复合地基承载力计算

【摘　要】　本文提出了应用旁压试验结果确定散体材料桩复合地基承载力的计算方法，并对其中的几个问题进行了探讨。

1　前言

散体材料桩系指用散体材料（如碎石、砂、砂石等无胶凝材料）制成的桩。这类桩的特点是：桩体材料无凝聚力，$c_p=0$，桩的承载力取决于桩材的内摩擦角 φ_p 和桩周土对桩体的约束侧限力。

当前，确定散体材料桩复合地基承载力的办法主要有：载荷试验法、理论计算法和经验类比法。由于载荷试验费用高、时间长，因而工程设计上除复杂工程外，常采用理论计算法进行承载力计算。承载力计算的基本表达式为：

$$f_c = mf_p + (1-m)f_s \tag{1}$$

式中，f_c 为复合地基承载力；f_p、f_s 为桩及桩间土的承载力；m 为复合地基置换率。

其中，散体材料桩承载力 f_p 的计算方法目前主要有 Hughes 和 Wither（1974）、Wong H. Y（1975）、J. Brauns（1978）、Broms（1979）、Vesic 扩张理论和龚晓南（1990）等。这些方法都是先依据土的物理力学指标和土的原位水平应力等计算桩周土对桩的径向围限力 p_r，然后按 $f_p = p_r \cdot \tan^2(45°+\varphi_p/2)$（$\varphi_p$ 表示桩材的内摩擦角）计算桩的承载力。

桩周土对桩的径向围限力 p_r 的计算式较多，如：

Wong 建议：

$$p_r = q\tan\left(45°+\frac{\varphi}{2}\right) + 2\cot^2\left(45°+\frac{\varphi}{2}\right)$$

J. Brauns 建议：

$$p_r = \frac{2c}{\sin 2\delta}\left(\frac{\tan\delta_g}{\tan\delta}+1\right)$$

这些理论假定基本符合实际，推导严密，但 p_r 的计算公式中所涉及的指标参数，想准确取值较难，有时与实际不符，甚至出入较大，这给实际应用带来困难和人为失误。笔者在学习和研究了复合地基的理论与实践之后，觉得散体材料桩在受到竖向荷载后，在竖向发生压缩的同时，侧向发生膨胀，然后以膨胀或整体剪切形式发生破坏，桩体在破坏前的受力变形情况与旁压试验极为相似。由此可采用旁压试验来确定桩间土对桩周约束力，即桩周土对桩的径向围限力，旁压试验可在打桩前的天然土或成桩后的桩间土中进行，如

本文原载《军工勘察》1994 年第 2 期，作者：王长科

此不仅准确可靠，而且也经济方便。

2 旁压试验的原理

旁压试验是将可横向膨胀的圆柱形旁压器竖直放入到地基中的竖向钻孔内，通过加压，使旁压器横向扩张，从而量测钻孔横向扩张的受力变形性质，这实际是一种横向载荷试验。旁压试验典型结果见图1。

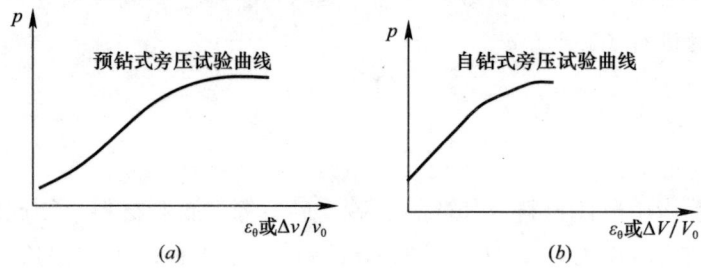

图 1 典型旁压试验结果

在旁压试验初期，孔周土径向应力 σ_r 增加，环向应力 σ_θ 减少，当孔壁压力 $p = p_f$（p_f 表示旁压试验临塑压力）时，孔壁土体进入塑性应力状态。若 $p_f < q_0$（q_0 表示试验点上覆土压力），则称为第一塑性应力状态；钻孔内压力继续增加，待试验压力 $p < q_0$ 时，孔壁土便进入第二塑性应力状态，在第二塑性区，σ_r、σ_θ（σ_θ 表示环向应力）均随 p 的增加而增加；当 σ_θ 增至 q_0 时，孔壁土进入第三塑性应力状态，此时钻孔达极限状态。

出现第一塑性应力状态（$p_f < q$）时 p_f 表达式为：

$$p_f = 2\sigma_{h0} + \frac{2c_s \cdot \cos\varphi_s}{1 + \sin\varphi_s} - q_0 \cdot \frac{1 - \sin\varphi_s}{1 + \sin\varphi_s} \tag{2a}$$

若不出现第一塑性应力状态（$p_f \geqslant q_0$）而直接出现第二塑性应力状态，则：

$$p_f = c_s \cdot \cos\varphi_s + \sigma_{h0}(1 + \sin\varphi_s) \tag{2b}$$

极限压力 p_l 为

$$p_L = 2c_s \cdot \frac{\cos\varphi_s}{1 - \sin\varphi_s} + q_0 \cdot \frac{1 + \sin\varphi_s}{1 - \sin\varphi_s} \tag{3}$$

式中，p_f、p_L 为旁压临塑压力和极限压力；c_s、φ_s 为土的黏聚力和内摩擦角；σ_{h0}、q_0 为试验点原位水平应力和竖向应力。

3 散体材料桩的承载力计算

从上述不难看出，桩周土对桩的约束力可采用旁压试验求得的 p_f 和 p_L 值，散体材料桩的承载力可按下式计算：

$$f_{pa} = p_f \tan^2\left(45° + \frac{\varphi_p}{2}\right) \tag{4}$$

$$f_{pL} = p_L \tan^2\left(45° + \frac{\varphi_p}{2}\right) \tag{5}$$

式中，f_{pa}、f_{pL}为散体材料桩的容许承载力和极限承载力；φ_p为散体材料桩桩材的内摩擦角；p_f、p_L为基底下0～2倍桩径深度范围内的旁压试验临塑压力和极限压力。

在复合地基设计时，散体材料桩承载力的确定除要考虑地基稳定［按式（4）、式（5）］外，尚应考虑桩顶的许可沉降。

如图2所示，设桩在受到轴向荷载前的尺寸为$\phi 2r_0 \times h_0$，受压后尺寸为$\phi 2(r_0 + \Delta r) \times (h_0 - \Delta h)$则：

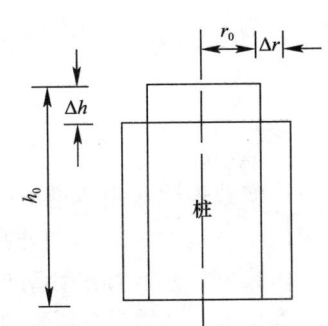

图2 散体材料桩压缩计算简图

$$\varepsilon_a = \frac{\Delta h}{h_0} \tag{6}$$

$$\varepsilon_\theta = \frac{\Delta r}{r_0} \tag{7}$$

$$\varepsilon_v = \frac{\Delta V}{V_0} \tag{8}$$

式中，ε_a为桩的轴向应变，以压缩为正；ε_θ为桩柱侧面的环向应变，以拉伸为正；ε_v为桩体的体积应变，以膨胀为正。

按几何学原理不难导出：

$$\varepsilon_\theta = \sqrt{\frac{1 + R\varepsilon_a}{1 - \varepsilon_a}} - 1 \tag{9}$$

$$\varepsilon_a = \frac{(1 + \varepsilon_\theta)^2 - 1}{(1 + \varepsilon_\theta)^2 + R} \tag{10}$$

$$\varepsilon_v = \frac{e - e_0}{1 + e_0} \tag{11}$$

式中，R膨胀比率，$R = \varepsilon_v / \varepsilon_a$；$e_0$、$e$为变形前后的桩体孔隙比。

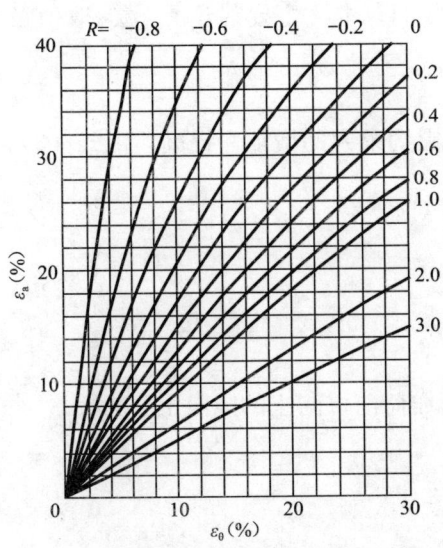

图3 ε_θ与ε_a、ε_v的关系曲线（据式10）

ε_θ与ε_a、ε_v的关系曲线见图3。

我们可以看出，若已知桩顶许可沉降s，则按$\varepsilon_a = s/h_0$（h_0通常取2倍桩径）计算出结合ε_a，结合ε_v［ε_v按式（11）计算，其中e、e_0可按桩的相对密实度来估算］查图3或代入式（9）求出ε_θ，然后根据ε_θ查旁压曲线图（图1），从而求出相应于ε_θ即相应于许可沉降为s时的桩周径向约束力p_{rs}，按下式计算桩的承载力：

$$f_{ps} = p_{rs} \cdot \tan^2 \left(45° + \frac{\varphi_{ps}}{2} \right) \tag{12}$$

式中，f_{ps}为相应于桩顶许可沉降为s时的桩体承载力。φ_{ps}为相应于桩顶许可沉降为s时桩体材料发挥出来的内摩擦角。

不难导得

$$\varphi_{ps} = \arcsin \frac{k_s - 1}{k_s + 1}$$

式中，k_s是相应于桩顶许可沉降为s时桩的竖向应力与水平向应力之比，即$k_s = f_{ps} / p_{rs}$。当$s = 0$（或在弹性变形范围内）时，则桩体处于k_0状态，这时

$$k_s = \frac{f_{ps}}{p_{rs}} = \frac{f_{ps}}{k_0 f_{ps}} = \frac{1}{k_0}$$

此时
$$\varphi_{ps} = \arcsin\frac{1-k_0}{1+k_0}$$

当 $s \to \infty$（或出现塑性变形）时，桩体处于塑性状态，此时

$$k_s = \frac{f_{ps}}{p_{rs}} = k_p = \tan^2\left(45° + \frac{\varphi_p}{2}\right)$$

故，$\varphi_{ps} = \varphi_p$

实践表明，由于散体材料桩弹性变形很小，在设计荷载（承载力设计值）下一般均已出现塑性变形，故 φ_{ps} 一般可按 $\varphi_{ps} = \varphi_p$ 取值。

式（12）实际是针对成孔工艺为非挤土式的预成孔散体材料桩而言的，若桩的成孔工艺为挤土式（如沉管法），则桩周土的径向约束力 p_r 在挤土成孔过程中早已达到旁压试验极限压力，在桩后桩周约束力不再随桩的竖向压缩（受荷）而增加。此时按式（4）、式（5）计算即可。

4 复合地基承载力计算

复合地基承载力计算的基本公式见式（1），若用两个系数 λ_1、λ_2 来分别表示桩及桩间土在基础下受荷时的强度增长（因桩与桩间土共同承担上部荷载和桩体具排水、挤密等作用，故桩体和桩间土承载力均会提高），则式（1）可写为：

$$f_c = \lambda_1 m f_p + \lambda_2 (1-m) f_s \tag{13}$$

这一基本概念在土工界已普遍使用，这是毋庸置疑的。本文主要讨论 λ_1、λ_2 取值及 f_p、f_s 的取值问题。

（1）λ_1、λ_2 的取值

桩与桩间土共同承担上部荷载后，桩的承载力因桩周约束力的增加而提高，由式（3）、式（1）、式（13）可知

对一般黏性土：

$$\lambda_1 = 1 + \frac{\Delta q}{\dfrac{2c_s \cos\varphi_s}{1 + \sin\varphi_s} + q_0} \tag{14}$$

式中，Δq 为桩间土的竖向附加压力，$\Delta q = q - q_0$。q_0 为加荷前桩间土的竖向土压力。

对于饱和软黏土：$\varphi_s = 0$，采用不排水指标，则

$$\lambda_1 = 1 + \frac{\Delta q}{2c_s + q_0} \tag{15}$$

对于砂土：$c_s = 0$

$$\lambda_1 = 1 + \frac{\Delta q}{q_0} \tag{16}$$

当采用室内试验指标代入上式计算 λ_1 值时，要注意试样的受荷剪切方向应与实际情

况一致。作者 1992 年曾对用旁压试验测的抗剪指标（c、φ）和用室内常规三轴试验测的抗剪指标（c、φ）进行了对比，发现二者中 φ 值基本相同，而旁压 c 值一般是室内 c 值的 4 倍。如此，在用常规三轴试验指标计算时，要考虑这种差异，或直接将式（14）、式（15）改写为：

一般黏性土：

$$\lambda_1 = 1 + \frac{\Delta q}{8c_s \cdot \dfrac{\cos\varphi_s}{1 + \sin\varphi_s} + q_0} \tag{17}$$

饱和软黏土：

$$\lambda_1 = 1 + \frac{\Delta q}{8c_s + q_0} \tag{18}$$

λ_2 值反映了桩间土的强度变化，$\lambda_2 > 1$ 表示强度增长，$\lambda_2 < 1$ 则表示强度降低。λ_2 的取值应考虑到设计情况组合、桩间土的灵敏度、渗透系数、排水条件和强度时效，一般地 $\lambda_2 = 0.8 \sim 1.2$。

（2）f_p、f_s 的取值

式（13）的计算思路是，先计算对桩间土单独加荷（天然地基）时的地基承载力 f_s，和对桩单独加荷时（单桩）的单桩承载力 f_p，然后用 λ_1、λ_2 从两个系数进行强度修正，计算桩土共同承担上部荷载时的复合地基承载力。因此 f_p、f_s 的取值要考虑复合地基之上的垫层和基础的刚度的大小。若垫层和基础为刚性的，则桩和桩间土满足等应变条件，f_p 和 f_s 的取值要相应于同一沉降值（图 4）。

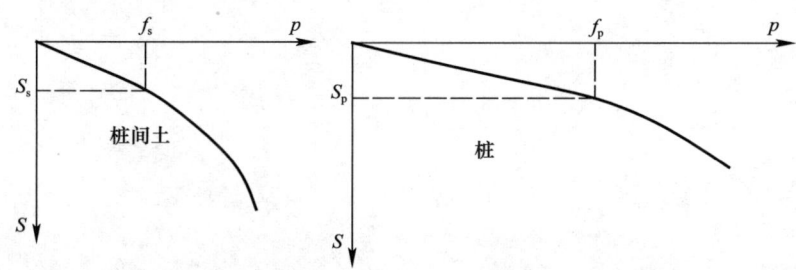

图 4   等应变取值（$s_s = s_p$）和非等应变取值（$s_s > s_p$）

若垫层和基础为柔性的，则复合地基受荷后，桩和桩间土的受力变形情况会发生再调整，使得桩间土和桩不满足等应变条件，桩间土的变形大于桩的变形。f_p、f_s 的取值要考虑到桩和桩间土的非等应变条件。取值时，土的变形可大于桩的变形。

5　结束语

本文提出了应用旁压试验结果来计算散体材料桩复合地基承载力的方法，并对其中的几个问题进行了探讨。不难看出，采用文中所述方法，可求得散体材料桩复合地基相应于不同基础沉降时的承载力，承载力不是固有不变值，很重要的一个方面，承载力的大小和许可沉降值的大小有密切关系。想必这一概念在实践上是十分重要的。

参考文献

[1] 地基处理手册编委会. 地基处理手册. 北京：中国建筑工业出版社，1988.

[2] 龚晓南. 复合地基. 杭州：浙江大学出版社，1992.

[3] 王长科. 用旁压试验原位测定土的强度参数. 勘察科学技术，1992，(6).

散体材料桩临界桩长计算

【摘　要】　本文提出了散体材料桩临界桩长的计算公式。

1　前言

　　散体材料桩的特点是，桩体材料无黏结力，桩体强度取决于桩周土体的径向约束力和桩体材料的内摩擦角。当有足够桩长时，桩体一般发生鼓胀破坏，而不出现刺入破坏。

　　当散体材料桩桩顶受到轴向压力 q 后，桩横截面的应力 σ 随该横截面所处深度的增加而降低（见图 1）。在 q 达极限压力 q_s 时，轴向应力 σ 为零的桩横截面称为临界截面，临界截面至桩顶的距离称为临界桩长，因而临界桩长的物理含义即是桩顶极限荷载沿桩体轴向的最大传递长度。

　　当设计桩长小于临界桩长时，桩有可能会因桩底土强度不足而出现刺入或破坏，这时桩的极限承载力会随桩长增加而提高。当桩长达到或超过临界桩长时，桩的极限承载力不再随桩长增加而提高，而是保持常量。

　　由此可见，散体材料桩的临界桩长问题在地基处理设计上是十分重要的。实践上，设计桩长取值需综合考虑临界桩长和按下卧层强度验算确定的处理深度两个方面。

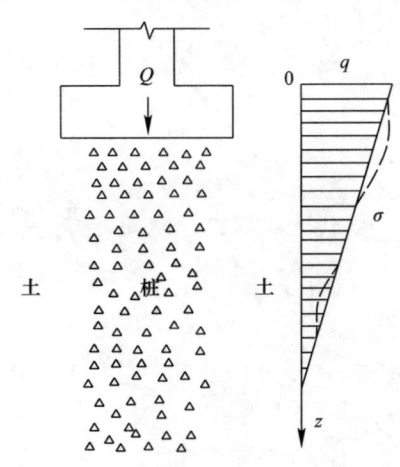

图 1　散体材料桩受力简图

　　近十年来，我国的地基处理技术发展很快，但有关散体材料桩的临界桩长问题，已报道的文献资料很少，因而工程实践上一般依经验而定，这给设计带来许多不便。为此本文在分析散体材料桩荷载传递规律的基础上，通过必要的假定和理论分析，建立了散体材料桩的临界长度计算公式。

2　散体材料桩的荷载传递特点

　　散体材料桩桩长小于临界桩长时，桩顶极限荷载由桩侧摩阻力和桩底承载力共同承担，当桩长大于临界桩长时，桩顶极限荷载全部由桩的侧摩阻力承担。

　　当在散体材料桩桩顶作用极限荷载时，常由于基础底面的摩阻作用，鼓胀不发生在靠近桩顶段，而发生在桩顶下一定深度处（图 2）。

　　本文原载《军工勘察》1994 年第 3 期，作者：王长科

3 散体材料桩的临界桩长

一般地，散体材料桩在成孔（如沉管等）或成桩（如为提高桩体密实度，分段复打等）过程中，常使桩周土几度径向扩张。根据土层中旁压试验的经验，当钻孔壁环向应变 ε（$\varepsilon = \Delta r / r_0$，$r_0$ 表示钻孔初始半径，Δr 表示半径增量）达 10％时，孔壁径向压力便达极限值（图3）。由此可认为，散体材料桩的横向约束力，就是土的旁压试验极限压力 p_{L}。

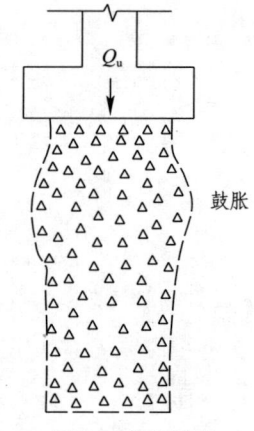

图2　散体材料桩的鼓胀破坏

如图4所示，取深度为 z 处的长度为 $\mathrm{d}z$ 的桩段脱离体，由力的平衡条件知：

$$\sigma \cdot A = (\sigma + \mathrm{d}\sigma) \cdot A + \tau U \mathrm{d}z \tag{1}$$

式中，σ 为深度为 z 处的桩截面正应力；A 为桩截面面积；τ 为桩侧摩阻力；U 为桩的周长；

将

$$\tau = p_{\mathrm{L}} \cdot \tan\delta + c \tag{2}$$

$$U = \pi d \tag{3}$$

$$A = \frac{1}{4}\pi d^2 \tag{4}$$

代入式（1），整理可得：

$$\frac{d}{4} \cdot \mathrm{d}\sigma = -(p_{\mathrm{L}} \cdot \tan\delta + c)\mathrm{d}z \tag{5}$$

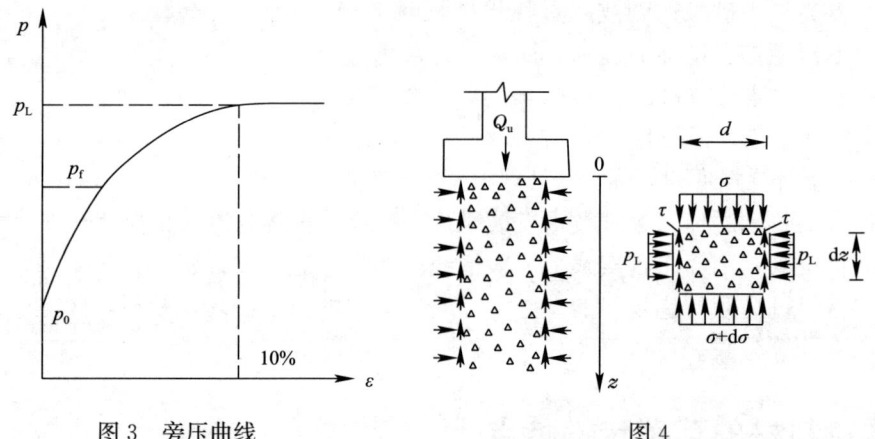

图3　旁压曲线　　　　　　　　　图4

两边积分：

$$\int_{q_{\mathrm{u}}}^{\sigma} \frac{d}{4} \cdot \mathrm{d}\sigma = -\int_0^z (p_{\mathrm{L}} \cdot \tan\delta + c)\mathrm{d}z \tag{6}$$

积分后得：

$$\sigma = q_{\mathrm{u}} - \frac{4c}{d} \cdot z - \frac{4 p_{\mathrm{L}}^* \tan\delta}{d} \cdot z \tag{7}$$

式中，q_{u} 为桩的极限承载力；p_{L} 为桩周土的旁压试验极限压力；p_{L}^* 为桩周土的平均旁压试验极限压力，$p_L^* = \dfrac{1}{z}\displaystyle\int_0^z p_L \cdot \mathrm{d}z$；$\delta$ 为桩和桩周土间的摩擦角；c 为桩和桩周土的粘结力；d 为桩的直径。

按照临界桩长的定义，临界桩长 L_{cr} 为：

$$L_{cr} = z|_{\sigma=0} \tag{8}$$

将 $\sigma=0$ 代入式（7）可得

$$L_{cr} = \frac{q_u}{4(p_L^* \cdot \tan\delta + c)} \cdot d \tag{9}$$

将 $q_u = p_L \cdot \tan^2(45° + \varphi_p/2)$（王长科，1994）[1] 代入式（9）可得

$$L_{cr} = \frac{P_L \cdot \tan^2\left(45° + \dfrac{\varphi_p}{2}\right)}{4(P_L^* \tan\delta + c)} \cdot d \tag{10}$$

式中，φ_p 为桩体材料内摩擦角。

对于饱和软黏土中的散体材料桩，$\delta=0$，$c \approx c_m$（c_m 为软黏土的不排水黏聚力）。饱和软黏土的不排水内摩擦角 $\varphi_u \approx 0$，这时 p_L 的表达式为[1]

$$p_L = 2c_u + q_0 \tag{11}$$

式中，q_0 为桩周软黏土的竖向应力，其最大值 q_{0max} 为其极限承载力，即

$$q_{0max} = 5.14c_u \tag{12}$$

将上述一并代入式（10）可得饱和软黏土中散体材料桩的临界桩长为：

$$L_{cr} = 1.8\tan^2\left(45° + \frac{\varphi_p}{2}\right) \cdot d \tag{13}$$

对于一般黏性土、粉土和砂土中的散体材料桩，$c \approx 0$，近似取 $p_L = p_L^*$，代入式（10）后可得临界桩长为：

$$L_{cr} = \frac{\tan^2\left(45° + \dfrac{\varphi_p}{2}\right)}{4\tan\delta} \cdot d \tag{14}$$

4 讨论

由于散体材料桩临界桩长的试验观测工作颇为困难，因而至今关于这方面的试验研究很少。这一课题亟待深入研究。

对于干振碎石桩，吴廷杰（1992）曾报其临界桩长为 $6\sim9$ 倍桩径[2]。对中等密实度桩体，若取 $\varphi_p=38°$，考虑桩周一般软弱黏性土，若取 $\delta=7\sim10°$，则代入式（14）后可得 $L_{or}=(6\sim9)d$，与前述报导的结果相当。

从式（13）、式（14）可以看出，临界桩长 L_{or} 与桩径成正比，并随桩体内摩擦角（φ_p）提高而增加。

实际上，由于土的性质以及桩土互相作用的复杂性，准确地描述和计算临界桩长是十分复杂的。式（13）、式（14）假定简单，公式合理，含义明确，暂可供设计时参考使用。须注意的是，在运用式（13）、式（14）时，应十分重视式中各项参数的取值问题。

参考文献

[1] 王长科. 散体材料桩复合地基承载力计算. 军工勘察，1994，(2).

[2] 吴廷杰，杨志红，王占雷，张振栓. 干振碎石桩加固地基的工艺及机理∥龚晓南. 中国土木工程学会土力学及基础工程学会第三届地基处理学术讨论会论文集. 杭州：浙江大学出版社，1992，19-26.

浅基础地基承载力计算新方法

【摘　要】　提要本文提出了用旁压试验指标计算浅基础地基承载力的新方法，并介绍了计算结果和载荷试验的对比情况。

1　前言

承载力计算有极限荷载法（如 Terzaghi 承载力公式）和临塑荷载法。这些传统的计算公式都需要用到土的抗剪强度指标，因此需事先取样做室内剪切试验。但对于难以采取原状土样的地层，这些公式就显得无能为力了。

地基承载力除靠计算确定外，还可在现场做载荷试验来实际测定。但对于埋深较大的地层，做载荷试验价格却太昂贵。

在这些情况下，用地层的旁压试验指标来计算地基承载力，显示出明显的优越性，因为旁压试验价格低廉，快速准确，测试深度可较大（可大于 40m）。

目前应用旁压试验确定地基承载力的方法有极限压力法和临塑压力法。前者由 Menard 提出，公式为

$$q_u = q_0 + K(p_L - p_0) \tag{1}$$

式中，q_u、q_0 分别表示地基极限承载力和基底标高处天然压力；p_0、p_L 分别为旁压试验初始压力和极限压力；K 为承载力系数。

后者的临塑压力法是中国目前常用的方法，公式为：

$$q_a = p_f - p_0 \tag{2}$$

式中，q_a 表示地基容许承载力；p_f 为旁压试验临塑压力（似弹性段末端压力）。

式（1）和式（2）是建立在经验基础上，在应用时存在着许多问题。譬如对于没有经验的土层，承载力系数 K 如何取值；对于埋深较大的土层，按式（2）确定的容许承载力在设计上是否还需做深度、宽度修正等。另外，在理论上，旁压试验是水平加载，而地基承载力是竖向的，如何才能将水平向的试验结果换算为竖向的地基承载力呢？

2　地基承载力和旁压试验公式

图 1 是 Terzaghi 极限承载力公式推导时使用的地基极限平衡原理。其中（b）图中的 q 是被动土压力，这和旁压试验极限压力 p_L 的物理意义是一致的[1]。由此可见，应用旁压试验指标来计算地基承载力在原理上是可行的。

本文原载《中国土木工程学会第七届土力学及基础工程学术会议论文集》1994 年，中国建筑工业出版社，作者：王长科，王正宏

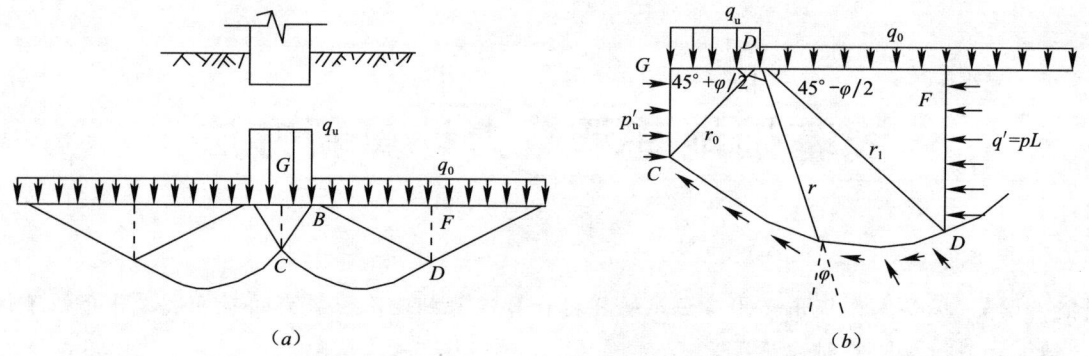

图 1 地基极限平衡原理

其次，旁压试验指标的表达式为

$$p_L = 2c\frac{\cos\varphi}{1-\sin\varphi} + q_0\frac{1+\sin\varphi}{1-\sin\varphi} \tag{3}$$

$$p_f = \begin{cases} 2p_0 + 2c\dfrac{\cos\varphi}{1+\sin\varphi} - q_0\dfrac{1-\sin\varphi}{1+\sin\varphi} & (p_f < q_0) \\ c\cos\varphi + p_0(1+\sin\varphi) & (p_f \geqslant q_0) \end{cases} \tag{4}$$

式中，p_0、q_0 分别为试验点土的原位水平应力和上覆土压力；c、φ 分别为土的黏聚力和内摩擦角；p_f 表示孔周土进入塑性状态的界限压力（此含义与前述临塑压力含义不同）。

3 浅基础地基承载力计算公式的推导

地基极限承载力理论公式的基本形式为

$$q_u = N_c c + N_q q_0 + N_\gamma\frac{b}{2}\gamma \tag{5}$$

式中，b 为基础宽度；γ 为基础下土的重力密度；N_c、N_q、N_γ 为承载力系数；N_q、N_c 的表达式为

$$N_c = (N_q - 1)\cot\varphi \tag{6}$$

$$N_q = e^{\pi\tan\varphi}\tan^2\left(45° + \frac{\varphi}{2}\right) \tag{7}$$

现行国家标准《建筑地基基础设计规范》GBJ 7—89 给出的地基承载力设计值公式为

$$f = M_c c + M_d q_0 + M_b\gamma b \tag{8}$$

式中 M_c、M_d、M_b 为承载力系数。M_c、M_d 的表达式为

$$M_c = (M_d - 1)\cot\varphi \tag{9}$$

$$M_d = \frac{\pi}{\cot\varphi + \varphi - \pi/2} + 1 \tag{10}$$

式（8）实际上就是临塑荷载法公式。

从式（3）、式（4）反求 c 代入式（5）、式（8），可得出以旁压指标表达的承载力公式。土的强度指标 c、φ 可由旁压试验成果计算[2]，但算得的内摩擦角 φ 和室内剪切试验结果基本相等，而黏聚力 c 则大约是室内试验的 4 倍左右。式（5）、式（8）中的 c、φ 系

指室内试验指标，因此当采用旁压指标计算承载力时，需对导出的以旁压指标表达的承载力公式进行修正。得到

$$q_u = \frac{1}{4}N_L(p_L - q_0) + q_0 + q_0 N_\gamma \frac{b}{2}\gamma \tag{11}$$

$$q_u = \begin{cases} \frac{1}{4}N_{f1}(p_f - 2p_0 + q_0) + q_0 + N_\gamma \frac{b}{2}\gamma (p_f < q_0) \\ \frac{1}{4}N_{f2}[p_f - p_0 + (q_0 - p_0)\sin\varphi] + q_0 + N_\gamma \frac{b}{2}\gamma (p_f \geqslant q_0) \end{cases} \tag{12}$$

$$f = \frac{1}{4}M_L(p_L - q_0) + q_0 + M_b \gamma b \tag{13}$$

$$f = \begin{cases} \frac{1}{4}M_{f1}(p_f - 2p_0 + q_0) + q_0 + M_b \gamma b (p_f < q_0) \\ \frac{1}{4}M_{f2}[p_f - p_0 + (q_0 - p_0)\sin\varphi] + q_0 + M_b \gamma b (p_f \geqslant q_0) \end{cases} \tag{14}$$

式中，q_u、f 分别为地基极限承载力和承载力设计值；p_0、p_f、p_L 分别为基底标高处土的原位水平应力、旁压试验界限压力、极限压力；γ、b 分别为基底下土的重力密度和基础宽度；N_L、N_γ、N_{f1}、N_{f2}、M_L、M_b、M_{f1}、M_{f2} 为承载力系数。其中 N_γ 无表达式，可参阅有关文献，M_b 可参见地基规范 GBJ 7—89。其余承载力系数表达式为

$$N_L = \frac{1}{2}\left[e^{\pi\tan\varphi}\tan^2\left(45° + \frac{\varphi}{2}\right) - 1\right]\cot\varphi\cot\left(45° + \frac{\varphi}{2}\right) \tag{15}$$

$$N_{f1} = N_{f2}(1 + \sin\varphi)/2 \tag{16}$$

$$N_{f2} = \left[e^{\pi\tan\varphi}\tan^2\left(45° + \frac{\varphi}{2}\right) - 1\right]/\sin\varphi \tag{17}$$

$$M_L = \frac{1}{2}\frac{\pi\cot\varphi}{\cot\varphi + \varphi - \frac{\pi}{2}}\cot\left(45° + \frac{\varphi}{2}\right) \tag{18}$$

$$M_{f1} = M_{f2}(1 + \sin\varphi)/2 \tag{19}$$

$$M_{f2} = \frac{\pi}{\sin\varphi\left(\cot\varphi + \varphi - \frac{\pi}{2}\right)} \tag{20}$$

4 载荷试验结果对比验证

北京市勘察院曾在北京做了许多载荷与旁压对比试验。其中某点的试验布置见图 2。试验土层为粉土，$e = 0.72$，$I_p = 9.1$，$I_L = 0.42$，$E_s = 9.5\mathrm{MPa}$，$c = 56\mathrm{kPa}$，$\varphi = 24°$。试验结果见图 3 和图 4。

按前述求得 $p_0 = 20\mathrm{kPa}$、$p_f = 180\mathrm{kPa}$、$q_0 = 55\mathrm{kPa}$，并将 $b = 0.3568\mathrm{m}$、$\varphi = 24°$ 一并代入式（14），可得 $f = 367\mathrm{kPa}$。按深度修正系数 $\eta = 2.2$，取 $\gamma = 19\mathrm{kN/m^3}$，求得埋深为 2.2m 处的 $f = 338\mathrm{kPa}$。在载荷试验曲线上查得相应于 $p = 338\mathrm{kPa}$ 时沉降 $s = 0.78\mathrm{cm}$，故 $s/b = 0.022$。同理，将其他资料计算整理，结果见图 5。而且还可以看出，用式（14）算得的承载力大体相当于按 $s/b = 0.020$ 确定的承载力。

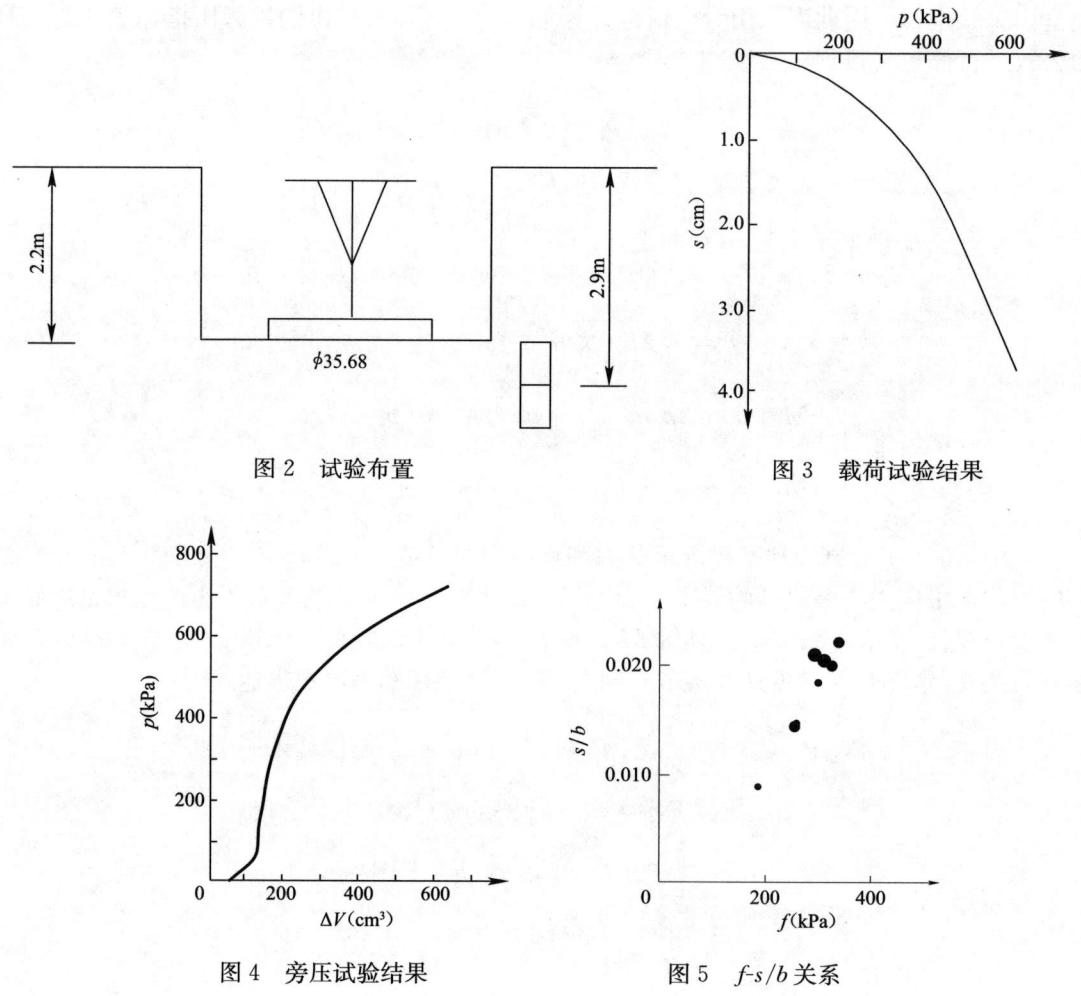

图 2　试验布置

图 3　载荷试验结果

图 4　旁压试验结果

图 5　f-s/b 关系

5　几点建议

本文建立的公式，为采用旁压试验指标计算浅基础地基承载力提供了方便，但在应用时应注意以下几点：

1. 式（12）和式（14）中的 p_f 系孔周土进入塑性状态的界限压力，与常规所说的临塑压力（似弹性段末端压力）含义及确定方法均不同，具体可参见文献［2］。按照笔者经验，p_f 值一般在似弹性段的中点附近。

2. p_0、p_f、p_L 均与试验点埋深有关，故一定应采用基底标高处的指标进行计算。

3. 本文建立的公式系以均质土地基为前提。对于非均质土地基，应首先找出基底下土的旁压指标随埋深的变化规律，然后根据这一规律求得相应于基底标高处的旁压指标，代入文中公式计算承载力。

4. 今后的研究任务：对不同类别、不同埋深的土层做旁压、载荷对比试验，将旁压指标代入文中公式，计算结果与载荷试验结果对比，找出相应于不同沉降量时的承载力修正系数。

参考文献

［1］ 王长科. 对旁压试验中几个问题的分析和试验研究（硕士论文）. 华北水利水电学院北京研究生部，1987年. 导师：王正宏

［2］ 王长科. 用旁压试验原位测定土的强度指标. 勘察科学技术，1992，（6）.

基础-垫层-复合地基共同作用原理

【摘　要】　采用复合地基方案时，在基础和复合地基之间可设一层粒状材料垫层，以起"调整均化"作用。考虑到垫层的作用，本文对基础-垫层-复合地基体系的共同作用原理进行了分析研究，并就其在工程设计上的意义作了分析。

1　前言

近年来，地基处理技术得到了迅速发展，复合地基在地基方案设计中得到了广泛采用。复合地基由桩、土共同构成，因而上部荷载由桩、土共同承担。在采用复合地基方案时，通常还可在基础和复合地基之间铺设一层 300mm 左右厚的粒状材料（如砂、砂石、碎石）垫层，以调整基础、复合地基的受力变形状态。在上部荷载作用下，因桩的刚度和承载力分别高于桩间土的刚度和承载力，因而会出现桩顶相对刺入垫层的情形[1]，随着桩的相对向上刺入，桩顶上的垫层材料在受压缩的同时，会挤向周围流动，以实现垫层材料的力平衡。桩的承载力较高，则桩向垫层内的相对刺入量就大；桩的承载力较低，桩向垫层内的相对刺入量就少。桩间土的承载力低，垫层侧向流动的就多；桩间土的承载力高，垫层侧向流动的就少。垫层的作用使桩、土所承担的压力发生了再分配，从而提高了复合地基的承载性能，调整了地基变形，均化了基础底面的接触压力，更充分发挥了桩土共同工作的复合地基性能。由此可见，垫层在工程上起到了调整桩土压力分配、调整地基变形和均化基底压力分布的"调整均化"作用。

2　基本假定

基础、垫层、桩土复合地基的共同作用是非常复杂的，本文为了简化，做出如下假定以便分析应用：

（1）基础底面积足够大，基底下分布着许多等间距的桩，桩和桩间土构成复合地基；

（2）垫层是可压缩（或流动）的均质体；

（3）复合地基桩间土为均质体，各桩的几何性质及工程性能是等同的，从而构成均质复合地基；

（4）垫层、桩、桩间土的力学性能均可用"压力＝刚度系数×变形"的公式来表示；

（5）复合地基为非饱和，即不考虑孔隙水压力作用。

本文原载《土木工程学报》1996 年第 5 期，作者：王长科，郭新海

3 基础-垫层-复合地基体系共同工作中的几个基本方程式

为方便起见，先给出所用的物理量符号及其意义。

主体符号：p 为压力，这里指压强，量纲为 FL^{-2}；s 为沉降量（压缩变形量），量纲为 L；K 为刚度系数，量纲为 FL^{-3}。

角标：c——垫层；p——桩；s——桩间土。

设在上部荷载作用下，垫层和桩顶间的接触压力为 p_{cp}，桩顶沉降为 s_p，用 K_p 表示桩的刚度系数，则有

$$p_{cp} = K_p \cdot s_p \tag{1}$$

同理

$$p_{cs} = K_s \cdot s_s \tag{2}$$

$$p_{cp} = K_{cp} \cdot s_{cp} \tag{3}$$

$$p_{cs} = K_{cs} \cdot s_{cs} \tag{4}$$

式中，p_{cp} 为垫层和桩顶间的竖向接触压力；p_{cs} 为垫层和桩间土之间的竖向接触压力；s_p 为在 p_{cp} 作用下，桩顶的沉降量；s_s 为在 p_{cs} 作用下，桩间土的沉降量；s_{cp} 为由 p_{cp} 引起的垫层竖向变形量；s_{cs} 为由 p_{cs} 引起的垫层竖向变形量；K_p 为在 p_{cp} 作用下，桩顶沉降为 s_p 时桩的刚度系数；K_s 为在 p_{cs} 作用下，桩间土沉降为 s_s 时桩间土的刚度系数；K_{cp} 为在 p_{cp} 作用下，垫层竖向变形量为 s_{cp} 时垫层的刚度系数；K_{cs} 为在 p_{cs} 作用下，垫层竖向变形量为 s_{cs} 时垫层的刚度系数。

显然，若是线性问题，则刚度系数与压力水平无关，且保持为常量。若是非线性问题，则刚度系数随压力水平而变，不再为常量。无论如何，均不影响以下分析。

4 力的平衡方程

在上部荷载作用下，设基础底面平均接触压力为 p，取垫层为脱离体，则根据力的平衡条件有：

$$p \cdot A = p_{cp} \cdot A_p + p_{cs} \cdot A_s$$

或

$$p = m \cdot p_{cp} + (1-m) p_{cs} \tag{5}$$

式中，A 为基础底面积，$A = A_p + A_s$；A_p 为基础底面积范围内桩顶总面积；A_s 为基础底面积范围内桩间土的总面积；m 为基础底面积范围内复合地基的置换率，$m = A_p/A$。

5 变形协调方程

在上部荷载作用下，设基础底面平均接触压力为 p 时，基础均匀下沉量为 s，则

$$s = s_s + s_{cs} \tag{6}$$

$$s_s + s_{cs} = s_p + s_{cp} \tag{7}$$

6 基础-垫层-复合地基体系共同作用分析

（1）s_{cs} 和 s 的关系

由式（2），式（4）得

$$K_s \cdot s_s = K_{cs} \cdot s_{cs}$$

即
$$s_s = \frac{K_{cs}}{K_s} \cdot s_{cs} \tag{8}$$

将式（8）代入式（6）并整理可得 s_{cs} 和 s 的关系：

$$s_{cs} = \frac{s}{1 + \frac{K_{cs}}{K_s}} \tag{9}$$

（2）s_{cp} 和 s 的关系

由式（1），式（3）得

$$s_p = \frac{K_{cp}}{K_p} \cdot s_{cp} \tag{10}$$

将式（10），式（7）代入式（6），整理可得 s_{cp} 和 s 的关系：

$$s_{cp} = \frac{s}{1 + \frac{K_{cp}}{K_p}} \tag{11}$$

（3）s_s 和 s 的关系

将式（9）代入式（8），可得

$$s_s = \frac{s}{1 + \frac{K_s}{K_{cs}}} \tag{12}$$

（4）s_p 和 s 的关系

将式（11）代入式（10），可得

$$s_p = \frac{s}{1 + \frac{K_p}{K_{cp}}} \tag{13}$$

（5）p_{cs} 和 s 的关系

将式（9）代入式（4），整理可得

$$p_{cs} = \frac{1}{\frac{1}{K_{cs}} + \frac{1}{K_s}} \cdot s \tag{14}$$

（6）p_{cp} 和 s 的关系

将式（11）代入式（3），整理可得

$$p_{cp} = \frac{1}{\frac{1}{K_{cp}} + \frac{1}{K_p}} \cdot s \tag{15}$$

（7）桩土应力分担比 n 的表达式

桩土应力分担比 n 的定义为

$$n = \frac{p_{cp}}{p_{cs}} \tag{16}$$

将式（15）和式（14）代入式（16）可得

$$n = \frac{\frac{1}{K_{cs}} + \frac{1}{K_s}}{\frac{1}{K_{cp}} + \frac{1}{K_p}} \tag{17}$$

（8）p_{cp}、p_{cs} 和 p 的关系

将式（16）代入式（5），整理可得：

$$p_{cp} = \frac{n}{1+m(n-1)} \cdot p \qquad (18)$$

$$p_{cs} = \frac{1}{1+m(n-1)} \cdot p \qquad (19)$$

（9）p 和 s 的关系

将式（15），式（14）和式（17）代入式（5），整理得：

$$p = \frac{1}{\frac{1}{K_{cs}}+\frac{1}{K_{s}}} \cdot [1+m(n-1)] \cdot s \qquad (20)$$

或

$$p = \frac{1}{\frac{1}{K_{cp}}+\frac{1}{K_{p}}} \cdot \frac{1+m(n-1)}{n} \cdot s \qquad (21)$$

7 共同作用理论在工程设计上的意义

从上述分析可见，基础-垫层-复合地基体系在上部荷载作用下，各物理量均满足式（1）～式（7）的七个方程式。这在工程上具有重要意义。

（1）桩、土承载力的设计取值

考虑到体系的共同作用，在进行复合地基承载力计算（可采用式5进行计算）时，桩、土（即桩间土，下同）的承载力取值应该是互相关联的，而并非互相独立的。比如在设计前已经取得了桩、土、垫层的载荷试验资料 p_{cp}-s_p，p_{cs}-s_s，p_{cp}-s_{cp} 和 p_{cs}-s_{cs} 曲线，如图 1 (a)，(b) 所示。那么不难求得出 p_{cp}-s 和 p_{cs}-s 关系曲线，如图 1 (c) 和 (d) 所示。从这两条曲线上可以直观地看出，桩、土承载力的取值应该是相应于同一基础沉降的，即满足"基础等沉降"这一条件。

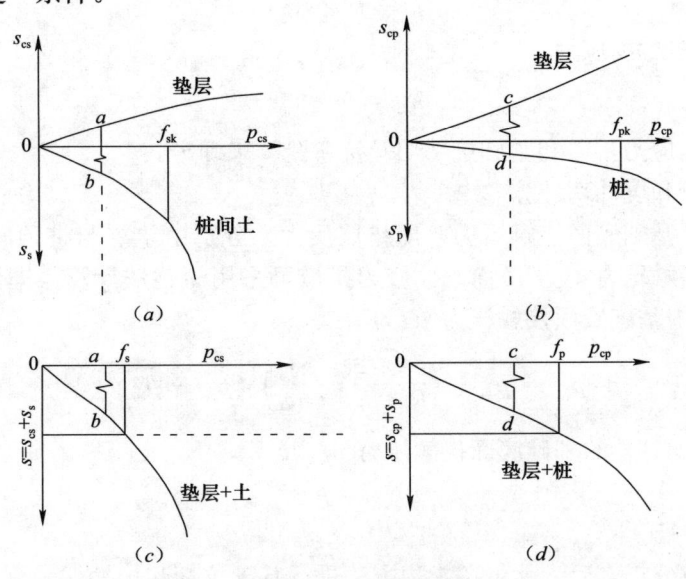

图 1 压力-变形曲线

当基础、垫层、桩、土的性能和尺寸确定之后，则可根据 p_{cp}-s 和 p_{cs}-s 曲线按式（16）或式（17）计算出桩土应力分担比 n。显然，n 值应该是相应于某基础沉降的，即 n 是 s 的函数。

将桩、土的容许承载力 f_{pk}，f_{sk} 之比定义为最佳应力分担比 n_k，则

$$n_k = \frac{f_{pk}}{f_{sk}} \tag{22}$$

若再将在实际设计荷载作用下（此时桩所承受的压力 p_{cp} 已达容许值或土所承受的压力 p_{cs} 已达容许值）时的应力分担比 n 定义为实际应力分担比 n_r，则不难看出，当 $n_r = n_k$ 时，桩、土承载力同时得到充分发挥，设计取值可分别采用 f_{pk}，f_{sk}。

当 $n_r < n_k$ 时，土的承载力取值可用 f_{sk}，而桩的承载力未充分发挥，只能降低取值，取 $n_r \cdot f_{sk}$。

当 $n_r > n_k$ 时，桩的承载力可取 f_{ps}，而土的承载力未充分发挥，只能降低取值，取 f_{pk}/n_r。

出现 $n_r \neq n_k$ 时，应调整设计方案，尽量满足 $n_r = n_k$，充分发挥复合地基潜力，从而节约工程投资。

（2）垫层材料设计

出现 $n_r \neq n_k$ 时，也可调整垫层材料。若 $n_r < n_k$ 则可提高垫层的刚度系数，即提高垫层的抗刺入能力，如由砂垫层改为碎石垫层。若 $n_r > n_k$，则要降低垫层的刚度系数，即降低垫层的抗刺入能力，如由碎石垫层改为砂垫层。

（3）垫层厚度设计

如前所述，垫层的作用主要是"调整均化"，因而在上部荷载作用下，垫层受压缩和被桩"刺入"之后，桩顶上部垫层的厚度要满足基础在垫层反力作用下的抗冲切和抗弯验算的要求。

桩顶上部垫层的厚度 h 为

$$h = h_0 - s_{cp} \tag{23}$$

故垫层初始厚度 h_0 应为

$$h_0 = h + s_{cp} \tag{24}$$

其中 h 应根据应力扩散和基础抗冲切及抗弯验算来确定。

（4）基础抗弯和抗冲切计算

如图 2 所示，基础底面接触压力（即垫层反力）分别由垫层与桩顶间的接触压力 p_{cp} 和垫层与土间的接触压力 p_{cs} 扩散而来。应力扩散可采用简化法计算，即假定扩散角为 α，则在 p_{cp} 扩散范围内基础底面接触压力 p_{fp} 为

$$p_{fp} = p_{cs} + \left(\frac{R}{R + h \cdot \tan\alpha} \right)^2 (p_{cp} - p_{cs}) \tag{25}$$

在 p_{cp} 扩散范围之外的基础底面接触压力 p_{fs} 为：

$$p_{fs} = p_{cs} \tag{26}$$

式中，R 为桩的半径。

计算基底压力分布之后，就可按常规方法进行基础抗弯和抗冲切验算。

（5）基础沉降计算

当前工程上复合地基沉降计算多是先计算出在基底压力 p 作用下的虚拟天然地基（假定虚拟的天然地基和实际的桩间土性质相同）沉降量 s_n，然后用沉降折减系数 β 来计算复合地基沉降量 s。

对于虚拟天然地基，由式（2）得

$$p = K_s \cdot s_n \tag{27}$$

将式（27）代入式（20），并整理可得：

$$s = \frac{1}{1+m(n-1)} \cdot \left(1+\frac{K_s}{K_{cs}}\right) \cdot s_n \tag{28}$$

令

$$\beta = \frac{1}{1+m(n-1)} \cdot \left(1+\frac{K_s}{K_{cs}}\right) \tag{29}$$

则

$$s = \beta \cdot s_n \tag{30}$$

式中，β 为沉降折减系数。

对于刚性垫层，$K_{cs} \gg K_s$，则，$K_s/K_{cs} \rightarrow 0$，代入式（29）有：

$$\beta = \frac{1}{1+m(n-1)} \tag{31}$$

这一特解和工程上常用的 β 表达式[2]是一致的。

何广智教授、刘厥森高工和魏弋锋工程师对本文提出了宝贵意见，谨致谢意。

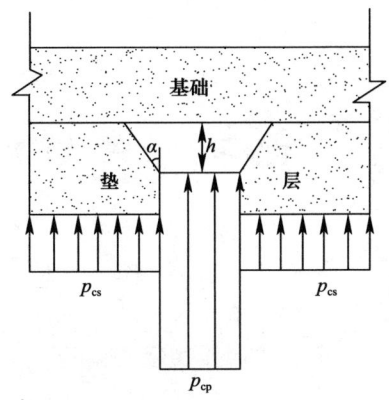

图 2　基底接触压力计算图

参考文献

［1］ 杨军. 褥垫层在复合地基中的作用. 建筑科学，1991，（2）.

［2］ 林宗元主编. 岩土工程治理手册. 沈阳：辽宁科学技术出版社，1993.

［3］ 龚晓南. 复合地基. 杭州：浙江大学出版社，1992.

基坑底载荷试验实测承载力的深度修正

【摘　要】　本文讨论了试坑尺寸对载荷试验结果的影响，建议了不同尺寸基坑中载荷试验实测承载力的深度修正办法。

1　前言

现在许多工地都要在基坑中做载荷试验以实际测定地基持力层的承载力。试验测试的土层是位于地表下某一深度的持力层，但由于试验是在有一定面积的基坑底进行载荷板试验，四周一定范围内均无超载，所以这实际上又有点类似于地面载荷试验。这一特点使得许多从事岩土工程和地基基础工作的同志，在如何看待基坑底载荷试验结果时，观点不一，甚至引起勘察人员和设计人员的争执。许多同志主张基坑底载荷试验实测容许承载力在设计使用时应该做深度修正，修正系数至少取 1.0；另外也有一部分同志根据实测基坑底持力层容许承载力偏高的现象，主张在设计使用时不做深度修正，而当作承载力设计值。

究竟孰是孰非呢？为解决这一工程问题，先回顾承载力这一古老课题。

2　超载有效范围

如图 1 所示，地基承载力的表达式为：

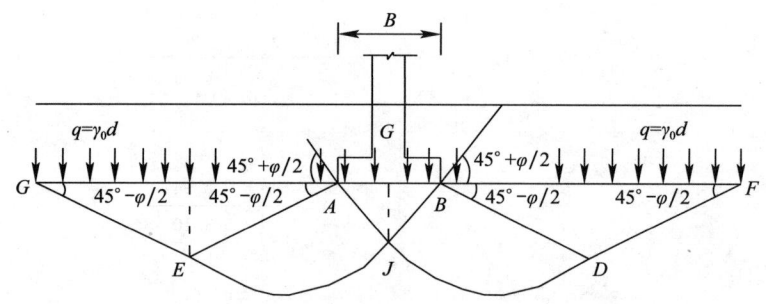

图 1　地基极限承载力计算模式

$$q_{u} = cN_{c} + qN_{q} + \frac{1}{2}\gamma BN_{\gamma} \tag{1}$$

其中：
$$N_{c} = (N_{q} - 1) \cdot \cot\varphi \tag{2}$$

本文原载《岩土工程师》1997 年第 2 期，作者：王长科，魏弋锋

$$N_q = e^{\pi \tan\varphi} \cdot \tan^2\left(45° + \frac{\varphi}{2}\right) \tag{3}$$

$$N_\gamma = 1.8(N_q - 1)\tan\varphi \tag{4}$$

式中，q_u 为极限承载力；N_c、N_q、N_γ 为承载力系数；c、φ 为土的黏聚力和内摩擦角；q、B 为超载和载荷板（基础）宽度。

如图 1 所示，$\overline{AG} = \overline{BF}$，在 AG、BF 的范围内的超载 q 对地基承地力将产生重要影响，AG、BF 范围以外的超载对地基承载力影响很小。可见影响地基承载力的超载范围是 AG 和 BF。为此，将 AG 和 BF 称为超载有效范围

令 $\overline{AG} = \overline{BF} = mB$，下面推导 m 的表达式。

如图 1，

$$\overline{BJ} = \frac{B}{2 \cdot \cos\left(45° + \dfrac{\varphi}{2}\right)} \tag{5}$$

$\widehat{JD}$ 为螺旋线，方程式为

$$r = r_0 \cdot e^{\theta_L \tan\varphi} \tag{6}$$

图中 $\angle DBJ = \dfrac{\pi}{2}$，故

$$\overline{BD} = \overline{BJ} \cdot e^{\frac{\pi}{2} \cdot \tan\varphi} \tag{7}$$

$$\overline{BF} = 2\overline{BD} \cdot \cos\left(45° - \frac{\varphi}{2}\right) \tag{8}$$

将式（5）、式（7）代入式（8），整理可得：

$$\overline{BF} = mB \tag{9}$$

其中

$$m = e^{\pi \tan\varphi} \cdot \tan(45° + \varphi) \tag{10}$$

从式（10）可以看出，m 仅与 φ 有关，为直观起见，将式（10）中的 m-φ 关系列于表 1。

m 与 φ 的关系（据式 10）　　　　　　　　　　　　　　表 1

$\varphi(°)$	m	$\varphi(°)$	m	$\varphi(°)$	m	$\varphi(°)$	m
0	1.00	10	1.57	20	2.53	30	4.29
1	1.05	11	1.64	21	2.66	31	4.54
2	1.09	12	1.72	22	2.80	32	4.81
3	1.14	13	1.81	23	2.94	33	5.11
4	1.19	14	1.89	24	3.10	34	5.43
5	1.25	15	1.99	25	3.27	35	5.77
6	1.31	16	2.08	26	3.44	36	6.14
7	1.37	17	2.18	27	3.63	37	6.55
8	1.43	18	2.29	28	3.84	38	7.00
9	1.50	19	2.41	29	4.06	39	7.48

式（10）是根据极限承载力整体剪切模式推导出来的，故当载荷试验压力小于地基极限承载力时，超载有效范围必然小于 mB，这时要给出超载有效范围解析解在理论上是十分困难的。为此作者建议用相应于该试验压力时的地基发挥出的内摩擦角代入式（10）来

近似计算这时的超载有效范围。

按照这个建议，当试验压力加至地基容许承载力时，超载有效范围为 m_aB，其中

$$m_a = \mathrm{e}^{\frac{\pi}{2}\tan\varphi_a} \cdot \tan\left(45° + \frac{\varphi_a}{2}\right) \tag{11}$$

式中，φ_a 表示在试验加压至地基容许承载力时地基土体发挥出的内摩擦角[2]，

$$\varphi_a \approx \tan^{-1}\left(\frac{1}{3}\tan\varphi\right) \tag{12}$$

3 载荷试验实测极限承载力的深度修正

（1）$B_p = B$ 情形（B_p、B 分别为基坑和载荷板宽度）

这时超载有效范围内分布着均布超载，载荷试验超载条件和实际基础的超载条件相同，故这时实测极限承载力在设计使用时不要做深度修正。

（2）$B_p \geqslant (2m+1)B$ 情形

超载有效范围内无超载，这和基础实际超载条件不同，故这时实测极限承载力在设计使用时需作深度修正，显然深度修正系数为 N_q。

（3）$B < B_p < (2m+1)B$ 情形

这时在载荷板以外 $0 \sim \frac{1}{2}(B_p - B)$ 范围内，超载为零，再往外超载为 $\gamma_0 d$，亦即在超载有效范围内，超载既不完全为零，又不是均布荷载。这和基础的实际超载条件不同，故这时实测极限承载力在设计使用时需进行深度修正。但这种修正要给出理论根据是很困难的，为此作者建议这时深度修正系数用线性内插法求得。如前所述，$B_p = B$ 时，深度修正系数为 0，$B_p = (2m+1)B$ 时，深度修正系数为 N_q，用线性内插法，当 $B < B_p < (2m+1)$ B 时，深度系数为 $\dfrac{B_p - B}{(2m+1)B - B}(N_q - 0) = \dfrac{B_p - B}{2mB} \cdot N_q$，故在 $B < B_p < (2m+1)B$ 情形时，深度修正系数为 $\dfrac{B_p - B}{2mB} \cdot N_q$。

4 载荷试验实测容许承载力的修正

（1）$B_p = B$ 情形

同理，这时实测容许承载力在设计使用时不需作深度修正。

（2）$B_p \geqslant (2m_a + 1)B$ 情形

这时实测容许承载力在设计使用时需作深度修正，修正系数 η_d，可按文献［1］。

（3）$B < B_p < (2m_a + 1)B$ 情形

同理，这时实测容许承载力在设计使用时需作深度修正。深度修正系数可仿前近似取 $\dfrac{B_p - B}{2m_a B} \cdot \eta_d$［当 $B_p = B$，代入得零；当 $B_p = (2m_a + 1)B$，代入得 η_d，这和前述两个极端情形结果相同］。

116

5 结语

实践上，基坑底实测容许承载力比勘测结果偏高的缘故，可能与开挖基坑降水导致坑底持力层含水量下降有关，如果单看实测值偏高，而认为不该作深度修正，显然在概念上是错误的。当然，建筑物砌出地面后，基坑停止降水，基础持力层含水量又复增高，这时承载力势必比降水后实测值要降低，这种土的含水量增减究竟对其承载力的影响有多大，也是很值得研究的，但这毕竟又是另外一个问题。

参考文献

[1] 中华人民共和国国家标准. 建筑地基基础设计规范 GBJ 7—89. 北京：中国建筑工业出版社，1990.

[2] Braja M Das. Principles of Geotechnical Engineering. Boston. PWS Publishers，1985.

夯实水泥土桩复合地基设计

【摘　要】　本文在总结国内建筑夯实水泥土桩实践经验的基础上，提出了夯实水泥土桩复合地基的设计方法。其中在计算置换率问题上纠正了传统按承载力标准值计算的概念错误，明确指出应按承载力设计值进行计算，并提出了按承载能力极限状态和正常使用限状分别计算置换率，然后取其作为设计参数的方法和公式。

1　前言

目前，在地下水埋藏较深的地区，做地基处理时，夯实水泥土桩复合地基技术得到了广泛应用。其原理是：在地基中用挤土法或排土法制作许多桩孔，将预先按一定配比均匀搅拌的具有最优含水量的水泥与土混合料，逐次投入桩孔，并分层进行强力夯实，经过一定龄期后形成具有高粘结强度的水泥合料，在桩顶标高之上再设置一层中密粗粒料作褥垫层，用以调整桩土应力分配，这样由水泥土桩、桩间土及其上的褥垫层构成复合地基，共同承担上部结构荷载。因这种技术施工速度快，工艺简单，质量可靠，造价低廉（造价仅为灌注桩基础的 1/2～1/3），故备受岩土工程设计人员和业主的欢迎。

截至目前，国家尚未颁布该项技术的技术标准，所以各单位的设计方法及设计细节很不统一。为统一设计，做到技术先进、经济合理，对这项技术进行了调研、分析和研究，并征求了一部分有经验同志的意见，形成了一套合理的设计思路与方法，现予发表，供各单位在做设计时参考。

2　桩体设计参数的选定

（1）水泥土轴心抗压强度设计值 f_c

$$f_c = f_{ck}/\lambda_c \tag{1}$$

式中，f_{ck} 为水泥土轴心抗压强度标准值（kPa），即用标准方法制作养护的边长为 150mm 的立方体水泥土试件在 90d 龄期，用标准试验方法测得的具有 95％保证率的抗压强度。影响因素有水泥品种、标号、土的种类、水泥与土的配比、单位体积击实功、含水量等。经验值见表 1；λ_c 为分项系数，取 $\lambda_c = 2～3$。

（2）桩径

一般选用直径 $D = 300～500$mm。

本文原载《第四届中国国际岩土钻凿工程会议论文集》，《地质科技动态》增刊 1997 年，作者：王长科，戴志祥

（3）桩长

桩尖进入持力层深度不少于（1~2）D。

（4）单桩承载力设计值 R

当有条件时应做试桩取值

$$R = R_k/\gamma_{sp} \tag{2}$$

式中，R_k 为实测单桩承载力标准值（kN）；γ_{sp} 为分项系数。

当无条件试桩时，可按下式计算：

$$R = \min\{R_1, R_2\} \tag{3}$$

$$R_1 = f_c \cdot A_p \tag{4}$$

$$R_2 = \Sigma q_{sik} U L_i/\gamma_s + q_{pk} \cdot A_p/\gamma_p \tag{5}$$

式中，A_p 为单桩截面积（m²）；U 为桩周长（m）；L_i 为桩侧第 i 层土的厚度（m）；q_{sik} 为桩侧第 i 层土的极限侧摩阻力标准值（kPa）；q_{pk} 为桩的极限端阻标准值（kPa）；γ_s、γ_p 为桩侧、桩端阻力分项系数。

水泥土轴心抗压强度标准 f_{ck} 经验值（MPa）[1,2]　　　　　　　　表 1

水泥	标号＼配合比	1：5	1：6	1：7	1：8
普通硅酸盐水泥	425 号	6.6	5.8	5.3	
	325 号				
矿渣硅酸盐水泥	425 号	4.0	3.2	2.8	1.6
	325 号	3.4	2.7	1.9	

注：1. 配合比系指：水泥：土（体积比），土为有机质含量小于 5% 的粉质黏土、粉土；
　　　2. 水泥土压实度大于 0.93。

3　水泥土桩置换率

按下列两种极限状态分别计算置换率，且取其大者作为置换率 m 的设计值。

$$m = \max\{m_1, m_2\} \tag{6}$$

（1）按承载能力极限状态计算：

$$m_1 = (f_{sp} - f_s)/(R/A_p - f_s) \tag{7}$$

式中，m_1 为按承载能力极限状态计算的水泥桩置换率；f_s、f_{sp} 为桩间土、复合地基承载力设计值（kPa）。

目前我国行业标准[3]将式（7）中 f_s、f_{sp} 解释为标准值，笔者认为这是一种概念错误，从概念上讲应该是设计值。采用标准值概念，势必造成人为提高置换率，从而出现不必要的工程浪费（约浪费 3%~10%）。

（2）按正常使用极限状态计算

王长科和郭新海（1996）给出的复合地基基础压力沉降关系为[4]：

$$p = \frac{1}{\dfrac{1}{K_{cs}} + \dfrac{1}{K_s}} \cdot [1 + m(n-1)] \cdot s \tag{8}$$

其中

$$n = \frac{\dfrac{1}{K_{cs}} + \dfrac{1}{K_s}}{\dfrac{1}{K_{cp}} + \dfrac{1}{K_p}} \tag{9}$$

由式（8）得

$$m = \frac{\dfrac{p}{s}\left(\dfrac{1}{K_{cs}} + \dfrac{1}{K_s}\right) - 1}{n - 1} \tag{10}$$

将式（10）改写，可得到按正常使用极限状态计算的置换率 m_2：

$$m_2 = \frac{\dfrac{f}{s_a}\left(\dfrac{1}{K_{cs}} + \dfrac{1}{K_s}\right) - 1}{n - 1} \tag{11}$$

式中，f 为基底压力（kPa）；s_a 为基础允许沉降量（m）；n 为桩土应力比；

K_s、K_p、K_{cp}、K_{cs} 为桩间土、桩、桩上方褥垫层和桩间土上方褥垫层刚度系数（kN/m³）。

对于无褥垫层情况或当褥垫层为刚性垫层时，$1/K_{cs} \rightarrow 0$，$1/K_{cp} \rightarrow 0$，式（11）、式（9）可简化为：

$$m_2 = \frac{\dfrac{f}{s_a} - K_s}{K_p - K_s} \tag{12}$$

采用式（11）、式（12）计算 m_2 时，需要使用刚度系数这个参数。桩的刚度系数 K_p 可从压桩曲线（p-s）上求得（$K_p = p/s$）。对于桩间土、褥垫层，刚度系数可依据下列公式换算：

$$K = \frac{1.14}{(1 - \mu^2)B} \cdot E_0 \tag{13}$$

$$K = \frac{1.14}{(1 - \mu^2)B} \cdot \left(1 - \frac{2\mu^2}{1 - \mu}\right)E_s \tag{14}$$

式中，K 为刚度系数（kN/m³）；B 为基础宽度（m）；E_0、E_s 为变形模量、压缩模量（kPa）；μ 为泊松比。

4 总桩数

$$N = \bar{m}A_f / A_p \tag{15}$$

式中，A_f 为基础底总面积（m²）；$\bar{m}$ 为平均置换率，$\bar{m} = \sum\limits_{i=1}^{n} m_i A_i / A_f$，$m_i$、$A_i$ 分别是第 i 区的置换率和基础底面积。

5 布桩

（1）整片基础下满堂布桩
① 采用正三角形：
排距

$$H = 0.931\sqrt{A_p / m} \tag{16}$$

桩的中心距 $$L = 1.075 \sqrt{A_p/m} \tag{17}$$

② 采用正方形：

$$H = L = \sqrt{A_p/m} \tag{18}$$

（2）矩形（含条形）基础下梅花布桩

采用等腰三角形：

排距 $$H = B/n \tag{19}$$

桩的中心距 $$L = A_p/mH \tag{20}$$

式中，n 为排数；B 为基础宽度（m）。

考虑上部基础受力，实际布桩时，排距宜小于（19）计算值。

（3）桩的最小中心距

应符合《建筑桩基技术规范》JGJ 94—94 中第 3.2.3.1 条的规定。如不符合，则应调整设计（如调整 R、A_p 等）。

6　褥垫层设计

一般采用厚度为 $100 \sim 300$ mm 的中密粗粒料（中—中粗砂或圆砾）做褥垫层，之上做一层（150mm）3∶7 灰土垫层，再之上就是 100mm 厚度的 C10 素混凝土垫层和基础。

参考文献

[1] 林宗元. 岩土工程勘察设计手册. 沈阳：辽宁科学技术出版社，1996.

[2] 周尚德. 水泥土桩或低强度等级素混凝土桩复合地基加固高层建筑地基实录. 河北勘察，1996（4）.

[3] 中华人民共和国行业标准. 建筑地基处理技术规范 JGJ 79—91. 北京：中国计划出版社，1992.

[4] 王长科，郭新海. 基础-垫层-复合地基共同作用原理. 土木工程学报，1996，29（5）.

[5] 王占雷、梁军、何彦敏. 夯实水泥土桩技术新进展∥地基基础工程论文集. 河北地质学院学报，1996 年增刊.

[6] 闫明礼. 地基处理技术. 北京：中国建筑工业出版社，1996.

实散组合桩承载原理及应用

【摘　要】　本文提出了实散组合桩概念，即一根桩由上下两段组成，上段是实体桩，下段是散体桩。这样就克服了散体桩通常桩头承载能力低的缺陷。本文对实散组合桩的受力概念进行了分析研究，给出了其承载力、沉降、临界桩长等计算方法和公式。最后介绍了首次工程实例。

1　前言

在基础工程地基处理上，实体桩（指半刚性桩和刚性桩，如灰土桩、双灰桩、水泥土桩、废渣混凝土桩（CFG等）、钢筋混凝土短桩）和散体桩（碎石桩、砂石桩、砂桩）都得到了广泛应用。实体桩具有较（很）高的粘结程度，其承载力主要取决于桩体单轴抗压强度和桩侧摩阻力、桩端承载力，在地基处理上主要起置换作用。散体桩桩体无粘结力，其承载力取决于桩体内摩擦角和桩周水平径向应力（即桩周约束力，假定桩长大于临界桩长），在地基处理上起挤密兼置换作用。散体桩因造价低廉和施工简便，在北方地区得到了广泛应用。但散体桩桩头承载力低，从而限制了散体桩的应用前景。为了解决这一问题，本文提出实散组合桩概念，即把散体桩桩头改做实体桩，上段是实体桩，下段是散体桩，这样的桩型，既可利用实体桩的特点，提高桩头承载力，又可利用散体桩造价低廉的优势，从而满足建筑物对地基承载力和变形的要求，并实现方案优化，使基础工程造价尽可能最低。本文提出实散组合桩概念，对其承载原理进行了分析研究，并给出首次工程实例，供同行参考。

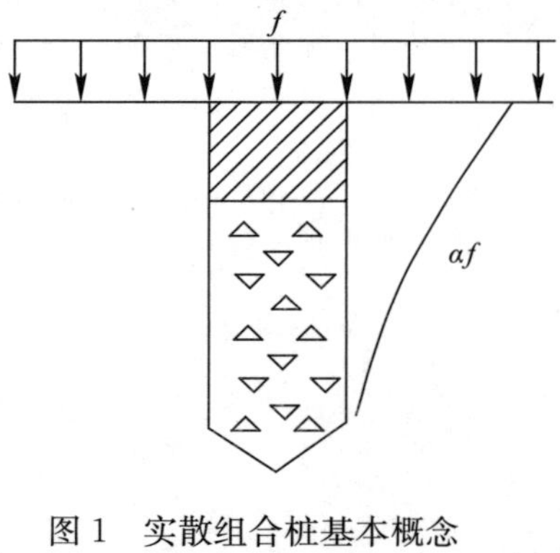

图1　实散组合桩基本概念

2　实散组合桩基本概念

如图1所示，一根桩由上下两部分组成，下部用沉管法制成散体桩，用以挤密深部松散地基，在散体桩顶部桩孔内，现场制做（如夯实、浇注）实体桩，用以承担荷载。这样制成的实散组合桩，实践证明具有较低的置换率（接近于实体桩复合地基）和较低的工程造价（接近于散体桩复合地基）。上部结构荷载通过基础传递给实散组合桩复合地基。其中，实体桩段分担来的荷载由桩侧摩阻力和桩底（散体段桩顶）阻力承担。实体桩段传递给下部散体桩段的荷载最终又传递给散体桩段桩侧土和

本文原载《工程地质学报》1999年第4期，作者：王长科，戴志祥，孙会哲

桩底土。

3 实散组合桩承载力

当有条件时，应现场做静力载荷试验直接测定。当无条件时，实散组合桩单桩承载力设计值可按下式计算：

$$R = \frac{\sum q_{sik} U L_i}{\gamma_s} + \frac{q_{pk} \cdot A_p}{\gamma_p} \tag{1}$$

式中：R 为实散组合桩单桩承载力设计值（kN）；q_{sik} 为实体段桩侧第 i 层土的极限摩阻力标准值（kPa）；U 为实体段桩周长（m）；L_i 为实体段桩侧第 i 层土的厚度（m）；q_{pk} 为上部实体段和下部散体段界面极限压力标准值（kPa）；A_p 为实体段桩截面积（m²）；γ_s、γ_p 为实体段桩侧、桩端阻力分项系数，取值范围 2.0～3.0。

式（1）中 q_{pk} 实际上就是下段散体桩的极限承载力，根据王长科（1994）[1]，散体桩极限承载力标准值按下式计算：

$$q_{pk} = p_{Lk} \cdot \tan^2 \left(45 + \frac{\varphi_{pk}}{2} \right) \tag{2}$$

式中，q_{pk} 为散体桩极限承载力标准值（kPa）；p_{Lk} 为散体桩桩头标高处旁压试验极限压力标准值（kPa）；φ_{pk} 为散体材料内摩擦角标准值（°）。

4 实散组合桩沉降计算

沉降量由两部分组成

$$s = s_1 + s_2 \tag{3}$$

式中：s 为实散组合桩桩顶沉降量（m）；s_1 为实体段桩体压缩变形量（m）；s_2 为散体段桩顶沉降量（m）。

如图 2 所示，实体桩段压缩变形量可用下式计算：

$$s_1 = \int_0^{L_1} \varepsilon dz = \int_0^{L_1} \frac{f_p \cdot A_p - z U q_{sk}}{A_p E_p} dz \tag{4}$$

积分得

$$s_1 = \frac{f_p - \frac{2L_1}{D} q_{sk}}{E_p} L_1 \tag{5}$$

式中，f_p 为实体段桩顶荷载强度（kPa）；A_p 为实体段桩截面积（m²）；U 为实体段桩周长（m）；L_1 为实体段长度（m）；D 为实体段桩直径（m）；q_{sk} 为实体段桩侧摩阻力（kPa）；E_p 为实体段桩身压缩模量（kPa）。

对于散体段桩顶沉降量 s_2，根据王长科（1994）[1]，可按下式计算：

$$s_2 = \frac{(1+\varepsilon_\theta)^2 - 1}{(1+\varepsilon_\theta)^2 + R} D \tag{6}$$

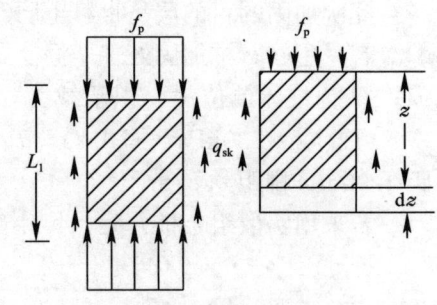

图 2 实体段受力简图

式中，ε_θ 为散体段桩周环向应变，以拉伸为正。根据 $p=q_{sk}/\tan^2(45°+\varphi_{pk}/2)$，从旁压曲线 p-ε_θ 上查得。R 为散体膨胀比率，$R=\varepsilon_v/\varepsilon_a$，$\varepsilon_v$、$\varepsilon_a$ 分别表示散体桩段的体积应变、轴向应变，分别以膨胀、压缩为正；R 值通常根据散体级配状况按经验选定；D 为散体段桩直径（m）。

5 实散组合桩临界桩长

$$L_{cr} = L_1 + L_{2cr} \tag{7}$$

式中，L_{cr} 为实散组合桩临界桩长（m）；L_1 为实体桩段长度（m）；L_{2cr} 为散体桩段临界长度（m）。

根据王长科（1994）[2]，可按下式计算：

对一般黏性土、粉土、砂土

$$L_{2cr} = \frac{\tan^2(45°+\varphi_{pk}/2)}{4\tan\delta}D \tag{8}$$

对饱和软黏土

$$L_{2cr} = 1.8\tan^2(45°+\varphi_{pk}/2)D \tag{9}$$

式中，φ_{pk} 为散体内摩擦角标准值（°）；δ 为散体段桩和土之间的摩擦角（°）；D 为散体段桩身直径（m）。

6 工程实例

（1）工程概况

华能上安电厂二期扩建某宿舍楼基础采用钢筋混凝土板式基础，地基承载力标准值设计采用 150kPa，地层条件自上而下为：①表土：厚 0.40m；②素填土：厚 3.50～7.00m，由粉质黏土、粉土组成，具湿陷性，$f_k=80$kPa；③黄土状粉质黏土：黄褐色，坚硬—可塑，无湿陷性，$f_k=150$kPa。

场地勘察深度内未见地下水，湿陷带深度为 6.00m（从天然地面算起），属 I 级非自重湿陷场地。

（2）地基处理设计

此次加固的目的层是素填土层②，处理后复合地基承载力标准值达到 150kPa。

若采用碎石桩加固处理，据公式 $f_{spk}=mf_{pk}+(1-m)f_{sk}$（$f_{spk}$ 为复合地基承载力标准值；f_{pk} 为桩体单位截面积承载力标准值；f_{sk} 为桩间土的承载力标准值；m 为面积置换率）。取 $f_{pk}=330$kPa（据式 2），$f_{sk}=120$kPa，则 $m=0.1428$。采用正三角形布置，桩间距 1.00m，排距 0.87m。

若采用实散组合桩方案，其计算过程如下：

据 $q_{pk}=p_{lk}\cdot\tan^2(45+\varphi_{pk}/2)$，取 $p_{lk}=250$，$\varphi_{pk}=38°$，则 $q_{pk}=1000$。

据 $R=\dfrac{\Sigma q_{sik}UL_i.}{\gamma_s}+\dfrac{q_{pk}\cdot A_p}{\gamma_p}$（$q_{sik}=30$，$\gamma_s=2$，$q_{pk}=1000$，$\gamma_p=3$），得 $R=70$，$f_{pk}=550$。

据 $f_{spk}=mf_{pk}+(1-m)f_{sk}$，$m=0.07$，采用正三角形布置，桩间距 1.40m，排距 1.2m。

综合考虑碎石桩段及灰土桩段承载力，经技术经济分析比较，采用实散组合桩加固方案。面积置换率 $m=0.12$，设计参数见表1。实散组合桩上段是灰土桩，下段是碎石桩。碎石为 $\phi 2 \sim 4cm$ 的新鲜碎石，含泥量小于 5%。灰土采用 3：7 灰土。

设计参数 表1

参数		桩长（m）	桩直径（m）	桩间距（m）	排距（m）
部位	上段灰土桩	1.50	0.400	1.10	0.95
	下段碎石桩	2.00～5.50	0.400～0.420		

下段碎石桩经深度修正后仍能满足承载力要求。设计用参数与加固检测结果基本吻合，工程造价降低约 15%。

（3）施工

使用 1.8t 柴油打桩机进行成孔和碎石桩施工，用两台 30 型钻机配 225kg 夯锤进行灰土桩施工。

工艺流程为：（1）柴油打桩机就位；（2）锤击沉管至设计深度，提出沉管；（3）由孔口分层加入碎石并击实成碎石桩，直至设计标高；（4）桩机移到下一桩位；（5）30 型钻机就位，吊起夯锤先夯实碎石桩顶面；（6）由孔口分层加入 3：7 灰土（最优含水量状态）并夯实，直到地面。

（4）质量标准

下段碎石桩桩身动力触探锤击数 $N_{63.5} > 7$；上段灰土桩桩身 $N_{63.5} > 12$。

下段碎石桩段经深度修正后仍能满足承载力要求。设计用参数与加固检测结果基本吻合，工程造价降低约 15%。

（5）质量检测

经载荷试验（图3），动力触探试验及室内土工试验等方法，处理后的复合地基承载力标准值符合设计要求，且消除了湿陷性。

本工程应用实散组合桩成功后，又推广到后来的某电厂库房、综合楼等四个工程，均取得良好的技术经济效果。

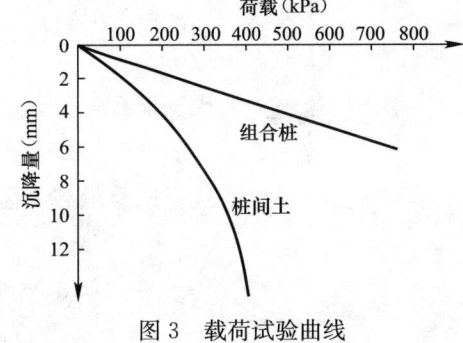

图 3　载荷试验曲线

7　结束语

① 本文提出的实散组合桩概念，无疑为今后散体桩的应用又开辟了新的广阔前景；

② 文中给出的承载力、沉降、临界桩长等计算方法及公式可供设计参考；

③ 本文仅对实散组合桩的承载基本原理进行了分析研究。其中许多细节问题有待于今后深入研究。

参考文献

[1] 王长科. 散体材料桩复合地基承载力计算 [J]. 地基处理，1994，（2）：40-46.

[2] 王长科. 散体材料桩临界桩长计算 [J]. 军工勘察，1994，（3）：6-8.

用载荷试验检测桩土复合地基
承载力中的承载力换算问题

【摘　要】　通过概念分析和理论推导，提出了用复合地基载荷试验结果计算实际基础下复合地基承载力标准值、设计值的理论公式，并提出了复合地基承载力由标准值计算设计值的计算公式。

当前，在桩土复合地基检测中，用载荷试验来检测其承载力是最权威的办法了，复合地基是由桩和土共同构成的，因此在检测时使用的载荷板面积不一样，载荷板覆盖范围内的桩土置换率就不一样，或试验时超载条件和实际超载条件不同，最终测出的承载力值自然就不会一样，如果使用载荷板面积比较合适，正好使得载荷板下桩的置换率和将来实际基础下桩的置换率相等，并且超载条件和将来实际基础超载条件相同，那么，用这种面积（即 A_{p}/m，A_{p} 为桩截面积；m 为基础下桩的置换率）的载荷板测出的承载力，当然就是实际基础下的复合地基承载力（处理后的地基不考虑基础宽度的承载力修正）。当载荷板面积不等于 A_{p}/m 时，或者超载条件不相同时，载荷试验测出的承载力值就不等于实际基础条件下的承载值。如何进行换算呢？这就是本文要解决的问题。

1　公式推导

不妨将复合地基载荷试验承载力公式中各有关物理量的下标用 t 表示，则有[1]

$$f_{\mathrm{sp}} = mf_{\mathrm{p}} + (1-m)f_{\mathrm{s}} \tag{1}$$

$$f_{\mathrm{sp,k,t}} = m_{\mathrm{t}}f_{\mathrm{p,k,t}} + (1-m_{\mathrm{t}})f_{\mathrm{s,k,t}} \tag{2}$$

其中
$$f_{\mathrm{p}} = f_{\mathrm{p,k,t}} + \Delta f_{\mathrm{p}} \tag{3}$$

$$f_{\mathrm{s}} = f_{\mathrm{s,k,t}} + \Delta f_{\mathrm{s}} \tag{4}$$

$$f_{\mathrm{p,k,t}} = \frac{Q_{\mathrm{uk}}}{\gamma_{\mathrm{sp}}A_{\mathrm{p}}} \tag{5}$$

式中，f_{sp} 为实际基础下复合地基承载力设计值（kPa）；f_{p} 为实际基础下桩顶横截面承载力设计值（kPa）；f_{s} 为实际基础下桩间土承载力设计值（kPa）；m 为实际基础下桩的面积置换率；$f_{\mathrm{sp,k,t}}$ 为复合地基载荷试验实测承载力标准值（kPa）；$f_{\mathrm{p,k,t}}$ 为复合地基载荷试验桩顶横截面承载能力标准值（kPa）；$f_{\mathrm{s,k,t}}$ 复合地基载荷试验桩间土承载力标准值（kPa）；m_{t} 为载荷板下桩的面积置换率为载荷板下桩总横截面积与载荷板面积之比；Δf_{p} 为桩顶横截面承载能力修正值（kPa）；Δf_{s} 为桩间土承载力修正值（kPa）；A_{p} 为单桩截

本文原载《"99 岩土工程土工测试技术"学术交流会论文集》1999 年 5 月，作者：王长科，贾文华

面积（m²）；Q_{uk}为单桩载荷试验极限承载力标准值（kN）；γ_{sp}为桩侧阻端阻综合抗力分项系数。

由式（2）有

$$f_{b,k,t} = \frac{f_{sp,k,t} - (1-m_t)f_{s,k,t}}{m_t} \tag{6}$$

将式（6）、式（4）代入式（1），整理得

$$f_{sp} = \frac{m}{m_t}f_{sp,k,t} + \left(1 - \frac{m}{m_t}\right)f_{s,k,t} + m\Delta f_p + (1-m)\Delta f_s \tag{7}$$

从式（7）可以看出，等号右边前两项之和就是实际基础下复合地基承载力标准值 $f_{sp,k}$，即

$$f_{sp} = f_{sp,k} + m\Delta f_p + (1-m)\Delta f_s \tag{8}$$

$$f_{sp,k} = \frac{m}{m_t}f_{sp,k,t} + \left(1 - \frac{m}{m_t}\right)f_{s,k,t} \tag{9}$$

同理，先从式（2）导出 $f_{sp,k,t}$ 再代入式（1），可得

$$f_{sp,k} = \frac{1-m}{1-m_t}f_{sp,k,t} + \left(1 - \frac{1-m}{1-m_t}\right)f_{p,k,t} \tag{10}$$

式中，$f_{sp,k}$ 为实际基础下复合地基承载力标准值（kPa）。

式（8）、式（10）就是依据载荷试验结果计算实际基础下复合地基承载力设计值、标准值基本公式。

2　讨论

从式（8）可以看出，实际基础下复合地基承载力设计值与标准值之间的差值取决于 m、Δf_p、Δf_s，对实体桩（钢筋混凝土桩、CFG 桩、水泥土桩等）复合地基[1]，因桩承载力取决于桩侧阻、端阻，故 $\Delta f_p \approx 0$。这时，$f_{sp} \approx f_{sp,k} + (1-m)\Delta f_s$。对散体桩（砂桩、碎石桩）复合地基，桩承载力与桩周约束力很有关系，故 $\Delta f_p > 0$。Δf_s，Δf_p 的计算可参阅文献 [3]。式（8）给出了一个重要的复合地基承载力设计值计算公式。

3　检测实例

正定中学实验楼为四层砖混结构，条形基础，天然土层自上而下为：

杂填土：成分混杂，松散，厚度 0.50～0.80m，现已基本挖除。

粉质黏土：灰黄—黄褐色，可塑—软塑状态，夹粉土透镜体，厚度 3.50～4.50m，承载力标准值 125kPa。

粉土：稍湿，中密，厚度 0.40～1.30m，承载力标准值 170kPa。

细砂：灰—灰白色，中密，揭露最大厚度 4.10m，承载力标准值 270kPa。

地表下 10.00m 深度内未见地下水。

地基处理采用夯实水泥土桩复合地基方法，桩径 0.40m，平均桩长 4.5m，水泥土体积比为 1:7，以基础轴线对称梅花形布桩，按基础宽度不同，桩中心距为 1.40m，1.80m 两种，桩排距分为 0.65m、0.80m 和 0.90m 三种，桩置换率 0.10，要求复合地基承载力

标准值大于 180kPa。

检测采用载荷试验方法，使用设备为 SL-2A 型液压自动记录载荷试验机，共实施完成试验点 4 个。为进一步查清槽底土层均匀性，工作中又临时增加轻型动力触探孔 16 个，试验深度 2.0m，随机布设。

载荷试验在开挖的槽底进行，载荷板为圆形面积 0.5m²。按要求进行板下单桩复合地基载荷试验。

水泥土桩直径为 0.4m，载荷板下桩的置换率为

$$m_t = \frac{(\pi/4) \times 0.4^2}{0.5} = 0.2512$$

设计实际基础下桩的置换率 $m = 0.10$，复合地基载荷试验桩间土承载力标准值取 $f_{s,k,t} = 125$kPa，代入式（9）得

$$f_{sp,k} = \frac{0.1}{0.2512} f_{sp,k,t} + \left(1 - \frac{0.1}{0.2512}\right) \times 125$$

整理后：

$$f_{sp,k} = 0.3981 f_{sp,k,t} + 75.3 \tag{11}$$

本次检测结果见表 1。

载荷试验检测结果　　　　　　　　　　　　　　　　　　表 1

试验点编号	水泥土桩龄期（d）	载荷试验结果 $f_{sp,k,t}$（kPa）	按式（11）换算后 f_{ak}/kPa
1	18	250	175
2	18	280	187
3	20	320	203
4	21	290	191

经平均计算，可知实际基础复合地基承载力标准值为 189kPa。

4　结束语

用载荷试验检测复合地基时，应尽量使用面积为 A_p/m 的载荷板。但在实际上每个工程的置换率都不会相同，通常的做法是用标准板（0.5m²，0.25m²）载荷试验来检测，在此情况下，可使用本文所提公式进行换算。

参考文献

[1] 王长科，戴志祥. 夯实水泥土桩复合地基设计计算. 河北勘察，1998，（1）.
[2] 王长科等. 实散组合桩承载原理及应用. 岩土工程与勘察，1997，（2）.
[3] 王长科，魏弋锋. 基坑底载荷试验实测承载力的深度修正. 岩土工程师，1997，（2）.

实体桩复合地基承载原理

【摘　要】　实体桩指目前在地基处理中普遍采用的低强度混凝土桩、水泥土桩等刚性桩、半刚性桩。实体桩复合地基承载原理分为两种：被动上刺原理和主动下刺原理。复合地基由桩、桩间土及其上的褥垫层组成。上部结构通过基础将荷载传递给褥垫层，褥垫层根据桩、桩间土及其与褥垫层的共同作用，再分配给桩、桩间土。基桩承载力的大小受到群桩效应、负摩阻力等因素的影响。桩土应力比最终值是褥垫材料性能、厚度、应力状态、桩与桩间土刚度等的函数。全面阐述了基桩承载力与强度、复合地基承载力、褥垫层厚度、复合地基基础沉降量等的计算方法。

1　前言

实体桩是相对散体桩而言，系指地基处理中常用的低强度混凝土桩、水泥土桩等刚性桩、半刚性桩。实体桩在复合地基中的工作特点是作为复合地基的组成部分之一，桩身抗压强度标准值在数值上远大于桩身最大压应力设计值。

实体桩复合地基一般由实体桩、桩间土及其上的褥垫层（用砂石散体材料或灰土做成，也可不设）构成。上部结构通过基础将荷载传递给褥垫层，褥垫层依桩、桩间土及褥垫层三者刚度大小将荷载分配给桩和桩间土[1]。

实体桩复合地基工程应用十分广泛，其试验研究和设计计算方法报道很多[2-7]，但从理论上深入系统解决未见报道。本文将作者近年来的研究成果予以阐述，供参考。

2　实体桩复合地基承载原理

（1）被动上刺原理

当桩顶铺设塑性褥垫层（如砂石料等散体褥垫层）时，在上部荷载作用下，桩间土的抗压刚度小于桩的抗压刚度，先出现桩顶应力集中，当桩顶应力超过褥垫层的抗刺入极限承载力时，桩顶应力不再增加，应力向桩间土转移，同时桩顶被动刺入褥垫层，桩间土沉降，直至应力平衡。桩的被动上刺，调整了桩、桩间土的应力分配。这种承载原理不妨称之为被动上刺原理。

（2）主动下刺原理

当桩顶不铺设塑性褥垫层时，桩顶之上是基础底面或素混凝土垫层，在上部荷载作用下，桩间土的抗压刚度小于桩的抗压刚度，出现桩顶应力集中，同时伴随桩顶向下位移，

本文原载《岩土工程界》2000 年第 2 期，作者：王长科，孙会哲，王永正，陆洪根

即桩主动下刺，直至应力平衡。因桩顶和桩间土保持等沉降，故桩的主动下刺，就调整了桩、桩间土的应力分配。这种承载原理不妨称之为主动下刺原理。

3 设计计算

（1）最小处理厚度

假定基础埋深为 d，基底标高下地基处理厚度为 h，则地基处理深度为 $z=d+h$，在深度 z 处应满足：

$$p_z + p_{cz} \leqslant f_z \tag{1}$$

式中，p_z 为深度 z 处上覆复合土层自重压力标准值；p_{cz} 为深度 z 处附加应力设计值；f_z 为深度 z 处地基承载力设计值。

（2）桩的承载力

对被动上刺情况，在桩顶被动上刺过程中，因桩间土沉降大于桩顶沉降，故桩身会出现一个中性点。中性点以上桩间土位移大于桩位移，桩周为负摩阻力；中性点处桩间土位移和桩位移相等，摩阻力为零；中性点以下桩间土位移小于桩位移，为正摩阻力。桩顶被动上刺完成后，负摩阻段消失，中性点改移桩顶。

对于主动下刺情况，桩间土和桩顶位移相等，中性点在桩顶，没有负摩阻段。

根据《建筑桩基技术规范》，基桩极限承载力标准值一般表达式可写为：

$$Q_{uk} = U \cdot \Big[\sum_{i=1}^{n} \eta_{si} \cdot q_{sik} \cdot l_i - \sum_{j=1}^{m} \eta_{sj} \cdot q_{snjk} \cdot l_{nj} \Big] + \eta_p \cdot q_{pk} \cdot A_p \tag{2}$$

式中，Q_{uk} 为基桩极限承载力标准值（kN）；U 为桩截面周长（m）；i 为中性点以下土层序号；n 为中性点以下土层数；q_{sik} 为第 i 层土桩极限摩阻力标准值（kPa）；l_i 为第 i 层土的厚度（m）；j 为中性点以上土层序号；m 为中性点以上土层数；q_{snjk} 为第 j 层土桩极限负摩阻力标准值（kPa）；l_{nj} 为第 j 层土的厚度（m）；q_{pk} 为桩极限端阻力标准值（kPa）；A_p 为桩端截面积（m²）；η_{si}、η_{sj} 为第 i 层、第 j 层桩侧阻群桩效应系数；η_p 为桩端阻群桩效应系数。

基桩承载力设计值一般表达式为：

$$R = \frac{1}{\gamma_s} \cdot U \cdot \Big[\sum_{i=1}^{n} \eta_{si} \cdot q_{sik} \cdot l_i - \sum_{j=1}^{m} \eta_{sj} \cdot q_{snjk} \cdot l_{nj} \Big] + \frac{1}{\gamma_p} \cdot \eta_p \cdot q_{pk} \cdot A_p \tag{3}$$

式中，R 为基桩承载力设计值；γ_s、γ_p 为桩侧阻、桩端阻抗力分项系数。

（3）复合地基承载力

上部结构荷载通过褥垫层调节（第二种情况主动下刺没有褥垫层调节）由桩、桩间土共同承担。在桩顶水平面上，有

$$p = m \cdot p_p + (1-m) \cdot p_s \tag{4}$$

式中，p 为平均基底压力；p_p 为桩顶分担压强；p_s 为桩间土分担压强；m 为桩顶面积置换率，$m = A_p/A$，A_p、A 分别表示桩顶面积和该桩顶面积置换分组的基底面积。

根据式（4），复合地基承载力标准值可表达为：

$$f_{sp,k} = m f_p + (1-m) f_{s,k} \tag{5}$$

其中：

$$f_p \leqslant R/A_p \tag{6}$$

式中，$f_{sp,k}$ 为复合地基承载力标准值；f_p 为桩顶土沉降量 s_p 为容许值时的桩顶压强设计值；$f_{s,k}$ 为桩间土沉降量 s_s 满足桩顶被动上刺量（$s_s - s_p$）为容许值时的桩间土承载力标准值。对第二种情况（主动下刺），$s_s - s_p = 0$，$f_{s,k}$ 表示桩间土沉降量等同于桩顶沉降量，并且满足某容许值时的桩间土承载力标准值。

（4）复合地基基础沉降量

① 第一种情况——被动上刺

复合地基基础沉降量由三部分组成：

$$s = s_{cs} + s_s + s_o \tag{7}$$

式中，s 复合地基基础沉降量；s_{cs} 为桩间土上覆褥垫压缩量；s_s 为桩土复合段桩间土压缩量；s_o 为桩土复合段下卧层变形量。

第一项 s_{cs} 可用下式近似计算

$$s_{cs} = \frac{1}{2}(f_{sp,k} + f_{s,k}) \cdot h_c / E_c \tag{8}$$

式中，h_c 为垫褥厚度；E_c 为垫褥压缩模量；

第二项 s_s 为相应于附加压力为桩间土分担的附加压力时桩土复合段桩间土的竖向压缩变形量，可用分层总和法计算。

计算第三项 s_o 时，将复合地基上的平均附加压力扩散到桩端平面，扩散后压力记为 f_0，用 f_0 作为附加压力，用分层总和法计算桩土复合段下卧层变形量即可。

② 第二种情况——主动下刺

复合地基基础沉降量由两部分组成

$$s = s_{sp} + s_o \tag{9}$$

式中，s_{sp} 为桩土复合段变形量。

桩土复合段桩、桩间土竖向变形量相等，因此可用下述两种方法来计算 s_{sp}。

A. 按复合地基计算

采用复合地基上的平均附加压力进行计算。复合地基模量 E_{sp} 用下述方法计算。

据虎克定律，桩和桩间土变形量相等可用下式来表达：

$$\frac{f_{sp}}{E_{sp}} = \frac{f_s}{E_s} \tag{10}$$

故有

$$E_{sp} = \frac{f_{sp}}{f_s} \cdot E_s \tag{11}$$

f_{sp}、f_s 在物理含义上表示复合地基承担的平均压力、桩间土分担压力。对多层土，各层复合地基的压缩模量均可按式（11）计算。

考虑到 $f_{sp} = m f_p + (1-m) f_s = [mn + (1-m)] f_s$，式（11）也可改写为

$$E_{sp} = [mn + (1-m)] E_s \tag{12}$$

式中，n 为桩土应力比，$n = f_p / f_s$。

B. 按桩间土计算

采用桩间土分担的附加压力，计算桩土复合段桩间土的压缩量。

（5）散粒体褥垫层材料设计

桩顶被动上刺完成后，桩顶上覆褥垫层中单元体处于极限平衡状态：

$$\sigma_p = \sigma_{hp} \cdot (1 + \sin\varphi_c)/(1 - \sin\varphi_c) \tag{13}$$

桩间土上覆褥垫中单元全处于弹塑性平衡状态：

$$\sigma_{hs} = \sigma_s \cdot k \tag{14}$$

$$k = (1 - N)(1 - \sin\varphi_c) + N \cdot \frac{1 + \sin\varphi_c}{1 - \sin\varphi_c} \tag{15}$$

式中，σ_p、σ_{hp} 为桩顶上覆褥垫中单元体的竖向应力、水平向应力；σ_s、σ_{hs}、k 为桩间土上覆褥垫中单元体的竖向应力、水平向应力、侧压力系数；φ_c 为褥垫材料内摩擦角；N 为反映桩间土上覆褥垫材料应力状态的参数 $N = 0 \sim 1$。$N = 0$，表示处于弹性平衡状态，$N = 1$ 表示处于极限平衡状态。

考虑到复合地基的桩间距较小，近似取

$$\sigma_{hp} = \sigma_{hs}, \cdots, \sigma_p = p_p, \cdots, \sigma_s = p_s \tag{16}$$

p_p、p_s 分别表示桩顶、桩间土分担压强。

将式（14）~式（16）代入式（13），得

$$p_p = p_s \left[(1 - N)(1 - \sin\varphi_c) + N \cdot \frac{1 + \sin\varphi_c}{1 - \sin\varphi_c} \right] \cdot \frac{1 + \sin\varphi_c}{1 - \sin\varphi_c} \tag{17}$$

则桩土应力比

$$n = \frac{p_p}{p_s} = \left[(1 - N)(1 - \sin\varphi_c) + N \cdot \frac{1 + \sin\varphi_c}{1 - \sin\varphi_c} \right] \cdot \frac{1 + \sin\varphi_c}{1 - \sin\varphi_c} \tag{18}$$

分别取 $N = 0$，$N = 1$，可得 n 的最小值和最大值，

$$n_{min} = 1 + \sin\varphi_c \tag{19}$$

$$n_{max} = \left(\frac{1 + \sin\varphi_c}{1 - \sin\varphi_c} \right)^2 \tag{20}$$

桩顶被动上刺完成后的 n 值介于 n_{min} 和 n_{max} 之间，即

$$n_{min} < n < n_{max} \tag{21}$$

式（18）可用图 1 表示。工程实践中可依据 n 和 N 从图 1 来确定褥垫散体材料的内摩擦角。

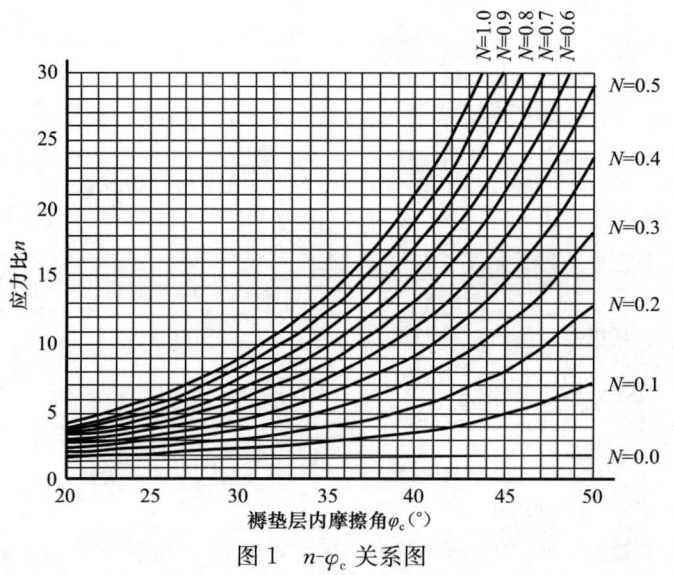

图 1　n-φ_c 关系图

（6）散体褥垫层厚度设计

褥垫层厚度由三部分组成，即

$$h_c = h_1 + h_2 + h_3 \tag{22}$$

式中，h_c 为褥垫层设计厚度；h_1 为满足桩顶被动上刺量为 $s_s - s_p$ 所需要的厚度；h_2 为被动上刺完成后桩顶褥垫层残留厚度；h_3 为褥垫层竖向压缩量。

桩顶被动上刺，桩顶褥垫材料侧向流动，假定侧向流动引起褥垫材料平均体应变为 ε_v，剪胀为正，则桩顶被动上刺前后的褥垫材料体积满足下式

$$h_1 A + h_1 \cdot mA \cdot \varepsilon_v = (1-m) \cdot A \cdot (s_s - s_p) \tag{23}$$

式中，A 为基础底面积。

整理后得

$$h_1 = \frac{1-m}{1+m\varepsilon_v} \cdot (s_s - s_p) \tag{24}$$

桩顶被动上刺完成后，桩顶褥垫材料处于极限平衡状态，根据土力学基本原理，有两组滑动面，倾角分别为 $45° + \varphi_c/2$，$45° - \varphi_c/2$。由此得出

$$h_2 = \frac{D}{2} \cdot \tan\left(45° - \frac{\varphi_c}{2}\right) \tag{25}$$

式中，D 为桩顶直径。

褥垫层压缩模量假定为 E_c，则

$$h_3 \approx \frac{f_{sp,k}}{E_c} \cdot h_c \tag{26}$$

将式（24）～式（26）代入式（22），得

$$h_c = \frac{1}{(1-f_{sp,k})/E_c} \cdot \left[\frac{1-m}{1+m \cdot \varepsilon_v} \cdot (s_s - s_p) + \frac{D}{2} \cdot \tan\left(45° - \frac{\varphi_c}{2}\right) \right] \tag{27}$$

（7）桩身强度验算

桩身中性点截面是桩身最大压应力截面，桩身最大压应力应满足下式：

$$\gamma\sigma_{max} \leqslant f_y \tag{28}$$

式中，σ_{max} 为桩身最大压应力；f_y 为桩身抗压强度设计值；γ 为分项系数，一般取 3.0。

参考文献

［1］ 王长科，郭新海. 基础—垫层—复合地基共同作用原理. 土木工程学报，29，（5）.

［2］ 郭新海，王长科. 独立桩基础与半刚性桩复合地基共同作用分析及设计计算. 工业建筑，1995，11.

［3］ 王长科，戴志祥. 夯实水泥土桩复合地基设计∥第四届中国国际岩土钻凿工程会议论文集. 北京：1997.

［4］ 龚晓南. 复合地基. 杭州：浙江大学出版社，1992.

［5］ 龚晓南. 地基处理新技术. 西安：陕西科学技术出版社，1996.

［6］ 阎明礼. 地基处理技术. 北京：中国环境科学出版社，1996.

［7］ 林宗元. 岩土工程治理手册. 沈阳：辽宁科学技术出版社，1993.

关于夯实水泥土桩承载力的两个问题

【摘　要】　夯实水泥土桩承载力的确定是夯实水泥土桩复合地基设计中的最关键问题，通过理论推演和简化分析，结合工程实践找到了夯实水泥土桩侧摩阻力和桩侧土层天然地基承载力标准值之间的理论关系。夯实水泥土桩单桩极限承载力标准值除以分项系数为单桩（容许）承载力标准值，通过上部结构荷载分项系数分析，得出结论，单桩承载力分项系数应采用1.65而不宜再采用2.0。

1　前言

　　夯实水泥土桩复合地基在石家庄得到了广泛应用。在设计实践上，单桩承载力的确定，是整个地基处理设计过程中最关键的一步。取值偏大，会使建筑物地基安全度不够，甚至使岩土工程师有可能受到诉讼。取值偏小，会人为提高桩的置换率，加大地基处理费用，使岩土工程师面对业主的压迫而处于窘境。当前，普遍的做法是：先根据岩土工程勘察报告提供土层物理力学指标（能采用夯实水泥土桩复合地基的建筑物大多数是8层以下的砖混结构住宅，而这类建筑物的勘察工作因受市场竞争带来的费用制约，往往做得比较简单，很多勘察报告一般只提供各土层的天然地基承载力标准值、压缩模量，当天然地基方案不成立时，提出进行地基处理的建议，但不提供地基处理设计参数），按经验确定桩侧摩阻力标准值，根据桩端持力层天然地基承载力标准值 f_k 计算确定桩端阻力标准值，按式（1）并结合桩体材料强度要求式（2）计算单桩（容许）承载力标准值[1]。地基处理竣工后，水泥土桩龄期不少于15d时采用载荷试验进行检测。检测方法有两种：一种是检测复合地基承载力是否达到设计要求；另一种是先检测单桩承载力（加荷至设计采用的单桩＜容许＞承载力标准值的2倍），然后按式（3）计算复合地基承载力标准值是否达到设计要求[1]。

$$R_k = q_p A_p + U_p \sum q_{si} l_i \tag{1}$$

$$R_k \leqslant \frac{1}{3} f_{cs,k} A_p \tag{2}$$

$$f_{sp,k} = \frac{m R_k}{A_p} + \alpha(1-m) f_k \tag{3}$$

式中，R_k 为单桩（容许）承载力标准值；q_p 为（容许）端阻力标准值；A_p 为桩截面积；U_p 为桩身周长；q_{si} 为桩侧第 i 层土（容许）侧摩阻力标准值；l_i 为按土层划分的第 i 段桩长。$f_{cs,k}$ 为桩体材料标准强度；$f_{sp,k}$ 为复合地基（容许）承载力标准值；m 为置换率；α

本文原载《岩土工程界》2001年第2期，作者：王长科，段宗智，王立俊，史德忠为桩间土承载力发挥系数；f_k 为桩间土天然地基（容许）承载力标准值。

以上设计实践存在如下问题：

1）式（1）中的桩侧摩阻力 q_s 凭经验确定，对没有经验的土层怎么办？

2）有的工程师以国家行业标准《建筑桩基技术规范》JGJ 94—94 为依据，提出将单桩极限承载力标准值除以 1.6 作为单桩（容许）承载力标准值。比如河北平山某地基处理工程采用搅拌桩复合地基，根据单桩载荷试验结果，分项系数取 2 得到的单桩（容许）承载力标准值不满足设计要求，分项系数取 1.7 得到的单桩（容许）承载力标准值就满足设计要求。分项系数究竟应取多少？

2 桩侧摩阻力理论计算

根据文献［2］公式（5.1.4），取 $d=0$，$b=0.8$m，该特定条件下的承载力设计值就是承载力标准值 f_k，表达式为：

$$f_k = 0.8M_b\gamma + M_c c_k \tag{4}$$

式中符号意义见文献［2］。

令 $\varphi=0$，代入式（4），将求出的 c_k 定义为等效黏聚力 c_e，则：

$$c_e = \frac{f_k}{3.14} \tag{5}$$

桩侧极限摩阻力标准值按下式计算：

$$q_{su} = \beta \cdot c_e \tag{6}$$

式中，q_{su} 为桩侧极限摩阻力标准值；β 为外摩擦系数与内摩擦系数的比值，建议取 $\beta=0.9$。

将式（5）代入式（6）得：

$$q_{su} = \frac{1}{3.5}f_k \tag{7}$$

桩侧（容许）摩阻力标准值按下式计算：

$$q_s = \frac{q_{su}}{\gamma_c} \tag{8}$$

式中，q_s 为桩侧（容许）摩阻力标准值；γ_c 为分项系数。建议取 $\gamma_c=2.0$。

将式（7）代入式（8）得：

$$q_s = \frac{1}{7}f_k \tag{9}$$

3 载荷试验测定单桩（容许）承载力标准值时的分项系数取值

现场检测单桩（容许）承载力标准值采用的方法是：当加荷至设计采用的单桩（容许）承载力标准值的 2 倍时，未达极限，即为满足设计要求。即式（10）中 γ_{sp} 取 2.0。

$$R_k = \frac{Q_{uk}}{\gamma_{sp}} \tag{10}$$

式中，Q_{uk} 为单桩极限承载力标准值；γ_{sp} 综合分项系数。

《建筑桩基技术规范》JGJ 94—94 规定按静载荷试验法（见该规范表 5.2.2）确定单桩承载力设计值（在概念上相当于上述单桩〈容许〉承载力标准值）时，式（10）中的综合分项系数 γ_{sp} 采用 1.6（大直径灌注桩〈清底干净〉）、1.65（干作业钻孔灌注桩）。这里的分项系数取值是与上部结构荷载分项系数取值配套使用的。上部结构荷载分项系数取值为[3]：

永久荷载分项系数：

当其效应对结构不利时，取 1.2；

当其效应对结构有利时，取 1.0。

可变荷载分项系数：一般情况下取 1.4。

在设计实践上，上部结构荷载设计值与标准值的比值一般在 1.25，而 $2.0 \div 1.25 = 1.60$，由此可见，只要式（10）中的综合分项系数 γ_{sp} 采用不低于 1.60 的数值，单桩承载力安全系数就可保证 2.0 以上的安全系数。

根据以上分析，建议对夯实水泥土桩，式（10）中的综合分项系数 γ_{sp} 取 1.65。即在用载荷试验法检测单桩（容许）承载力时，当实测单桩极限承载力标准值超过设计单桩（容许）承载力标准值的 1.65 倍时，为满足设计要求。

4 结束语

（1）通过理论分析，本文给出了运用土层天然地基承载力标准值 f_k 计算夯实水泥土桩（容许）侧摩阻力标准值的理论公式，供遇到没有经验的土层时参考使用。这是作者近来的一个实践总结，是否具有普遍性，有待于大量实践验证。

（2）对夯实水泥土桩，作者建议式（10）中的综合分项系数 γ_{sp} 今后取 1.65，不宜再取 2.0。

参考文献

[1] 河北省建筑科学研究院. 夯实水泥土桩复合地基技术规程 DB13（J）14-98. 石家庄：1998.

[2] 中国建筑科学研究院. 建筑地基基础设计规范 GBJ 7—89. 北京：中国建筑工业出版社，1990.

[3] 中华人民共和国城乡建设环境保护部. 建筑结构荷载规范 GBJ 9—87. 北京：中国建筑工业出版社，1988.

地基承载力特征值计算研究

【摘　要】　考虑到抗剪强度指标的影响因素，用大应变抗剪强度指标代入太沙基、梅耶霍夫、魏锡克、汉森、沈珠江公式，将地基承载力特征值 f_{ak} 计算结果和载荷试验结果进行了比较。结果表明，用理论法计算地基承载力特征值，只要参数选取得当，计算结果是可行的。

地基承载力的确定既是岩土工程专业的初级入门问题之一，也是高级阶段的最终难题之一。1857 年，朗肯（Rankine W. J. M.）最早提出了地基极限承载力的计算公式。1920 年，普朗特尔（Prandtl L.）根据塑性理论，导出了刚性基础压入无重量土的极限承载力公式。1924 年，瑞斯诺（Reissner H.）对普朗特尔极限承载力公式进行了改进。在 20 世纪 40 年代以前，世界各国学者提出的地基承载力公式，都是假定土是无重量的。为了弥补这一缺陷，40 年代太沙基（Terzaghi K.）根据普朗特尔原理，提出了考虑土重量的地基极限承载力公式。50 年代，梅耶霍夫（Meyerhof G. G.）提出了考虑基底以上两侧土体抗剪强度影响的地基极限承载力公式。60 年代，汉森（Hansen J. B.）提出了中心倾斜荷载并考虑其他一些影响因素的极限承载力公式。70 年代，魏锡克（Vesic A. S.）引入修正系数和考虑压缩性影响，把整体剪切破坏条件下地基极限承载力公式推广到局部或冲剪破坏时的极限承载力计算[1]。最近，沈珠江院士提出了地基极限承载力公式[3]。80 年代以后，国家规范推荐了地基承载力理论计算法。

现时遇到的问题是，查明各层土的地基承载力特征值 f_{ak}（修订 GBJ 7—89 地基规范之前是查明地基承载力标准值 f_k）是岩土工程勘察的主要任务之一，而地基承载力特征值过去一般是根据土的物理指标查承载力经验表，并结合原位测试综合确定，对重要工程，进行载荷试验综合确定。当没有承载力经验表可查时，怎么办？重要工程对持力层可进行载荷试验，下卧各层怎么办？因此，用土的抗剪强度参数 c、φ，计算地基承载力特征值 f_{ak}，该课题在 GBJ 7—89 地基规范修订之后具有重要意义。

1　计算原理

地基容许承载力计算公式为：

$$q_a = q + \frac{q_u - q}{K} \tag{1}$$

式中，q_a 为地基容许承载力（kPa）；q_u 为地基极限承载力（kPa）；q 为基础两侧超载

本文原载《岩土工程界》2001 年第 12 期，作者：王长科，王立俊，段宗智，李彦忠，苗现国

（kPa）；K 为分项安全系数。

取 $q=0$，$B=0.707\text{m}$，将该条件下的地基容许承载力 q_a 认定为地基承载力特征值 f_{ak}。

（1）太沙基极限承载力公式

$$q_u = cN_c + qN_q + \frac{1}{2}\gamma BN_\gamma \tag{2}$$

其中：
$$N_c = (N_q - 1) \cdot \cot\varphi \tag{3}$$

$$N_q = e^{\pi\tan\varphi} \cdot \tan^2\left(45° + \frac{\varphi}{2}\right) \tag{4}$$

$$N_\gamma = 1.8(N_q - 1)\tan\varphi \tag{5}$$

式中，c 为土的黏聚力（kPa）；φ 为土的内摩擦角（°）；γ 为基底以下土的重力密度（kN/m³）；B 表示基础宽度（m）；N_c、N_q、N_γ 为承载力系数。

发生局部剪切破坏时，对 c、$\tan\varphi$ 分别乘以 2/3 进行折减，代入式（2）计算。

（2）梅耶霍夫极限承载力公式

q_u 表达式和式（2）相同，N_c、N_q 表达式和式（3）、（4）相同。N_γ 表达式为：

$$N_\gamma = (N_q - 1)\tan 1.4\varphi \tag{6}$$

（3）魏锡克极限承载力公式

$$q_u = cN_c\zeta_c + qN_q\zeta_q + \frac{1}{2}\gamma BN_\gamma\zeta_\gamma \tag{7}$$

其中：ζ_c、ζ_q、ζ_γ 为压缩性影响系数，当 $I_r \geqslant I_{r(cr)}$ 时，均取 1.0，即为整体破坏模式，不进行压缩性修正；当 $I_r < I_{r(cr)}$ 时，按下式计算：

$$\zeta_c = \begin{cases} \zeta_q - \dfrac{1-\zeta_q}{N_c \cdot \tan\varphi} & \text{（适用于 } \varphi > 0\text{）} \\ 0.32 + 0.12\left(\dfrac{B}{L}\right) + 0.61 \cdot \lg I_r & \text{（适用于 } \varphi = 0\text{）} \end{cases} \tag{8}$$

$$\zeta_q = \exp\left\{\left[\left(0.6\frac{B}{L} - 4.4\right)\tan\varphi\right] + \frac{3.07\sin\varphi \cdot \lg 2I_r}{1 + \sin\varphi}\right\} \tag{9}$$

$$\zeta_\gamma = \zeta_q \tag{10}$$

I_r、$I_{r(cr)}$ 分别表示地基土的刚度指标、临界刚度指标，表达式为：

$$I_r = \frac{E}{2(1+v)(c + q_0\tan\varphi)} \tag{11}$$

$$I_{r(cr)} = \frac{1}{2}e^{\left(3.30 - 0.45\frac{B}{L}\right)\cot\left(45° - \frac{\varphi}{2}\right)} \tag{12}$$

式中，q_0 表示地基膨胀区平均超载压力（kPa），一般取基底下 $0.5B$ 深度处的上覆土重；E 表示土的变形模量（kPa）；v 表示土的泊松比；B 表示基础宽度（m）；L 表示基础长度（m）。

（4）汉森极限承载力公式

q_u 表达式和式（2）相同，N_c、N_q、N_γ 表达式和式（3）、式（4）、式（5）相同。

（5）沈珠江极限承载力公式

$$q_u = \sqrt[3]{1 + \frac{d}{B}} \cdot \left[c\cot\varphi(N_q - 1) + \frac{1}{2}\gamma BN_\gamma\right] \tag{13}$$

光滑底板：

$$N_\gamma = (N_q - 1)\sin\varphi \tag{14}$$

粗糙底板：

$$N_\gamma = 1.8(N_q - 1)\tan\varphi \tag{15}$$

式中，d 表示基础埋深。N_q 表达式和式（4）相同。

（6）承载力系数表

为了应用方便，将各人公式中的承载力系数 N_c、N_q、N_γ 制成表1。

2 参数的选取

土的抗剪强度是非常复杂的，它受取样位置、试验方法、试验条件、应力路径、应变水平、破坏准则、变异性等许多因素的影响，而上述极限承载力公式，是在理想条件下推导出来的，因此，计算前应十分重视参数的测定和选取工作。

（1）试验方法的选择

图1是太沙基承载力计算示意图。从图中可以看出，在破坏面的不同部位，应采用不同的剪切试验方法。而在工程实践中，在基础下地基土中的不同部位采取土试样，分别进行不同的模拟实际的室内剪切试验（如直接剪切试验、三轴试验等），是非常困难的。因此，恰当地选择能最大限度地模拟实际情况的试验方法是非常必要的。

（2）试验条件的选择

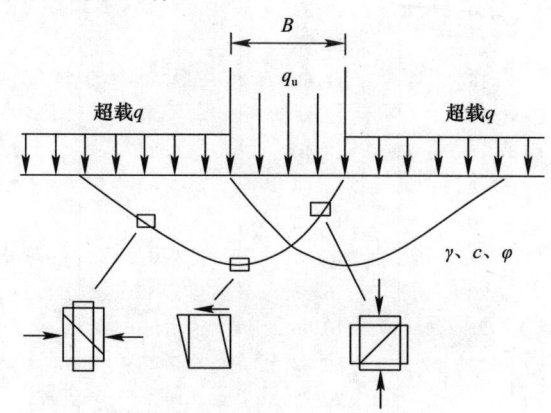

图1 太沙基承载力计算示意图

剪切试验的试验条件有：UU、CU、CD（三轴试验）和快剪（Q）、固结快剪（R）、慢剪（S）（直接剪切试验）之分。工程实践中，应特别重视室内试验条件的选择。同时，也应特别重视现场用于验证或综合确定地基承载力的载荷试验的试验条件选择。

（3）应力路径的选择

从图1看出，不同部位的土试样，在受力过程中，其应力路径是不同的。

（4）应变水平的选择

兰姆（Lamb T. W.）[2]将黏性土的抗剪强度分成三个基本分量：黏聚力、剪胀和摩擦。他认为三者之间很难有明确的分界。从定性上讲，可用图2来表示。黏聚力在极小的应变下发挥最大，应变稍高一些，就不产生黏聚力。剪胀由零增加到最高，然后随着颗粒咬合作用的丧失而逐渐消失。当应力-应变曲线趋于水平时，黏聚力和剪胀对强度影响就不再是主要因素，而摩擦则起主导作用。

			承载力系数			表1
$\varphi(°)$	N_c	N_q	$N_{\gamma T}$ 或 $N_{\gamma H}$	$N_{\gamma M}$	$N_{\gamma V}$	$N_{\gamma S}$
0	5.14	1.00	0.00	0.00	0.00	0.00
1	5.38	1.09	0.00	0.00	0.07	0.00
2	5.63	1.20	0.01	0.01	0.15	0.01
3	5.90	1.31	0.03	0.02	0.24	0.02

$\varphi(°)$	N_c	N_q	$N_{\gamma T}$或$N_{\gamma H}$	$N_{\gamma M}$	$N_{\gamma V}$	$N_{\gamma S}$
4	6.19	1.43	0.05	0.04	0.34	0.03
5	6.49	1.57	0.09	0.07	0.45	0.05
6	6.81	1.72	0.14	0.11	0.57	0.08
7	7.16	1.88	0.19	0.15	0.71	0.11
8	7.53	2.06	0.27	0.21	0.86	0.15
9	7.92	2.25	0.36	0.28	1.03	0.20
10	8.35	2.47	0.47	0.37	1.22	0.26
11	8.79	2.71	0.60	0.47	1.44	0.33
12	9.28	2.97	0.76	0.60	1.68	0.41
13	9.80	3.26	0.94	0.74	1.97	0.51
14	10.37	3.58	1.16	0.92	2.28	0.62
15	10.98	3.94	1.42	1.12	2.64	0.76
16	11.63	4.34	1.72	1.37	3.06	0.92
17	12.34	4.77	2.07	1.66	3.53	1.10
18	13.10	5.26	2.49	2.00	4.07	1.32
19	13.93	5.80	2.97	2.40	4.68	1.56
20	14.83	6.40	3.54	2.87	5.39	1.85
21	15.81	7.07	4.19	3.42	6.20	2.18
22	16.88	7.82	4.96	4.07	7.13	2.55
23	18.05	8.66	5.85	4.82	8.20	2.99
24	19.32	9.60	6.89	5.72	9.44	3.50
25	20.72	10.66	8.11	6.77	10.88	4.08
26	22.25	11.85	9.53	8.00	12.54	4.76
27	23.94	13.20	11.19	9.46	14.47	5.54
28	25.80	14.72	13.13	11.19	16.72	6.44
29	27.86	16.44	15.41	13.24	19.34	7.49
30	30.14	18.40	18.08	15.67	22.40	8.70
31	32.67	20.63	21.23	18.56	25.99	10.11
32	35.49	23.18	24.94	22.02	30.21	11.75
33	38.64	26.09	29.33	26.17	35.19	13.66
34	42.16	29.44	34.53	31.15	41.06	15.90
35	46.12	33.30	40.71	37.15	48.03	18.53
36	50.59	37.75	48.06	44.43	56.31	21.60
37	55.63	42.92	56.86	53.27	66.19	25.23
38	61.35	48.93	67.41	64.07	78.02	29.51
39	67.87	55.96	80.11	77.33	92.25	34.59
40	75.31	64.20	95.45	93.69	109.41	40.62
41	83.86	73.90	114.06	113.99	130.21	47.53
42	93.71	85.37	136.75	139.32	155.54	56.45
43	105.11	99.01	164.52	171.14	186.53	66.84
44	118.37	115.31	198.69	211.41	224.63	79.41
45	133.87	134.87	240.97	262.74	271.75	94.66

注：N_γ的角标中，T表示太沙基，H表示汉森，M表示梅耶霍夫，V表示魏锡克，S表示沈珠江（底板光滑）。

希默特曼（Schmertmann J. H.）和奥斯特伯格（Osterberg)[2]对抗剪强度指标 c，φ 随应变的变化进行了研究，他们通过定量测定，得到了图 3。

从兰姆、希默特曼和奥斯特伯格的研究结果来看，黏聚力和内摩擦角的发挥不是同步的。黏聚力先发挥尔后衰减，内摩擦角后发挥，应变越大，发挥得越大。应变水平对黏聚力、内摩擦角具有重要影响。

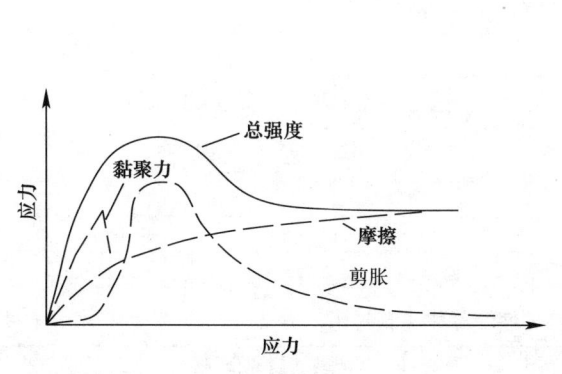

图 2　黏性土抗剪强度三个分量[2]　　　图 3　c' 和 φ' 随 ε_1 的变化[2]

（5）抗剪强度指标分析、选定和地基容许承载力分项安全系数取值

综上分析，运用地基极限承载力公式计算时，应对现时室内试验（三轴试验、直剪试验等）测定的峰值抗剪强度指标进行修正，用修正后的相当于大应变时的抗剪强度指标来计算：

$$c_1 = \alpha c \tag{16}$$

$$\varphi_1 = \beta \varphi \tag{17}$$

式中，c_1、φ_1 为大应变抗剪强度指标，c、φ 为峰值抗剪强度指标，α、β 为不大于 1.0 的系数。

式（1）中的分项安全系数 K 取 2～3。

其实，魏锡克、汉森也非常注意参数的取值问题。他们的建议可参阅文献 [1]。

3　计算和实测的比较

（1）石家庄市国税局办公楼黄土状粉土试验

试验场地位于石家庄市中心，黄褐黄土状粉土层顶埋深 7.0～8.0m，层厚 1.40～2.60m。稍密—中密，稍湿—湿。其物理力学性质指标见表 2、表 3。

基坑开挖 7.5m，在槽底黄褐黄土状粉土层上做载荷试验。采用理论法计算时，c、φ 采用平均值，$\alpha=1.0$、$\beta=1.0$，$K=2.0$。地基承载力特征值的计算结果和实测结果对比见表 4。

黄褐黄土状粉土的物理性质　　　　　　　　　　　　　　表 2

项别	e_0	w	γ	G	w_L	I_P
Ave	0.666	15.2	19.0	2.69	16.8	8.5
Max	0.866	22.4	19.6	2.70	22.1	10.6
Min	0.499	6.5	15.1	2.66	14.1	6.3

项别	e_0	w	γ	G	w_L	I_p
δ	0.18	0.39	0.09	0.01	0.14	0.17
n	6	6	6	6	6	6

注：e_0 为孔隙比，w 为含水量（%），γ 为重力密度（kN/m³），w_L 为 10mm 液限，I_p 为塑性指数。Ave 为平均值，Max 为最大值，Min 为最小值，δ 为变异系数，n 为取样试验个数。

黄褐黄土状粉土的力学性质　　　　　　　　　　表 3

项别	c	φ
Ave	31.9	15.5
Max	40.0	17.8
Min	25.0	13.9
δ	0.20	0.11
n	6	6

注：c、φ 为快剪（Q）直剪试验测定的黏聚力（kPa）、内摩擦角（°）。

地基承载力特征值计算和实测对比　　　　　　　表 4

方法	承载力特征值 f_{ak}(kPa)
载荷试验	180
太沙基	185
梅耶霍夫	184
魏锡克	189
汉森	185
沈珠江	183

（2）石家庄市新华社区服务楼黄土状粉土试验

试验场区位于石家庄市新华路与康乐街交叉口东南角，灰黄色黄土状粉土，中密，湿，埋深 5.80～6.40m。物理力学性质见表 5。

灰黄色黄土状粉土的物理性质　　　　　　　　　表 5

e_0	w	γ	G	w_L	I_p	c	φ
0.711	21.0	19.7	2.70	27.1	9.2	44.1	18.6

注：e_0 为孔隙比，w 为含水量（%），γ 为重力密度（kN/m³），w_L 为 10mm 液限，I_p 为塑性指数。c、φ 为快剪（Q）直剪试验测定的黏聚力（kPa）、内摩擦角（°）。

基坑开挖 6.0m，在灰黄色黄土状粉土层上做载荷试验。采用理论法计算时，c、φ 用平均值，取 $\alpha=0.85$、$\beta=1.0$，$K=2.5$。地基承载力特征值的计算结果和实测结果对比见表 6。

地基承载力特征值计算和实测对比　　　　　　　表 6

方法	承载力特征值 f_{ak}(kPa)
载荷试验	210
太沙基	211
梅耶霍夫	210
魏锡克	216
汉森	211
沈珠江	207

（3）石家庄市人民广场中砂试验

试验场地位于石家庄市中心，灰黄中砂层埋深 7.70m 左右，稍密—中密，稍湿。层厚 0.80～4.40m。经估计，黏聚力 c 为 3kPa，内摩擦角为 37°。

基坑开挖 8.0m 后，在灰黄中砂层上做载荷试验。地基承载力特征值的计算结果和实测结果对比见表 7。

地基承载力特征值计算和实测对比 表 7

方法	承载力特征值 f_{ak}（kPa）
载荷试验	260
太沙基	274
梅耶霍夫	262
魏锡克	306
汉森	274
沈珠江	168

注：其中取 $K=2.0$。

4 结论

通过研究认为，地基承载特征值可以用土的抗剪强度指标代入太沙基等学者公式，取 $q=0$，$B=0.707m$ 后计算确定。在此研究领域，今后至少应加强研究以下几个方面：

（1）大应变抗剪强度指标的室内测定；

（2）非饱和土、特殊性土的抗剪强度指标测定；

（3）各学者地基极限承载力公式的适用范围；

（4）分项系数取值。

参考文献

[1] 钱家欢，殷宗泽. 土工原理与计算（第 2 版）. 北京：中国水利水电出版社，1996.

[2] 黄文熙. 土的工程性质. 北京：水利电力出版社，1983.

[3] 沈珠江. 理论土力学. 北京：中国水利水电出版社，2000.

[4] 《建筑地基基础设计规范》国家标准修订组. 建筑地基基础设计规范（讨论稿）. 1999.

[5] 建筑地基基础设计规范 GBJ 7—89. 北京：中国建筑工业出版社，1990.

复合地基承载力深宽修正分析

【摘　要】　复合地基承载力如何进行深宽修正，事关工程的安全和投资。通过对不同类型复合地基承载原理的分析，建立了复合地基承载力设计值表达式，进行分析论证，给出了散体桩复合地基和实体桩复合地基的承载力深宽修正方法。

中国行业标准《建筑地基处理技术规范》JGJ 79—91 第 2.0.4 条规定[1]，经处理后的地基承载力深度修正系数取 1.0，宽度修正系数取 0。该规范于 1999 年修订的征求意见稿（JGJ 79—XXX）第 3.0.4 条规定①，基础宽度地基承载力修正系数应取 0；处理前地基土承载力标准值大于 120kPa，且基础埋深大于 4m 时，地基承载力修正系数可取 1.0，其他情况应取 0。中国国家规范对复合地基承载力的深宽修正要求是很严的。正因如此，工程实践中会遇到天然地基承载力的设计值大于经适当处理的复合地基承载力设计值的情况。比如石家庄某高层住宅地上 25 层，地下 2 层，框剪结构，建筑物宽度 14.0m，地下室埋深 −5.5m；第一方案采用天然地基筏板基础方案，基底压力设计值 p 为 550kPa，持力层为细砂⑤层，f_k 为 170kPa。深宽修正后天然地基承载力设计值 f 为 540kPa，不满足 $p < f$，故天然地基方案不成立。第二方案采用低强度等级混凝土桩复合地基方案，其中设计了一个布桩方案，计算得到复合地基承载力标准值 $f_{sp,k}$ 为 300kPa，按前述规范进行深度修正，得到复合地基承载力设计值 f_{sp} 为 385kPa，不满足设计要求（最终采用了低强度等级混凝土桩加夯实水泥土桩复合地基方案）。加固处理后的地基承载力设计值 385kPa，居然小于未处理前的天然地基承载力设计值 540kPa。这的确令岩土工程师不知所措。

处理后的复合地基承载力究竟该不该进行深宽修正？如何进行深宽修正？从工程实践看，这应该是一个重要课题，因为它直接牵涉着工程建设的投资与安全。关于这一课题，中国张旷成大师曾撰文发表过见解[2]，未见其他报道。由于复合地基承载力理论解析解（滑移线理论）至今尚未得到，因此要给出严密的复合地基承载力深宽修正理论是不可能的。本文试图从不同类型复合地基的承载原理出发，进行分析给出解答。

1　复合地基承载原理和承载力设计

桩土复合地基按桩的类型可分为散体桩复合地基（或称为柔性桩复合地基，如碎石桩复合地基）和实体桩复合地基（或称为刚性、半刚性桩复合地基，如 CFG 桩、水泥土桩复合地基）。散体桩复合地基由于一般不设褥垫层，其承载原理是上部结构通过基础按照等沉降原则，将荷载直接分配给桩和桩间土。实体桩复合地基由于一般铺设褥垫层，其承

本文原载《岩土工程界》2002 年第 10 期，作者：王长科，王立俊

载原理是上部结构通过基础将荷载先传递给褥垫层，褥垫层再依桩和桩间土及褥垫层的刚度大小，经过桩的被动上刺或主动下刺，将荷载分配给桩和桩间土[3-5]（图1、图2）。

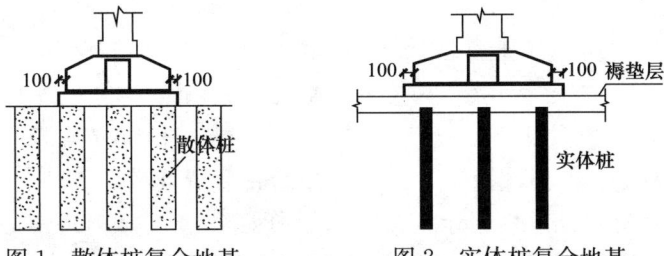

图1　散体桩复合地基　　　　图2　实体桩复合地基

从上述承载原理看，不论是散体桩复合地基，还是实体桩复合地基，上部结构荷载最终都是由桩和桩间土共同承担。

对散体桩复合地基，桩顶一般不设褥垫层，复合地基承载力设计值的表达式可写为[6,7]：

$$f_{sp} = mf_p + (1-m)f_s \qquad (1)$$

式中，f_{sp}表示复合地基承载力设计值（kPa）；f_p表示桩顶承载力设计值（kPa）；f_s表示桩间土承载力设计值（kPa）；m表示复合地基置换率。

对实体桩复合地基，桩顶一般铺设褥垫层，复合地基承载力设计值的表达式可写为[7]：

$$f_{sp} = m\frac{R}{A_p} + (1-m)f_s \qquad (2)$$

式中，R表示单桩承载力设计值（kN）；A_p表示桩顶面积（m²）；其余符号意义同前。

如果令：

$$f_p = \frac{R}{A_p} \qquad (3)$$

将式（3）代入式（2），同样可得出像式（1）一样的表达式（式4）：

$$f_{sp} = mf_p + (1-m)f_s \qquad (4)$$

这里的f_p在概念上可描述为：桩顶压强承载力设计值（kPa）。

式（4）就是前述两类复合地基承载力设计值的通用表达式。从式（4）可以看出，当置换率m不变时，复合地基承载力设计值f_{sp}的大小取决于桩顶压强承载力设计值f_p和桩间土承载力设计值f_s的大小。

下面简短回顾一下承载力的两个基本概念，对确认上述复合地基承载力设计值的表达式，是会有帮助的。

地基承载力标准值是指地基评价采用的考虑了土性指标变异影响后的相应于标准基础宽度和埋深时的地基容许承载力代表值。地基承载力设计值是指地基承载力标准值经基础宽度和埋深修正，或直接用地基强度指标，将实际基础宽度和埋深代入承载力理论公式计算得到的地基容许承载力值[8]。

不难看出，地基承载力标准值实际是标准基础宽度和埋深理想条件下的地基容许承载力代表值，而地基承载力设计值则是实际基础宽度和埋深现实条件下的地基容许承载力代表值。地基承载力标准值是标准化了的一个概念，地基承载力设计值则是实际基础下地基拥有的一个实际数值。只有当实际的基础宽度和埋深条件正好与标准基础宽度和埋深条件相同时，地基承载力设计值才等于地基承载力标准值。一般情况下，地基承载力设计值都会大于地基承载力标准值。

2 复合地基承载力深宽修正理论

在标准基础宽度和埋深条件下，式（4）可写为：

$$f_{sp,k} = mf_{p,k} + (1-m)f_{s,k} \qquad (5)$$

式中，$f_{sp,k}$ 表示复合地基承载力标准值（kPa）；$f_{p,k}$ 表示桩顶压强承载力标准值（kPa）；$f_{s,k}$ 表示桩间土承载力标准值（kPa）；m 表示复合地基置换率。

注意式（5）中桩间土承载力标准值 $f_{s,k}$ 在物理意义上并非处理前的天然地基承载力标准值 f_k。按现行有关规范[1]，$f_{s,k}$ 和 f_k 的关系似乎可用下式来表达：

$$f_{s,k} = \alpha f_k \qquad (6)$$

式中，α 表示桩间土承载力系数。

将式（4）减去式（5），得到：

$$f_{s,k} = f_{sp,k} + \Delta f_{sp} \qquad (7)$$

或写为：

$$f_{sp} = f_{sp,k} + m\Delta f_p + (1-m)\Delta f_s \qquad (8)$$

其中：

$$\Delta f_p = f_p - f_{p,k} \qquad (9)$$

$$\Delta f_s = f_s - f_{s,k} \qquad (10)$$

式中，Δf_{sp} 表示复合地基承载力深宽修正值（kPa）；Δf_p 表示桩顶压强承载力深宽修正值（kPa）；Δf_s 表示桩间土承载力深宽修正值（kPa）。

从式（8）看出，当置换率 m 不变时，复合地基承载力深宽修正值主要取决于桩顶压强承载力深宽修正值和桩间土承载力深宽修正值。

3 散体桩复合地基承载力深宽修正

对散体桩复合地基，散体桩的作用并不是桩——作为向地基深部传力的轴向受力杆件的作用，而仍然是地基的一个竖向组成部分。从局部看，散体桩复合地基由散体桩和桩间土构成，似乎属于非均匀地基，但从宏观看，散体桩复合地基仍属于一种均匀地基。因此，散体桩复合地基承载力的深宽修正，可参照天然地基的做法[9]来进行：

$$f_{sp} = f_{sp,k} + \eta_{b,sp}\gamma(b-3) + \eta_{d,sp}\gamma_0(d-0.5) \qquad (11)$$

式中：$\eta_{b,sp}$ 表示散体桩复合地基承载力宽度修正系数；$\eta_{d,sp}$ 表示散体桩复合地基承载力深度修正系数。b、d 分别表示基础宽度、埋深，其他有关规定参见文献［9］。式（11）中的 $\eta_{b,sp}$、$\eta_{d,sp}$ 取值，建议按下式计算：

$$\eta_{b,sp} = m\eta_{b,p} + (1-m)\eta_{b,s} \qquad (12)$$

$$\eta_{d,sp} = m\eta_{d,p} + (1-m)\eta_{d,s} \qquad (13)$$

式中：$\eta_{b,p}$ 表示散体桩材料地基承载力宽度修正系数；$\eta_{d,p}$ 表示散体桩材料地基承载力深度修正系数；$\eta_{b,s}$ 表示桩间土地基承载力宽度修正系数；$\eta_{d,s}$ 表示桩间土地基承载力深度修正系数。取值按规范执行[9]。

当采用复合地基内摩擦角计算承载力深宽修正系数时，建议取散体桩复合地基内摩擦角的 1/3 代入[10]Terzaghi 承载力系数 N_γ、N_q 表达式[11]来计算求解。即 $\eta_{b,sp}$、$\eta_{d,sp}$ 计算表达式为：

$$\eta_{b,sp} = 0.9\left[e^{\pi\tan\frac{\varphi_{sp}}{3}}\tan^2\left(45+\frac{\varphi_{sp}}{6}\right)-1\right]\tan\frac{\varphi_{sp}}{3} \tag{14}$$

$$\eta_{d,sp} = e^{\pi\tan\frac{\varphi_{sp}}{3}}\tan^2\left(45+\frac{\varphi_{sp}}{6}\right) \tag{15}$$

散体桩复合地基的内摩擦角建议按下式来估计：

$$\tan\varphi_{sp} = m\tan\varphi_p + (1-m)\tan\varphi_s \tag{16}$$

式中：φ_{sp} 表示散体桩复合地基内摩擦角；φ_p 表示散体桩桩体内摩擦角；φ_s 表示桩间土内摩擦角；m 表示复合地基置换率。

4 实体桩复合地基承载力深宽修正

对实体桩复合地基，就桩、桩间土的刚度比来看，实体桩在一定意义上按桩来对待是妥当的。

按桩的承载力理论和经验，式（8）中的 Δf_p 对于基础宽度和埋深（这里说的埋深实际就是复合地基桩顶埋深）的影响是不敏感的，因此，可取 $\Delta f_p = 0$。而 Δf_s 的计算，可参照天然地基的做法进行。故：

$$f_{sp} = f_{sp,k} + (1-m)[\eta_{b,s}\gamma(b-3) + \eta_{d,s}\gamma_0(d-0.5)] \tag{17}$$

式中符号意义同前。

5 结论

通过分析和论证，得出以下结论：

设计采用复合地基方案时，计算基础底面尺寸使用的复合地基承载力应进行深宽修正。对散体桩复合地基，可按式（11）计算，对实体桩复合地基，可按式（17）计算。

参考文献

[1] 建筑地基处理技术规范 JGJ 79—91. 北京：中国建筑工业出版社，1992.

[2] 张旷成. 两则岩土工程问题的分析和讨论. 岩土工程界，2000，(5).

[3] 杨军. 褥垫层在复合地基中的作用. 建筑科学，1991，(2).

[4] 王长科，郭新海. 基础-垫层-复合地基共同作用原理. 土木工程学报，1996，29 (5).

[5] 王长科，孙会哲，王永正，陆洪根. 实体桩复合地基承载原理. 岩土工程界，2000，(2).

[6] 王长科. 散体桩复合地基承载力计算. 军工勘察，1994，(2).

[7] 王长科，戴志祥. 夯实水泥土桩复合地基设计//第四届中国国际岩土钻凿工程会议论文集. 地质科技动态，1997，增刊.

[8] 林宗元. 岩土工程勘察设计手册. 沈阳：辽宁科学技术出版社，1996.

[9] 建筑地基基础设计规范 GBJ 7—89. 北京：中国建筑工业出版社，1990.

[10] 王长科，宋静珍，王立俊，段宗智，苗现国. 地基承载力特征值计算研究. 中国勘察与岩土工程，2000，(2).

[11] 王长科，魏弋锋. 基坑底载荷试验实测承载力的深度修正. 岩土工程师，1997，(2).

地基承载力修正系数的理论分析与实测反算

【摘　要】　地基承载力的深宽修正计算是地基基础设计的重要内容。工程实践上遇到地基土的类别和国家标准《建筑地基基础设计规范》给出的类别不相同时，承载力修正系数就无从确定。根据 Terzaghi 承载力公式，建议了用地基内摩擦角计算地基承载力深宽修正系数的理论公式，相应给出了承载力修正系数表，并就理论计算与实测反算结果进行了对比验证。

1　前言

在进行地基基础方案分析论证时，地基深宽修正后的承载力特征值 f_a 通常按下式计算[1]：

$$f_a = f_{ak} + \eta_b \gamma (b-3) + \eta_d \gamma_0 (d - 0.5) \tag{1}$$

式中 η_b 和 η_d 分别表示基础宽度和埋深的地基承载力修正系数，按国家标准《建筑地基基础设计规范》表列数据取值。其他符号意义参见文献 [1]。有时工程上遇到一些土类从规范表列数据中查不到，如新近堆积土、残积土等，遇到这些情况时，岩土工程师和结构工程师往往不知道怎么办，另外规范表列数据是非连续的，缺乏中间过渡数值。

为此，研究地基承载力修正系数的理论计算具有重要意义。

2　承载力修正系数理论计算

先来回顾一下前人对地基抗剪强度机理的研究成果。兰姆（Lamb T. W.）[2]将黏性土的抗剪强度分成三个基本分量，黏聚力、剪胀和摩擦。他认为三者之间很难有明确的分界。黏聚力在极小的应变下发挥最大，应变稍高一些，就不产生黏聚力。剪胀由零增加到最高，然后随着颗粒咬合作用的丧失而逐渐消失。当应力-应变曲线趋于水平时，黏聚力和剪胀对强度影响就不再是主要因素，而摩擦则起主导作用。希默特曼（Schmertmann J. H.）和奥斯特伯格（Osterberg）[2]对抗剪强度指标 c、φ 随应变的变化进行了研究，他们通过定量测定，得到了图 1。

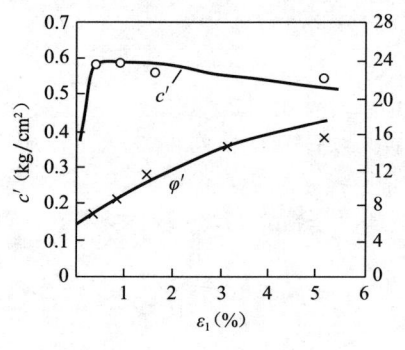

图 1　c' 和 φ' 随 ε_1 的变化[2]

从兰姆、希默特曼和奥斯特伯格的研究结果来看，

本文原载《全国岩土与工程学术大会论文集》2003 年，人民交通出版社，作者：王长科，梁金国

黏聚力和内摩擦角的发挥不是同步的。黏聚力先发挥而后衰减，内摩擦角后发挥，应变越大，发挥得越大。应变水平对黏聚力、内摩擦角具有重要影响。

再来看 Terzaghi 极限承载力表达式：

$$q_u = cN_c + qN_q + \frac{1}{2}\gamma BN_\gamma \tag{2}$$

$$N_c = (N_q - 1) \cdot \cot\varphi \tag{3}$$

$$N_q = e^{\pi\tan\varphi} \cdot \tan^2\left(45 + \frac{\varphi}{2}\right) \tag{4}$$

$$N_\gamma = 1.8(N_q - 1)\tan\varphi \tag{5}$$

式中，c 为土的黏聚力（kPa）；φ 为土的内摩擦角（°）；γ 为基底以下土的重力密度（kN/m³）；B 为基础宽度（m）；q 为基础两侧均布超载（kPa）；N_c、N_q、N_γ 为承载力系数。

根据 Terzaghi 极限承载力基本表达式，对照式（1），结合上述研究成果，建议用下式计算承载力修正系数：

$$\eta_b = 0.9\left[e^{\pi\tan\varphi_a} \cdot \tan^2\left(45 + \frac{\varphi_a}{2}\right) - 1\right] \cdot \tan\varphi_a \tag{6}$$

$$\eta_d = e^{\pi\tan\varphi_a} \cdot \tan^2\left(45 + \frac{\varphi_a}{2}\right) \tag{7}$$

黏性土： $$\varphi_a = 0.33\varphi \tag{8}$$

粉土： $$\varphi_a = 0.38\varphi \tag{9}$$

砂土： $$\varphi_a = 0.43\varphi \tag{10}$$

式中，φ_a 为地基受压至深宽修正后的承载力特征值时，届时发挥出的内摩擦角[3]。其他符号意义同前。

为方便起见，将式（6）、式（7）列表，见表 1。

承载力修正系数理论计算值　　　　　　　　　表 1

φ (°)	η_b			η_d		
	黏性土	粉土	砂土	黏性土	粉土	砂土
0	0.00	0.00	0.00	1.00	1.00	1.00
1	0.00	0.00	0.00	1.03	1.03	1.04
2	0.00	0.00	0.00	1.06	1.07	1.08
3	0.00	0.00	0.00	1.09	1.11	1.12
4	0.00	0.00	0.00	1.12	1.14	1.16
5	0.00	0.01	0.01	1.16	1.18	1.21
6	0.01	0.01	0.01	1.19	1.22	1.26
7	0.01	0.01	0.01	1.23	1.27	1.31
8	0.01	0.01	0.02	1.27	1.31	1.36
9	0.01	0.02	0.03	1.30	1.36	1.41
10	0.02	0.02	0.03	1.34	1.40	1.47
11	0.02	0.03	0.04	1.38	1.45	1.53
12	0.03	0.04	0.05	1.42	1.50	1.59

φ (°)	η_b			η_d		
	黏性土	粉土	砂土	黏性土	粉土	砂土
13	0.03	0.04	0.06	1.47	1.56	1.65
14	0.04	0.05	0.07	1.51	1.61	1.72
15	0.04	0.06	0.08	1.56	1.67	1.78
16	0.05	0.07	0.09	1.60	1.72	1.85
17	0.06	0.08	0.11	1.65	1.79	1.93
18	0.07	0.09	0.12	1.70	1.85	2.01
19	0.07	0.10	0.14	1.75	1.91	2.09
20	0.08	0.12	0.16	1.81	1.98	2.17
21	0.09	0.13	0.18	1.86	2.05	2.26
22	0.11	0.15	0.20	1.92	2.12	2.35
23	0.12	0.17	0.23	1.98	2.20	2.44
24	0.13	0.18	0.25	2.04	2.27	2.54
25	0.14	0.20	0.28	2.10	2.36	2.64
26	0.16	0.23	0.31	2.16	2.44	2.75
27	0.17	0.25	0.34	2.23	2.53	2.86
28	0.19	0.27	0.38	2.30	2.62	2.98
29	0.21	0.30	0.42	2.37	2.71	3.10
30	0.23	0.33	0.46	2.44	2.81	3.23
31	0.25	0.36	0.50	2.52	2.91	3.36
32	0.27	0.39	0.55	2.60	3.01	3.50
33	0.29	0.42	0.60	2.68	3.12	3.64
34	0.31	0.46	0.65	2.76	3.23	3.79
35	0.34	0.50	0.71	2.84	3.35	3.95
36	0.37	0.54	0.78	2.93	3.47	4.11
37	0.39	0.58	0.84	3.02	3.60	4.29
38	0.42	0.63	0.91	3.12	3.73	4.47
39	0.46	0.68	0.99	3.22	3.86	4.65
40	0.49	0.73	1.07	3.32	4.01	4.85

3 实测反算与理论计算对比实例

（1）石家庄—宫广场实测反算对比

石家庄市一宫广场位于石家庄市中心，地处太行山前滹沱河冲洪积扇中上部倾斜平原。地层物理力学参数见表2。

一宫广场地基物理力学性质　　　　　　表2

土层	埋深（m）	e	S_r	I_L	c(kPa)	φ(°)	f_k(kPa)
黄土状粉土③		0.86	0.91		16.2	16.9	140
中砂④	7.0						190
粉质黏土⑤	12.0	0.82	0.96	0.65	15	17	180

土层	埋深（m）	e	S_r	I_L	$c(kPa)$	$\varphi(°)$	$f_k(kPa)$
粉土⑥	17.0	0.83	0.85		20	16	160
中砂⑦	18.0						210
粉质黏土⑧	19.0	0.80	0.96	0.57	18	12	190
粉土⑨	21.0	0.74	0.74		23	13	200
粉土⑩	23.0	0.81	0.81		25	18	200
粉质黏土⑪	32.0	0.90	0.90	0.74	22	15	190
细砂⑫	38.0						250
粗砂混卵石⑬	40.0						350

基坑开挖 8m 深，在坑底开挖试验井至粉质黏土⑧层内 1.0m，进行 3 组深井载荷试验，实测粉质黏土⑧层深宽修正后的承载力特征值 $f_a = 500kPa$。

按实测结果反算承载力深度修正系数。取 $f_a = 500kPa$，$f_{ak} = 190kPa$，$\gamma_0 = 19kN/m^3$，$d = 19 + 1 - 8 = 12m$，代入式（1），得：

$$\eta_d = \frac{f_a - f_{ak}}{\gamma_0(d - 0.5)} = \frac{500 - 190}{19 \times (12 - 0.5)} = 1.42 \tag{11}$$

从上述反算结果可以看出，实测反算深度修正系数（1.42）和表 1 中黏性土 $\varphi = 12°$ 时的深度修正系数（1.42）较为一致。

（2）河北电力公司微波楼实测反算

河北电力公司微波楼拟采用细砂作为扩底桩持力层，该层砂设计参数为 $f_{ak} = 160kPa$，$\gamma_0 = 19.0kN/m^3$，$\varphi = 32°$。对该层砂进行深井载荷试验，试验深度 7.2m，实测深宽修正后的承载力特征值 $f_a = 610kPa$。

按实测结果反算承载力深度修正系数如下：

$$\eta_d = \frac{f_a - f_{ak}}{\gamma_0(d - 0.5)} = \frac{610 - 160}{19 \times (7.2 - 0.5)} = 3.53 \tag{12}$$

从上述反算结果可以看出，实测反算深度修正系数（3.53）和表 1 中砂土 $\varphi = 32°$ 时的深度修正系数（3.50）较为接近。

4 关于承载力修正的两个问题

（1）内摩擦角的试验和取值

土的抗剪强度是非常复杂的，它受到取样位置、试验方法、试验条件、应力路径、应变水平、破坏准则、变异性等许多因素的影响，因此，承载力修正计算前应十分重视参数的测定和选取工作。

图 2 是太沙基承载力课题示意图。从图中可以看出，在破坏面的不同部位，应采用不同的剪切试验方法。另外，剪切试验的试验条件有：UU、CU、CD（三轴试验）和快剪（Q）、固结快剪（R）、慢剪（S）（直接剪切试验）之分。因而在工程实践中，在基础下地基的不同部位采取土试样，分别进行不同的模拟实际的室内剪切试验（如三轴试验、直接剪切试验等），是非常困难的。因此，恰当地选择能最大限度地模拟实际情况的一种试验方法和试验条件是非常重要的。

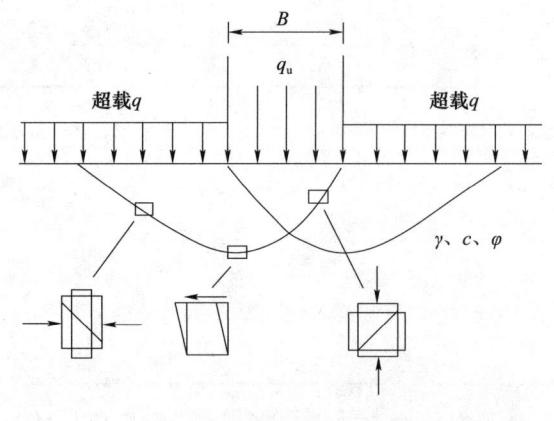

图2 太沙基承载力课题

为此，作者建议用不固结不排水（UU）三轴试验，测定基础下一倍基础宽度范围内的地基峰值内摩擦角，取其标准值用于地基承载力修正计算。

（2）承载力深度修正的临界深度

很显然，按式（1）进行深度修正计算，应该有一个临界深度问题。关于桩端阻力的临界深度，研究成果较多，而关于独立基础、条形基础、筏形基础和箱形基础等浅基础地基承载力，以及下卧层承载力的临界深度，研究成果较少。针对该课题，周尚德[4]曾发表见解，其余未见报道。周尚德提出，地基承载力的临界深度，是因地基覆盖土层自重"临界深度"引起，分析后得出结论，在进行地基承载力深度修正时，当埋深小于12m时，按实际埋深修正，当埋深大于12m时，按12m修正。作者不同意这一观点，因为地基承载力不是土的一个固有参数，而是地基和基础共同作用的一个结果参数，其中包含了地基的物理力学性质、原位应力状态，基础的形状、尺寸、刚度、荷载分布、埋深和基础容许沉降。承载力深度修正临界深度实质上就是地基承载力特征值 f_a 的临界深度，该临界深度最起码应该是地基物理力学性质、应力状态和基础宽度的函数。用一个12m来统一概括显然是不妥的。

现在回顾一下地基承载力特征值 f_{ak}、深宽修正后地基承载力特征值 f_a 和持力层承载力、下卧层承载力等几个基本概念，或许对研究承载力深度修正临界深度会有帮助。

地基承载力特征值 f_{ak}，是地基勘察评价中采用的考虑了土性指标变异影响后的相应于标准基础（载荷板）宽度和埋深时的地基容许承载力代表值。深宽修正后地基承载力特征值 f_a，是指地基承载力特征值 f_{ak} 经基础宽度和埋深修正，或直接用地基强度指标，考虑实际基础宽度和埋深，用承载力理论公式计算得到的地基容许承载力值。不难看出，地基承载力特征值 f_{ak} 实际是标准基础宽度和埋深理想条件下的地基容许承载力代表值，深宽修正后地基承载力特征值 f_a 是实际基础宽度和埋深现实条件下的地基容许承载力代表值。地基承载力特征值 f_{ak} 是标准化了的一个概念，而深宽修正后地基承载力特征值 f_a 则是实际基础下地基拥有的一个实际数值。

图3是一幢10层框架结构示意图，筏板基础，基础埋深为 d，持力层为①层土，下卧②层、③层土。从图中可以看出，持力层的承载力，是持力层在直接承受基础荷载条件下，拥有的承载能力，除取决于持力层土的性质外，还取决于基础和土之间接触应力的分布与性质。下卧层的承载力，是在间接承受基础荷载条件下，拥有的承载能力，除取决于下卧层土的性质外，还取决于基础荷载扩散到下卧层中的附加应力的分布与性质。持力层承载力机理和下卧层承载力机理是不完全一致的。

从上述至少可以得出一个结论，深宽修正后

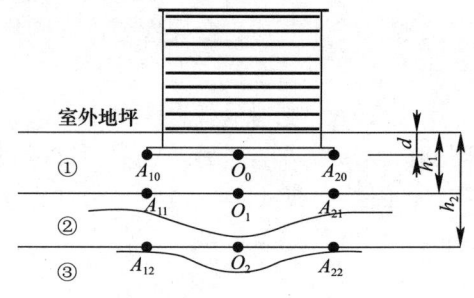

图3 筏板基础与地基示意

承载力特征值 f_a 的大小，除与土的性质、围压（应力状态）有关外，还与承受外力（如接触应力、附加应力）的分布与性质（形状、尺寸、刚度）有关。深井载荷试验和独、条、筏、箱等浅基础形状、尺寸、应力条件都是不同的，因此，用深井载荷试验承载力特征值 f_a 的临界深度（比如经验值 $15d$，d 表示载荷板直径），来描述实际基础持力层和下卧层的承载力特征值 f_a 的临界深度，是不妥的。

作者认为，深宽修正后地基承载力特征值 f_a 之所以会出现临界深度，是因深埋和浅埋地基承载力机理不同而引起的。埋深小于临界深度时，地基表现为剪胀机理，埋深越大，深宽修正后承载力特征值 f_a 越大。当埋深大于临界深度后，地基表现为剪缩机理，其承载力大小与临界围压有关，埋深再增大，深宽修正后承载力特征值 f_a 不再增大。任意密实度的持力层或下卧层，都会对应一个临界围压[2]，临界围压的概念，是指相应于临界深度的围压。当土的围压小于临界围压时，土呈剪胀机理，沉降引起剪切，剪切带来体积膨胀，膨胀受到围压约束，因此，深宽修正后地基承载力特征值 f_a 与围压（埋深）成正比。当土的围压等于临界围压时，土在剪切过程中既不剪胀，又不剪缩，表现为常体积剪切机理。当土的围压大于临界围压时，土呈剪缩机理，这时，剪切过程产生体积缩小，其缩小量正好等于沉降排开体积量，这时，深宽修正后地基承载力特征值 f_a 只与临界围压（临界深度）有关，不再与围压有直接关系，深宽修正后地基承载力特征值 f_a 表现为恒值。这就是深宽修正后地基承载力特征值 f_a 临界深度的由来。这一观点能否站住脚，还有待试验验证。

假如作者观点成立，独、条、筏、箱等浅基础持力层和下卧层承载力特征值 f_a 的临界深度，应该是很深的，一般工程计算中，可不予考虑。而对于深基础桩端承载力特征值（容许承载力）计算，当缺乏试验资料时，临界深度可按 $15d$ 考虑。

5　结语

通过研究，可以得出以下结论：

地基承载力修正系数可采用本文建议的理论公式计算。计算前，应十分重视内摩擦角参数的测定和选取工作。

理论计算思路提出之后，加强实测反算对比验证是今后一项十分重要的工作。

参考文献

[1]　建筑地基基础设计规范 GB 50007—2002 [S]. 北京：中国建筑工业出版社，2002.
[2]　黄文熙主编. 土的工程性质 [M]. 北京：水利电力出版社，1983.
[3]　Braja M. Das. Principles of Geotechnical Engineering [M]. Boston：PWS Publishers，1985.
[4]　周尚德. 关于《GBJ 7—89》对地基承载力深度修正的研究 [J] // 第五届河北省地基基础学术会议论文专集. 河北建设科技，1999，1（增刊）.

路基沉降控制设计中的几个问题

【摘　要】　阐述了高速公路、高速铁路的路基沉降设计方法、影响因素，对设计计算中沉降计算理论、计算参数、经验修正参数等几个问题进行了探讨。

1　引言

目前我国交通基础设施建设发展很快，高速公路和高速铁路将成为陆地城际间的主要交通干线。路基设计的内容很多，其中最引起工程师关注的问题是路基稳定和路基沉降控制，尤其对于软土地区，路基的沉降控制设计将成为路基的核心技术设计，并且成为路基处理造价的控制性设计。

本文根据作者近一段时间在路基工程上的咨询和思考，对路基沉降控制设计中工程师经常关心几个的问题，进行剖析，并提出一些见解。

2　路基沉降的影响因素

根据路基的构造和建设运营特点，路基的沉降影响因素除地基条件外，应包括以下几个方面：

（1）附加荷载

附加荷载是指路面、路床、路堤的重量，属于永久荷载，路基标准断面见图 1。附加荷载引起的沉降按沉降机理可以分为瞬时沉降、主固结沉降、次固结沉降。

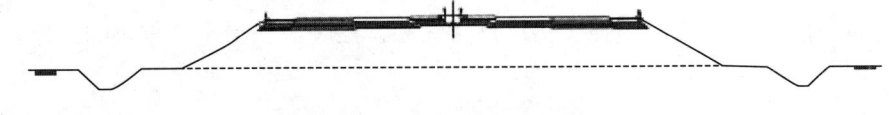

图 1　填方路基标准断面

（2）地下水位变化

地下水位上升时，路基土的含水率上升，强度降低，从而引起沉降。地下水位下降时，土中的有效应力增加，同样引起沉降。

（3）边沟水的入渗

路的两侧一般都设计有排水沟，其功能主要是降水期间提供路面排水去处。平原地区的排水沟，所汇集的水主要通过蒸发和入渗消耗。水的入渗会引起路基局部沉降。

本文原载《华北地震科学》2005 年第 23 卷增刊，作者：王长科，高吉中

3 沉降计算理论

当前，根据行业标准《公路路基设计规范》、《铁路路基设计规范》的规定，沉降计算可以分为两种：一种为分段详细计算法，另一种是主固结沉降修正法。

（1）分段详细计算法

分段详细计算法是先分别计算瞬时沉降、主固结沉降、次固结沉降，然后再三者累加求得总沉降量。

① 瞬时沉降

对均质地基，瞬时沉降按下式计算：

$$s_d = \frac{I_\rho (1 - v^2) b p_0}{E_u} \tag{1}$$

式中，s_d 为瞬时沉降；v 为泊松比；b 为基础宽度（圆形基础表示直径）；p_0 为对应于荷载效应准永久组合时的基础底面处的附加压力；E_u 为不排水变形模量；I_ρ 为基础形状和刚度影响系数，见表1。

基础形状和刚度影响系数 I_ρ   **表 1**

基础形状		圆形	方形	矩形 l/b							
				1.5	2.0	3.0	5.0	10.0	20.0	50.0	100.0
刚性基础		0.79	0.88	1.07	1.21	1.42	1.70	2.10	2.46	3.00	3.43
柔性基础	中心点	1.00	1.12	1.36	1.53	1.78	2.10	2.54	2.99	3.57	4.01
	角点	0.64	0.56	0.68	0.77	0.89	1.05	1.27	1.49	1.80	2.00

② 主固结沉降

主固结沉降的计算方法一般有两种：固结试验法、应力历史法。

固结试验法的计算原理是：根据附加应力分布和固结试验得到的每层土相应压力段的压缩模量，分层总和计算主固结沉降。

计算地基变形时，地基内的应力分布，按各向同性均质线性变形体理论。其变形量按下式计算：

$$s = \Psi_s s' = \Psi_s \sum_{i=1}^{n} \frac{p_0}{E_{si}} (z_i \bar{\alpha}_i - z_{i-1} \bar{\alpha}_{i-1}) \tag{2}$$

式中，s 为地基主固结沉降量；s' 为地基主固结沉降理论计算值；Ψ_s 为经验系数；n 为地基变形计算深度范围内所划分的土层数；p_0 为对应于荷载效应准永久组合时的原地面处的附加压力（kPa）；E_{si} 为基础底面下第 i 层土的压缩模量（MPa），应取土的自重应力至土的自重应力与附加应力之和的压力段计算；z_i、z_{i-1} 为基础底直至第 i 层土、第 $i-1$ 层土底面的距离（m）；α_i、α_{i-1} 为基础底面计算点至第 i 层土、第 $i-1$ 层土底面范围内平均附加应力系数。

应力历史法的计算原理是：根据附加应力分布和高压固结试验求出的压缩指数和回弹指数，考虑土的固结历史，分层总和计算主固结沉降。

对正常固结土，按下式计算：

$$s = \sum_{i=1}^{n} \frac{h_i}{1+e_{0i}} C_{ci} \lg \frac{p_{zi}+p_{0i}}{p_{zi}} \tag{3}$$

对超固结土，分两种情况：

第一种情况，当 $p_{zi}+p_{0i} \leqslant p_{ci}$ 时，用回弹指数 C_e 计算，若地基压缩层深度内有 m 层土属此类情况，则可按下式计算：

$$s_m = \sum_{i=1}^{m} \frac{h_i}{1+e_{0i}} C_{ei} \lg \frac{p_{zi}+p_{0i}}{p_{zi}} \tag{4}$$

第二种情况，当 $p_{zi}+p_{0i} > p_{ci}$ 时，分两段考虑，p_c 值之前用回弹指数 C_e 计算，p_c 值之后用压缩指数 C_c 计算。若地基压缩层深度内有 n 层土属此类情况，则可按下式计算：

$$s_n = \sum_{i=1}^{m} \frac{h_i}{1+e_{0i}} \left[C_{ei} \lg \frac{p_{ci}}{p_{zi}} + C_{ci} \lg \frac{p_{zi}+p_{0i}}{p_{ci}} \right] \tag{5}$$

地基压缩层范围内有上述两种情况的土层，则其总沉降量为上述两部分之和。即

$$s = s_m + s_n \tag{6}$$

对欠固结土，按下式计算：

$$s = \sum_{i=1}^{n} \frac{h_i}{1+e_{0i}} C_{ci} \lg \frac{p_{zi}+p_{0i}}{p_{ci}} \tag{7}$$

式中，s 为总的主固结沉降量；s_m 为 m 层范围沉降量；s_n 为 n 层范围沉降量；h_i 为第 i 层土的厚度；e_{0i} 为第 i 层土的初始孔隙比；C_{ei}、C_{ci} 为分别为第 i 层土的回弹指数和压缩指数；p_{zi}、p_{ci}、p_{0i} 分别为第 i 层土的自重应力平均值、前期固结压力和附加压力平均值。

③ 次固结沉降

主固结完成后的次固结沉降，按下式计算：

$$s_s = C_\alpha h \lg \frac{t_2}{t_1} \tag{8}$$

式中，s_s 为次固结沉降；h 为压缩层厚度，表示计算次固结的时刻；t_1 为主固结（固结度达到 100%）完成的时刻；C_α 为次固结系数。

（2）主固结沉降修正法

主固结沉降修正法的原理是只计算主固结沉降，然后对主固结沉降量直接进行修正，得到总沉降量。

4 荷载组合

（1）永久荷载，永久荷载包括路面自重、路床自重和原地面以上的路堤自重。

（2）可变荷载，可变荷载主要指车辆荷载、人群荷载、雪荷载、地下水升降引起的有效应力变化等。

（3）偶然荷载，主要指地震荷载其他不可预见荷载。

（4）荷载组合，当前计算路基沉降时，一般只考虑永久荷载。作者认为，计算沉降时应考虑永久荷载和可变荷载的组合，对不同荷载组合下的沉降量分别进行估计。

5 计算参数和经验修正系数

采用主固结沉降修正法计算时，涉及的计算参数除了各层土的标高、重力密度外，还

涉及一个非常重要的参数，即压缩模量。根据固结试验典型结果，压缩模量的大小与自重应力、附加应力有关。自重应力和压缩模量关系的试验结果（石家庄浅层粉质黏土）见图 2。从图 2 可以看出，自重应力对压缩模量的影响最大，附加压力次之。因此，沉降计算时，压缩模量的取值应根据实际土的压力段选取。

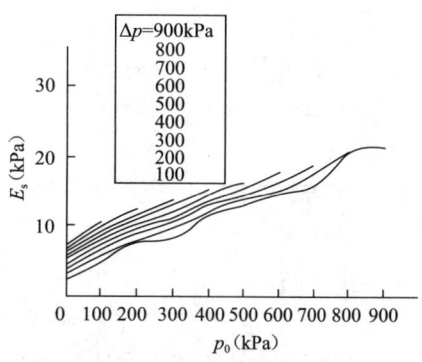

图 2　石家庄浅层粉质黏土自重应力-压缩模量关系试验结果

注：p_0 表示自重应力；Δp 表示附加应力

根据主固结沉降计算总沉降量时，往往需要根据实际情况乘一个修正系数。这个系数就是经验修正系数。行业标准《公路软土地基路堤设计与施工技术规范》JTJ 017—96[1] 给出的经验修正系数为 1.1～1.7，《京沪高速铁路设计暂行规定（铁建设[2003] 13 号)》[2] 给出的经验修正系数为 1.1～1.4。最近，行业标准《公路路基设计规范》JTG D30—2004[3] 根据京津塘高速公路试验研究结果，给出了一个经验公式：

$$m_s = 0.123\gamma^{0.7}(\theta H^{0.2} + VH) + Y \tag{9}$$

式中，m_s 为经验修正系数；γ 为填料重力密度（kN/m³）；θ 为地基处理类型系数，粉体搅拌桩处理取 0.85，一般预压固结取 0.90，塑料排水板处理取 0.95～1.10；H 为路基中心高度（m）；V 为填土速率修正系数，填土速率在 0.02～0.07m/d 之间时，取 0.025；Y 为地质因素修正系数，满足软土层不排水抗剪强度小于 25kPa、软土层的厚度大于 5m、硬壳层厚度小于 2.5m 三个条件时，取 0，其他情况取 −0.1。

为便于直观，取 $\gamma=19$，$\theta=0.85$，$V=0.025$，$Y=-0.1$，代入式（9）得到 m_s 和 H 的关系见图 3。从图 3 可以看出，经验修正系数和路堤填方高度有关，填方高度越大，经验修正系数越大，经验修正系数范围值为 0.8～1.7。

作者认为，应积极开展已建路基沉降的调查，逐渐建立地区性经验公式。对于没有经验的地区，可以暂且按式（9）计算，并参考同类地区经验综合确定。

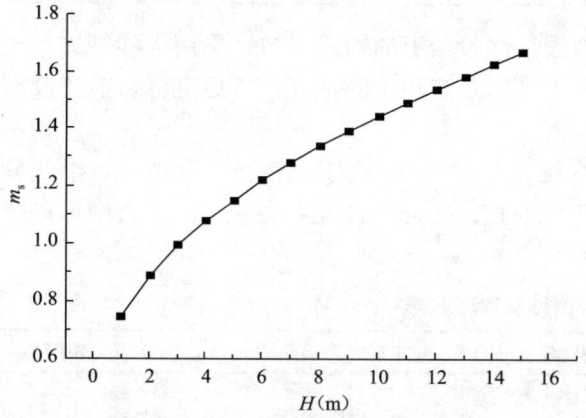

图 3　路堤高度和经验修正系数的关系（根据公式 9）

6　压缩层厚度

路基沉降量的大小，与沉降计算时采用的压缩层厚度有关系。图 4 是河北保沧高速公路一个断面的计算结果。从图中可以看出，沉降计算采用的压缩层厚度越大，计算的最终沉降量越大。

《公路软土地基路堤设计与施工技术规范》JTJ 017—96 规定，沉降计算采用的压缩层，其底面应在附加应力与有效自重应力之比不大于 0.15 处。当前，我国正处于大规模公路、铁路的建设时期，积极开展观测，尽早找出压缩层经验和规律也是很重要的一项技术工作。

7 工后沉降

由于路的建成需要一定时间（一般一年），所以设计阶段工程师关心的是工后沉降。《公路路基设计规范》JTGD 30—2004 给出的容许工后沉降见表 2。《京沪高速铁路设计暂行规定（铁建设[2003] 13 号)》要求路基工后沉降一般

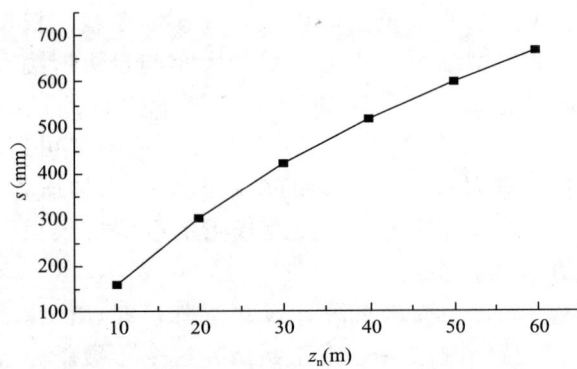

图4 沉降量计算值和沉降计算深度的关系
（河北保沧高速公路）
注：s 表示最终沉降量；z_n 表示压缩层厚度

地段不应大于 10cm，沉降速率应小于 3cm/年。桥台台尾过渡段路基工后沉降量不应大于5cm。

公路容许工后沉降 表2

工程位置 道路等级	桥台与路堤相邻处	涵洞、通道处	一般路段
高速公路、一级公路	≤0.10m	≤0.20m	≤0.30m
二级公路	≤0.20m	≤0.30m	≤0.50m

对于饱和地基，工后沉降一般根据室内固结试验测定的固结系数，采用太沙基固结理论来计算。对非饱和土地基或上部是非饱和土下部是饱和土的地基，工后沉降目前还没有可靠的理论来计算，一般根据经验确定。

根据文献[4]报道，广东佛开高速公路全长 80km，位于珠江三角洲河网地区，沿线软土地基范围广，软土深厚，采用水泥土搅拌桩处理。实测沉降结果见表 3。从表中可以看出，工后沉降占总的最终沉降比例为 6%～42%。

佛开高速公路路基实测沉降 表3

序号	填土高度（m）	搅拌桩桩长（m）	施工期沉降（mm）	一年工后沉降（mm）	工后沉降/最终沉降量
1	5.4	10	154	27	0.149
2	4.6	10.5	61	14	0.187
3	6.2	8	232	172	0.426
4	4.6	10	63	32	0.337
5	0.7	7.5	66	16	0.195
6	1.7	8	231	15	0.061
7	4.7	10	276	40	0.127
8	5	10	187	12	0.060
9	2.9	10.5	101	8	0.073
10	0.8	14	75	18	0.194
11	5.9	10	377	47	0.111
12	1.3	18	237	66	0.218
13	4.8	10	195	19	0.089

作者认为，对于搅拌桩等半刚性、刚性桩复合地基，桩土复合段的沉降一般在施工期基本稳定。工后沉降主要源于桩土复合段以下的下卧地层。关于下卧层的工后沉降，对砂土等排水固结条件好的地基，可认为工后沉降接近于零；对粉土等排水固结条件一般的地基，可认为工后沉降占比为30%～50%；对黏性土等排水固结条件差的地基，可认为工后沉降占比为50%～80%。

8　结束语

路基沉降的特点明显和房屋建筑不同。路基荷载为柔性荷载，形状为梯形，路基两侧往往还设置了排水沟，这些特点使得路基沉降理论计算值往往小于实际值，这和房屋建筑的沉降正好相反，这一点应该引起工程师的重视。

本文系统总结了路基沉降的设计方法，并对其中的一些实际问题进行探讨，旨在引起同行工程师的重视。不妥之处，请专家指正。

参考文献

[1] 中华人民共和国行业标准. 公路软土地基路堤设计与施工技术规范 JTJ 017—96 [S]. 北京：人民交通出版社，1997

[2] 中华人民共和国行业标准. 京沪高速铁路设计暂行规定（铁建设［2003］13号）[S]. 北京：中国铁道出版社，2003

[3] 中华人民共和国行业标准. 公路路基设计规范 JTG D30—2004 [S]. 北京：人民交通出版社，2004

[4] 江苏宁沪高速公路股份有限公司，河海大学. 交通土建软土地基工程手册 [S]. 北京：人民交通出版社，2001

人工挖孔扩底桩分析研究

【摘　要】　结合石家庄地区人工挖孔扩底桩在建筑工程基础中的应用实例，对其受力机理进行了探讨，给出了人工挖孔扩底桩端阻力经验表，给出了端阻力、竖向承载力和沉降计算方法。

1　前言

近一个历史时期，石家庄地区的很多高层建筑乃至有不少多层框架结构都采用了人工挖孔扩底桩基础。实践证明，采用这种桩型的建筑物运行良好。2004 年，我国建设部从施工安全角度考虑，将人工挖孔扩底桩列入限制技术。此后，石家庄地区的高层建筑一般不再采用人工挖孔扩底桩方案，但在特定条件下，仍有采用人工挖孔扩底桩的情况。"人工挖孔扩底桩热"之后，冷静分析这种桩型，认为人工挖孔桩因其独特的优势，仍有总结研究的价值。

从上部结构、基础、地基的共同作用来看，扩底桩基础受力概念明确，设计简便，技术经济效益显著。扩底桩的应用，理论落后于实践。本文对近几年来石家庄地区扩底桩的施工技术进行分析和总结，并就端阻力评估、竖向承载力估算和沉降估算等有关课题提出了笔者的见解。

2　受力机理分析

根据唐业清教授报道的试验结果，扩底桩的受力机理可从下述两个方面来给予简要阐述。

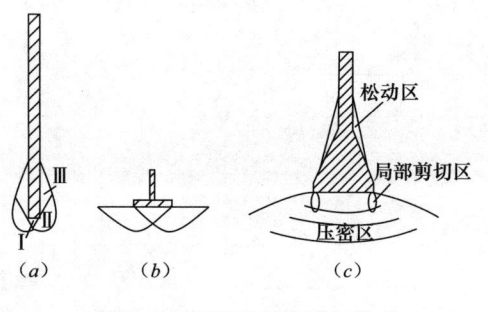

图 1　扩底桩下土的受力状态

（1）扩底桩下土的受力状态

如图 1 所示，中等直径桩基的破坏模式是深层局部剪切刺入破坏，浅埋独立基础的破坏模式是整体剪切破坏。扩底桩的破坏模式与桩基或浅埋独立基础的破坏模式不同，先是桩底土被压密，接着桩底土两侧出现微量侧胀，扩大头边缘下土体出现局部剪切区，扩底桩的斜面上部出现松动或临空（砂土不出现临空现象）。桩底土始终表现为压缩变形为主、局部剪切为辅的受力变

本文原载《工程建设与设计》2006 年第 11 期，作者：王长科

形机理。

（2）扩底桩的静载试验曲线

从图2可以看出，和等直径桩相比，扩底桩的静载试验曲线比较平缓，可以明显看出，承载力大、变形小。

从以上两点可以看出，扩底桩的受力机理既不同于等直径桩，也不同于浅埋独立基础。由于扩底桩剖面几何形状的特殊性，端承力和摩擦力的共同作用是十分复杂的，总的来说，扩底桩属于端承桩。

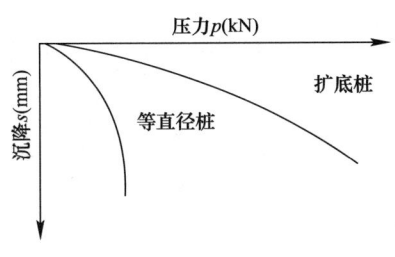

图2 扩底桩的典型静载试验曲线

3 人工挖孔扩底的端阻力特征值

（1）深井载荷试验

由于扩底桩承载力特别大，进行桩的静力载荷试验有困难，所以石家庄地区对扩底桩很少进行静载试验。一般采用深井载荷试验测定持力层的承载力，根据试验结果并结合岩土工程勘察报告，综合确定持力层的大直径桩端阻力。基本不考虑侧摩阻力，直接使用端阻力，按《建筑桩基技术规范》JGJ 94—94[1]计算扩底桩的承载力。

深井载荷试验的做法是：在地面上或基坑底面挖出一个圆井，直径为0.8～1.2m，挖至试验土层标高以上约1.0～1.5m时，向下改挖直径0.8m的圆井，直至试验土层标高，如图3所示。现场制作混凝土刚性承压板，按应力控制法进行载荷试验，得出压力-沉降关系曲线。根据载荷试验曲线确定承载力和变形模量。

（2）端阻力、侧阻力经验值

根据近几年的实践经验，作者在这里给出石家庄地区人工挖孔扩底桩的端阻力、侧阻力经验表，见表1～表5。

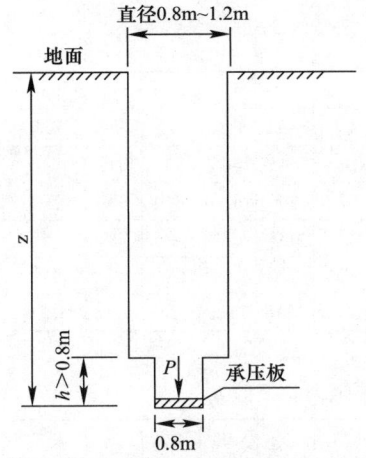

图3 深井荷载试验

石家庄地区黏性土人工挖扩底桩侧阻力特征值 q_{sia} 和端阻力特征值 q_{pa}　　　　表1

N		3	4	5	6	7	8	9	11	13	15	17	19
f_{ak} (kPa)		105	120	145	165	190	210	235	280	325	370	430	470
q_{sia} (kPa)		15	17	20	23	27	30	33	40	45	50	60	65
q_{pa} (kPa)	z＝3m	180	195	220	240	265	285	310	355	400	445	505	545
	4	205	220	245	265	290	310	335	380	425	470	530	570
	5	230	245	270	290	345	335	360	405	450	495	555	595
	6	255	270	295	315	340	360	385	430	475	520	580	620
	7	280	295	320	340	365	385	410	455	500	545	605	645
	10	360	375	400	420	445	465	490	535	580	625	685	725
	≥15	485	500	520	545	570	590	615	660	705	750	810	850

石家庄地区粉土人工挖扩底桩侧阻力特征值 q_{sia} 和端阻力特征值 q_{pa} 　　表 2

N		3	4	5	6	7	8	9	10	12	14	16	18	20	25	30
f_{ak}(kPa)		80	100	115	125	135	150	160	170	185	200	220	240	260	310	350
q_{sia}(kPa)		12	14	16	18	19	21	22	24	26	29	31	34	37	44	50
q_{pa} (kPa)	z=3m	175	200	210	220	230	245	255	265	280	300	315	340	360	410	450
	4	210	230	245	255	265	280	290	300	315	330	350	370	390	440	480
	5	245	265	280	290	300	315	325	335	350	365	385	405	425	475	515
	6	275	295	310	320	330	345	355	365	380	395	415	435	455	505	545
	7	310	330	345	355	365	380	390	400	415	430	450	470	490	540	580
	10	410	430	445	455	465	480	490	500	515	530	550	570	590	640	680
	≥15	575	595	610	620	630	650	660	670	680	700	720	730	760	810	850

石家庄地区粉细砂人工挖扩底桩侧阻力特征值 q_{sia} 和端阻力特征值 q_{pa} 　　表 3

N		3	4	5	6	7	8	9	10	15	20	25	30	35	40	45	50
f_{ak}(kPa)		65	80	90	100	110	120	130	140	170	200	230	260	280	300	330	360
q_{sia}(kPa)		9	11	13	14	16	17	19	20	24	29	33	37	40	43	47	51
q_{pa} (kPa)	z=3m	235	250	260	270	280	290	300	310	340	370	400	430	450	470	500	530
	4	290	305	315	325	335	345	355	365	395	425	455	485	505	525	555	585
	5	350	365	375	385	395	405	410	425	455	485	515	545	565	585	615	645
	6	405	420	430	440	450	460	470	480	512	540	570	600	620	640	670	700
	7	460	475	485	495	505	515	525	535	569	595	625	655	675	695	725	755
	10	635	650	660	670	680	690	700	710	740	770	800	830	850	870	900	930
	≥15	920	935	945	955	965	975	985	995	1025	1055	1085	1115	1135	1155	1185	1215

石家庄地区中粗砂人工挖扩底桩侧阻力特征值 q_{sia} 和端阻力特征值 q_{pa} 　　表 4

N		3	4	5	6	7	8	9	10	15	20	25	30	35	40	45	50
f_{ak}(kPa)		110	120	130	140	150	160	170	180	220	260	300	340	380	420	460	500
q_{sia}(kPa)		16	17	19	20	21	23	24	26	31	37	43	49	51	60	66	71
q_{pa} (kPa)	z=3m	360	370	380	390	400	410	420	430	470	510	550	590	630	670	710	750
	4	440	450	460	470	480	490	500	510	550	590	630	670	710	750	790	830
	5	525	535	545	555	565	575	585	595	635	675	715	755	795	835	875	910
	6	610	620	630	640	650	660	670	680	720	760	800	840	880	920	960	1000
	7	695	705	715	725	735	745	755	765	805	845	885	925	965	1000	1040	1080
	10	945	955	965	975	985	995	1000	1015	1055	1095	1135	1175	1215	1255	1290	1330
	≥15	1360	1370	1380	1390	1400	1410	1420	1430	1470	1510	1550	1590	1630	1670	1710	1750

石家庄地区碎石土人工挖扩底桩侧阻力特征值 q_{sia} 和端阻力特征值 q_{pa} 　　表 5

N	3	4	5	6	8	10	12	14	≥16
f_{ak} (kPa)	250	300	400	500	640	720	800	850	900
q_{sia} (kPa)	35	40	55	70	90	100	110	120	125

N		3	4	5	6	8	10	12	14	≥16
q_{sia} (kPa)	z＝3m	330	380	480	580	720	800	880	930	980
	4	580	630	730	830	970	1050	1130	1180	1230
	5	660	710	810	910	1050	1130	1210	1260	1310
	6	750	800	900	1000	1140	1220	1300	1350	1400
	7	835	880	980	1080	1220	1300	1380	1430	1480
	10	1080	1130	1230	1330	1470	1550	1630	1680	1730
	≥15	1500	1550	1650	1750	1890	1970	2050	2100	2150

注：表1～表5中，N表示经杆长修正后的标准贯入试验击数；z表示从桩顶算起的扩底桩埋置深度；f_{ak}表示地基承载力特征值。

（3）理论计算

根据近几年来的实践经验，发现石家庄采用汉森公式计算扩底桩的端阻力特征值效果比较好。其表达式如下：

$$\begin{cases} q_{pa} = q + \dfrac{q_u - q}{K} \\ q_u = cN_c + qN_q + 0.4\gamma N_\gamma \end{cases} \tag{1}$$

其中，

$$N_c = (N_q - 1)\cot\varphi \tag{2}$$

$$N_q = e^{\pi\tan\phi}\tan^2\left(45° + \frac{\varphi}{2}\right) \tag{3}$$

$$N_\gamma = 1.8(N_q - 1)\tan\varphi \tag{4}$$

式中，c表示土的黏聚力（kPa）；φ表示土的内摩擦角（°）；γ表示基底以下土的重力密度（kN/m³）；基础宽度取$B=0.8$m；N_c、N_q、N_γ表示承载力系数。q_u表示地基极限承载力（kPa）；q_{pa}表示桩端阻力特征值（kPa）；q表示上覆超载（kPa）；K表示分项系数，取2～3。当埋置深度大于15m时，按埋深15m来计算超载。

4 竖向承载力计算

目前，能查到的计算方法至少有11种。总的来说，这些方法都认为扩底桩竖向承载力由直桩段的侧摩阻力和桩底端承力组成。但这些方法都没有考虑有效摩阻段的长度问题。作者建议，桩的竖向承载力特征值按公式（5）计算，其中，有效摩阻段的长度按图4考虑。

$$R_a = u\sum\psi_{si}q_{sia}l_i + \psi_p q_{pa}A_p - W \tag{5}$$

式中，R_a表示扩底桩桩顶竖向承载力特征值（kN）；μ表示直桩段周长（m）；q_{sia}表示极限侧摩阻力（kPa）；q_{pa}表示桩端阻力特征值（kPa）；l_i表示有效摩阻段长度（m）；A_p表示桩端面积（m²）；W表示扩底桩自重；ψ_{si}、ψ_p分别表示侧阻力、端阻力尺寸效应系数。

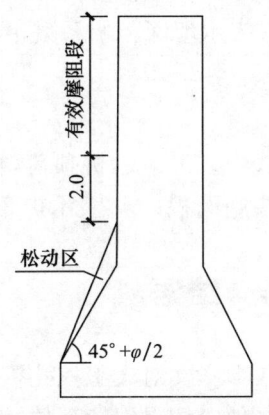

图4 有效摩阻段的计算

对于 ψ_{si}、ψ_p《建筑桩基技术规范》给出了表达式，福建等地也根据试验建立了经验公式。

根据弹性力学原理，扩底桩桩底土的压力变形可用下式表示：

$$p = \frac{1}{\omega} \frac{E_0}{\frac{\pi}{4}(1-\mu^2)} \frac{s}{D} \tag{6}$$

式中，p 表示压力（kPa）；s 表示沉降（m）；D 表示扩大头直径（m）；E_0 表示土的变形模量（kPa）；μ 表示泊松比；ω 表示扩大头形状和埋深影响系数。

从式（6）可以看出，桩端承载力和直径成反比，和沉降成正比。桩端极限端阻力是用直径 0.8m 承压板测定的，实际扩大头的直径都大于 0.8m。根据式（6），不难看出，扩底桩和直径为 0.8m 承压板之间的端阻力尺寸效应系数可用下式表达：

$$\psi = \left(\frac{0.8}{D}\right)^n$$

当 $n=1$ 时，表示扩底桩的沉降量和深井载荷试验承压板的沉降量取值相等；$n=0$ 时，表示扩底桩的沉降比 s/D 和深井载荷试验承压板的沉降比 s/d 取值相等。理论上揭示了 $n=0\sim1$。《建筑桩基技术规范》规定对黏性土、粉土，桩端的 n 值取 1/4；对砂土、碎石土，桩端的 n 值取 1/3。笔者认为，n 的取值可以灵活一些，沉降要求严格时，n 取大点，反之，取小点。

5 沉降计算

石家庄地区高层建筑扩底桩的沉降计算，基本沿用《建筑桩基技术规范》或《建筑地基基础设计规范》GB 50007—2002[2]中的沉降计算方法，亦即采用压缩模量用分层总和法来计算扩底桩的沉降。与实测相比，计算结果偏大。

笔者认为，用下述方法计算扩底桩的沉降，可能会更合理一些。

$$s = \omega(1-\mu^2)\frac{p_0 D}{E_0} \tag{7}$$

式中，p_0 表示扩底桩桩底平均附加压力，按式（8）计算。其他符号意义见式（6）。其中 ω 表示埋深影响系数，可按《岩土工程勘察规范》GB 50021—2001 取值。

$$p_0 = \frac{N+W-Q_{sa}}{A_p} - p_c \tag{8}$$

式中，N 表示桩顶荷载；W 表示扩底桩重力；Q_{sa} 表示有效摩擦段的摩阻力；A_p 表示扩大头底面积；p_c 表示扩底桩桩底平面的天然上覆土自重应力。

6 结语

本文对人工挖孔扩底桩的承载机理进行了分析，给出了石家庄地区的扩底桩端阻力特征值、侧阻力特征值经验表，对扩底桩的承载力、沉降计算进行了探讨，并提出了个人见解，认为人工挖孔扩底桩有一定的优势。

参考文献

［1］ JGJ 94—94 建筑桩基技术规范 ［S］. 北京：中国建筑工业出版社，1994.

［2］ 中华人民共和国国家标准 GB 50007—2002 建筑地基基础设计规范 ［S］. 北京：中国建筑工业出版社，2002.

沉降计算的现状和思考

【摘　要】　综述了现有沉降计算的主要方法，对沉降计算中涉及的应力分布、荷载刚度、压缩层厚度、压缩模量以及软件开发情况，进行了分析和评说，得出结论，沉降量的确定应该和地基承载力一样，采用几种方法进行综合确定为宜。

1　前言

随着中国经济发展水平的提高，中国公众对建筑物的沉降会变得越来越敏感。当前，我国的沉降计算除进行上部结构-基础-地基共同作用分析外，基本采用了两种计算方法：（1）假定荷载均布，选用固结试验参数（压缩模量、压缩指数、先期固结压力），采用弹性应力解答，运用分层总和法计算建筑物沉降。（2）选用地基变形模量参数，采用苏联的叶戈洛夫公式，计算建筑物沉降。前者考虑荷载是绝对柔性的，后者考虑荷载是绝对刚性的。

作者考证了沉降计算后，认为沉降计算牵涉的方面问题很多，有必要进行重新回顾思考，澄清工程实践中许多问题，以便做到心中有数。

2　一维沉降和三维沉降

（1）一维沉降

① 分层总和法

我国国家标准《建筑地基基础设计规范》GB 50007—2002 规定，计算地基变形时，地基内的应力分布可按各向同性均质线性变形体理论。

其最终变形量可按式（1）计算：

$$s = \psi_{\mathrm{s}} s' = \psi_{\mathrm{s}} \sum_{i=1}^{n} \frac{p_0}{E_{\mathrm{s}i}} (z_i \bar{\alpha}_i - z_{i-1} \bar{\alpha}_{i-1}) \tag{1}$$

② 应力历史法

《高层建筑岩土工程勘察规程》JGJ 72—2004 规定，对于一般黏性土、粉土、软土和饱和黄土，当需要考虑应力固结历史时，可用地基固结沉降法计算最终沉降量。

对正常固结土，按式（2）计算：

$$s = \sum_{i=1}^{n} \frac{h_i}{1 + e_{0i}} C_{ci} \lg \frac{p_{zi} + p_{0i}}{p_{zi}} \tag{2}$$

对超固结土，分两种情况：

本文原载《岩土工程新技术与工程实践》. 河北科学技术出版社，2007 年，作者：王长科

第一种情况，当 $p_{zi}+p_{0i} \leqslant p_{ci}$ 时，用回弹指数 C_e 计算，若地基压缩层深度内有 m 层土属此类情况，则可按式（3）计算：

$$s_{\mathrm{m}} = \sum_{i=1}^{m} \frac{h_i}{1+e_{0i}} C_{ei} \lg \frac{p_{zi}+p_{0i}}{p_{zi}} \tag{3}$$

第二种情况，当 $p_{zi}+p_{0i}>p_{ci}$ 时，分两段考虑，p_c 值之前用回弹指数 C_e 计算，p_c 值之后用压缩指数 C_c 计算。若地基压缩层深度内有 n 层土属此类情况，则可按式（4）计算：

$$s_{\mathrm{n}} = \sum_{i=1}^{m} \frac{h_i}{1+e_{0i}} \left[C_{ei} \lg \frac{p_{ci}}{p_{zi}} + C_{ci} \lg \frac{p_{zi}+p_{0i}}{p_{ci}} \right] \tag{4}$$

地基压缩层范围内有上述两种情况的土层，则其总沉降量为上述两部分之和。即：

$$s = s_{\mathrm{m}} + s_{\mathrm{n}}$$

对欠固结土，按式（5）计算：

$$s = \sum_{i=1}^{n} \frac{h_i}{1+e_{0i}} C_{ci} \lg \frac{p_{zi}+p_{0i}}{p_{ci}} \tag{5}$$

（2）三维沉降

① 叶戈洛夫法

行业标准《高层建筑岩土工程勘察规程》JGJ 72—2004 和《高层建筑箱形与筏形基础技术规范》JGJ 6—99 规定，当采用土的变形模量计算箱形与筏形基础的最终沉降量时，可按式（6）计算：

$$s = p_{\mathrm{k}} b \eta \sum_{i=1}^{n} \frac{\delta_i - \delta_{i-1}}{E_{0i}} \tag{6}$$

② 黄文熙法

1940 年，苏联的水工建筑物设计规范推荐用土力学家 Флорин. B. A（弗洛林）建议的考虑土体侧向变形的沉降计算公式。1942 年我国土力学家黄文熙提出了考虑三维变形的三维变形计算法。后来由于种种原因，地基三维变形计算在工业与民用建筑工程中未能普及，所以也就无从积累经验。三维变形计算法原理如下：

假定 σ_x、σ_y、σ_z 分别表示地基中某点三个方向（x、y 表示水平方向，z 表示垂直方向）的附加应力，那么该点的竖向应变 ε_z 可用式（7）表示。

$$\varepsilon_z = \frac{\sigma_z}{E_z} - \frac{\mu_{xz}\sigma_x}{E_x} - \frac{\mu_{yz}\sigma_y}{E_y} \tag{7}$$

式中，E 表示弹性模量，角标 x、y、z 表示方向。μ_{xz}、μ_{yz} 表示 x、y 方向水平应力作用下的 z 方向泊松比。

地基最终沉降量 s 按式（8）计算：

$$s = \int_0^{Z_{\mathrm{n}}} \varepsilon_z \mathrm{d}z \tag{8}$$

式中，Z_{n} 表示从计算点（基础底面）向下算起的计算深度（压缩层厚度）。

3 应力解答

（1）解答问题

各类分布荷载引起的地基应力分布，都是基于集中荷载基本解积分得到的。众所周知，集中荷载基本解主要有 Boussinesq、Mindlin 解答。两种解答分别揭示了均质半无限体表面荷载和地面以下某深度荷载作用下的附加应力解答。工程上常用 Boussinesq 解答。实际上对于有一定埋置深度的结构，采用 Mindlin 解答是合理的。图 1 表示了 Mindlin 解答的一个案例。可以看出，由于基础埋置深度的影响，应力分布是明显不同的。

现在，对基础宽度为 15m，长度为 100m，附加压力为 200kPa，均质地基，压缩模量统一按 20MPa 计算，地面以下 30m 为基岩，考虑基础不同埋深，分别采用 Boussinesq、Mindlin 解答计算，沉降量比较见图 2。随基础埋深的增加，Mindlin 解答明显小于 Boussinesq 解答。

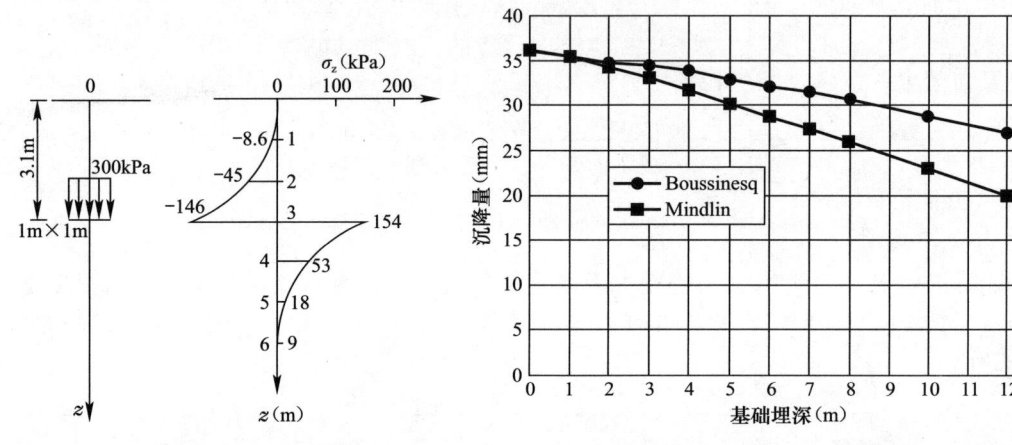

图 1 Mindlin 解应力分布   图 2 两种解答沉降量比较

（2）非均质土问题

下卧刚性层，如下卧基岩，或者地基由多层软硬不均的土层构成时，应力分布发生明显变化。忽略这种变化按均质土对待，必然对沉降量的计算结果造成重要影响。

4 荷载刚度

基础和上部结构刚度的存在，使得建筑荷载既不是绝对柔性的，也不是绝对刚性的。很显然，荷载刚度对沉降计算至关重要，而实际上荷载刚度又很难准确估计。正因为如此，1970 年以后，我国岩土工程界大部分研究人员的研究重点几乎都逐步转移到了地基基础共同作用课题上。2002 年黄熙龄院士在《岩土工程学报》黄文熙讲座栏目中提出了地基基础共同作用的简洁新思路。可以预见，共同作用沉降计算和简化沉降计算将并驾齐驱。作者建议实践中按表 1 处理荷载的刚度问题。

荷载刚度处理方案   表 1

荷载刚度处理方案	建筑举例
柔性荷载	长高比较大的砖混条形基础、筏形基础
地基结构共同作用	体型复杂、高低错落、主裙楼连体、荷载分布不均的大底板建筑物，不设沉降缝且沉降要求严格的建筑物，厚筏基础，箱形基础
刚性荷载	长高比较小的高层建筑、高耸构筑物、柱下独立基础

5 压缩层厚度和压缩模量

（1）压缩层厚度

当前，采用分层总和法计算最终沉降量时，确定压缩层厚度标准应用最多的是变形比法和应力比法。应力比法是从苏联过来的，后来发现遇到明显下卧硬层时，计算的压缩层厚和实际观测的偏差较大，所以后来改用变形比法。

下面看一个案例。基础平面尺寸为 15m×50m，埋深 1.0m，地基为均质土，压缩模量统一按 20MPa 考虑，图 3 是两种方法随不同基底压力值计算出来的压缩层厚度。从图中看出，变形比法（注意这里按 0.025 控制）计算的压缩层厚度与基底压力大小无关，似乎不太合理。应力比法（注意这里按 0.2 控制）计算的压缩层厚度与基底压力成正比。

再看一个案例。一个建筑总荷重不变，分别设计成不同宽度，宽度越大，基底压力越小。现计算不同宽度下的压缩层厚度（见图 4）。图中表明，应力比法计算结果随宽度增加而减小，变形比法计算结果随宽度增加而增加，二者规律相反。似乎应力比法计算结果符合实际。

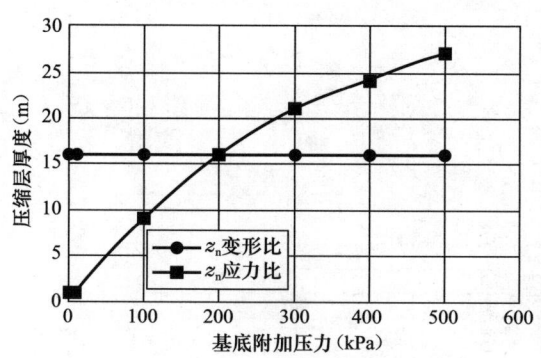

图 3 应力比法和应变比法计算
的压缩层厚度比较（一）

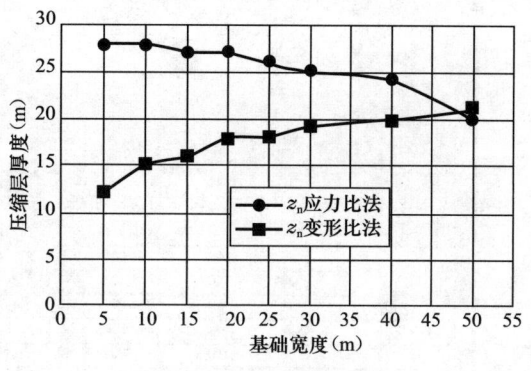

图 4 应力比法和应变比法计算
的压缩层厚度比较（二）

（2）压缩模量

研究表明，压缩模量 E_s 具有两个性质，一是与土层的原位自重应力呈线性关系，二是与土层的附加应力增量呈线性关系。见图 5、图 6。

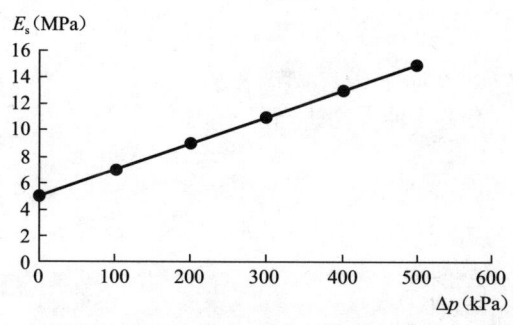

图 5 压缩模量与附加应力增量成正比

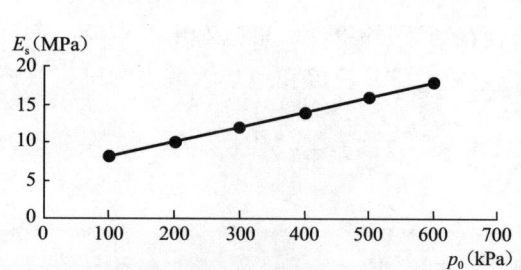

图 6 压缩模量与原位自重应力成正比

由此，E_s 的表达式可以写为：

$$E_s = E_{s00} + mp_0 + n\Delta p$$

式中，p_0 表示原位自重应力，Δp 表示土层附加应力增量，E_{s00} 表示 p_0 为 0 同时 Δp 也为 0 时的初始切线压缩模量。m、n 表示两个比例系数。

6 软件开发

北方勘察设计研究院近年完成了系列沉降计算软件，包括 Boussinesq、Mindlin 解答，三维沉降，分层总和法、应力历史法等，典型界面见图 7。沉降计算软件为快速计算复杂条件下的基础沉降量创造了条件。

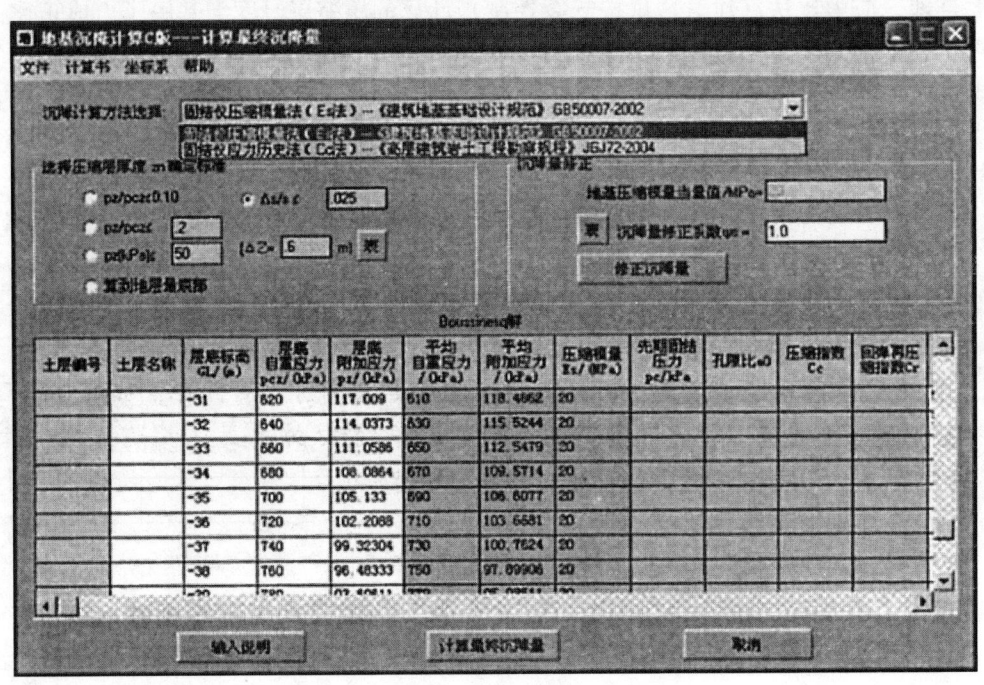

图 7 典型截面

7 结论

通过回顾和思考，可以看出，沉降计算牵涉的方面很多，也很复杂。所以作者认为，沉降量的确定，应该和地基承载力的确定一样，采用几种方法进行综合确定为宜。

地基第一拐点承载力

【摘　要】　假定地基为刚塑体，运用塑性理论，考虑基底下土的重量和基础两边超载，对地基第一拐点承载力进行了推导，得到了计算公式。综合对比载荷试验结果，发现载荷试验承载力特征值和地基第一拐点承载力理论计算值很接近。作者认为，本文公式可以直接计算地基承载力特征值（即地基承载力容许值）。

1　前言

1857 年，朗肯（Rankine W. J. M.）最早提出了地基极限承载力的计算公式。1920年，普朗特尔（Prandtl L.）根据塑性理论，导出了刚性基础压入无重量土的极限承载力公式。1924 年，瑞斯诺（Reissner H.）对普朗特尔极限承载力公式进行了改进。在 1940年代以前，世界各国学者提出的地基承载力公式，都是假定土是无重量的。为了弥补这一缺陷，1940 年代太沙基（Terzaghi K.）根据普朗特尔原理，提出了考虑土重量的地基极限承载力公式。1950 年代，梅耶霍夫（Meyerhof G. G.）提出了考虑基底以上两侧土体抗剪强度影响的地基极限承载力公式。1960 年代，汉森（Hansen J. B.）提出了中心倾斜荷载并考虑其他一些影响因素的极限承载力公式。1970 年代，魏锡克（Vesic A. S.）引入修正系数和考虑压缩性影响，把整体剪切破坏条件下地基极限承载力公式推广到局部或冲剪破坏时的极限承载力计算。2000 年，沈珠江院士提出了地基极限承载力公式。

20 世纪 20 年代，苏联学者普兹列夫斯基假定地基附加应力服从 Boussinesq 解，屈服方程服从摩尔-库仑方程，并认为土的侧压力系数为 1.0。经推导得出了地基临塑荷载 p_{cr} 和临界荷载 $p_{1/4}$。

前述以太沙基为代表的地基极限承载力公式在欧美国家和我国相关行业地基规范中广泛使用。普兹列夫斯基提出的 $p_{1/4}$ 公式经合理修正后被列入国家标准《建筑地基基础设计规范》GB 50007—2002。这些成果在工程实践中都发挥着重要作用。

回首地基承载力研究史，在多数欧美学者瞄准极限承载力的同时，魏锡克曾经提到了第一拐点承载力 $q_{cr(1)}$ 和极限承载力 $q_{cr(2)}$ 的概念。但后来研究重点一直是极限承载力，$q_{cr(1)}$ 未见进一步研究。

2　地基第一拐点承载力公式推导

1875 年，Rankine W. J. M. 假定基础底面光滑，基础底面以下的土为无重量介质，黏

本文原载《工程勘察》2009 年增刊，作者：王长科、贾文华、梁金国

聚力对承载力的贡献可以用作用于基础底面的 $p_c = c\cot\varphi$ 来代替。运用塑性理论，最早提出了地基极限承载力公式：

$$q_u = cN_c + qN_q \tag{1}$$
$$N_c = (N_q - 1)\cot\varphi$$

其中

$$N_q = \tan^4\left(45° + \frac{\varphi}{2}\right)$$

Rankine 承载力公式由于不考虑土的重量，所以在承载力表达式中没有基础宽度一项。后来在实际应用中没有得到广泛应用。现在，本文考虑土的重量，借鉴 Rankine 的研究思路，对地基承载力进行研究。

如图 1 所示，垂直均布荷载作用于宽度为 B 的条形基础，基础两边超载为 $q = \gamma D$，假定基底下土为刚塑体，土的重力密度为 γ。基底下土处于塑性状态时，出现两组倾角为 $(45° + \varphi/2)$ 的滑裂面。为推导公式方便，将这时的上部垂直均布荷载记为 q_{cr}。取脱离体 abd 进行考察。

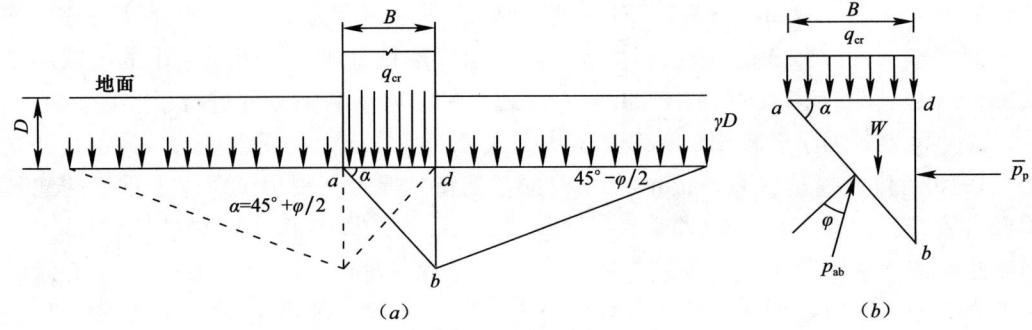

图 1　地基破坏模式

先求 ab 面上的抗力。

假定作用于 ab 面上的抗力记为 p_{ab}，方向与 ab 面法线成 φ 角；db 面上的被动土压力为梯形分布，平均值记为 $\overline{p}_p$。脱离体 abd 水平方向力的平衡条件写为：

$$p_{ab} \cdot \frac{B}{\cos\left(45° + \dfrac{\varphi}{2}\right)} \cdot \cos\left[\varphi + \left(45° - \frac{\varphi}{2}\right)\right] = \overline{p}_p \cdot \overline{db} \tag{2}$$

其中：

$$\overline{db} = B \cdot \tan\left(45° + \frac{\varphi}{2}\right)$$

$$\overline{p}_p = \left(q + \gamma\frac{\overline{db}}{2}\right) \cdot \tan^2\left(45° + \frac{\varphi}{2}\right) + 2c\tan\left(45° + \frac{\varphi}{2}\right)$$

将 $\overline{p}_p$、$\overline{db}$ 表达式代入式（2），得

$$p_{ab} = 2c\tan^2\left(45° + \frac{\varphi}{2}\right) + q\tan^3\left(45° + \frac{\varphi}{2}\right) + \frac{1}{2}\gamma B\tan^4\left(45° + \frac{\varphi}{2}\right) \tag{3}$$

根据脱离体 abd 垂直方向力的平衡条件，

$$p_{ab} \cdot \frac{B}{\cos\left(45° + \dfrac{\varphi}{2}\right)} \cdot \sin\left[\varphi + \left(45° - \frac{\varphi}{2}\right)\right] - \frac{1}{2}\gamma B\,\overline{db} = q_{cr} \cdot B \tag{4}$$

得到

$$q_{cr} = cN_c + qN_q + \frac{1}{2}\gamma BN_\gamma \tag{5}$$

其中：

$$N_c = 2\tan^3\left(45° + \frac{\varphi}{2}\right)$$

$$N_q = \tan^4\left(45° + \frac{\varphi}{2}\right)$$

$$N_\gamma = (N_q - 1)\tan\left(45° + \frac{\varphi}{2}\right)$$

地基上的荷载水平由小到大达到 q_{cr} 时，地基刚好开始处于塑性平衡状态，超过这个压力，基础开始下沉，基础下塑性平衡区进一步扩大，直至达到极限压力。

由此看来，q_{cr} 应该相当于载荷试验曲线的第一拐点压力，极限压力才是相当于载荷试验曲线的第二拐点，即极限承载力。由于这个缘故，并参考魏锡克当年提出的物理概念，本文将推导结果称为地基第一拐点承载力 q_{cr}，而不称作地基极限承载力 q_u。

3 第一拐点承载力系数和太沙基极限承载力系数、临界压力 $p_{1/4}$ 承载力系数的对比

太沙基地基极限承载力公式如下：

$$q_u = cN_c + qN_q + \frac{1}{2}\gamma BN_\gamma \tag{6}$$

其中：

$$N_c = (N_q - 1)\cot\varphi$$

$$N_q = e^{\pi\tan\varphi}\tan^2\left(\frac{\pi}{4} + \frac{\varphi}{2}\right)$$

$$N_\gamma = 1.8(N_q - 1)\tan\varphi$$

普兹列夫斯基的临界荷载 $p_{1/4}$ 公式如下：

$$p_{\frac{1}{4}} = cN_c + qN_q + \frac{1}{2}\gamma BN_\gamma \tag{7}$$

其中：

$$N_c = \frac{\pi\cot\varphi}{\cot\varphi + \varphi - \frac{\pi}{2}}$$

$$N_q = \frac{\cot\varphi + \varphi + \frac{\pi}{2}}{\cot\varphi + \varphi - \frac{\pi}{2}}$$

$$N_\gamma = \frac{1}{2}\frac{\pi}{\cot\varphi + \varphi - \frac{\pi}{2}}$$

将本文公式的承载力系数和太沙基极限承载力公式、普兹列夫斯基的 $p_{1/4}$ 公式的承载

力系数进行对比，结果见表 1。将表中数据绘图，见图 2。比较后发现本文第一拐点承载力和普兹列夫斯基 $p_{1/4}$ 相当，比太沙基地基极限承载力小很多。

承载力系数　　　　　　　　　　　表 1

φ (°)	N_c			N_q			N_γ		
	本文	太沙基	普兹列夫斯基	本文	太沙基	普兹列夫斯基	本文	太沙基	普兹列夫斯基
0	2.00	5.14	3.14	1.00	1.00	1.00	0.00	0.00	0.00
1	2.10	5.38	3.23	1.07	1.09	1.06	0.07	0.00	0.01
2	2.22	5.63	3.32	1.15	1.20	1.12	0.16	0.01	0.03
3	2.33	5.90	3.41	1.23	1.31	1.18	0.25	0.03	0.04
4	2.46	6.18	3.51	1.32	1.43	1.25	0.35	0.05	0.06
5	2.59	6.49	3.61	1.42	1.57	1.32	0.46	0.09	0.08
6	2.73	6.81	3.71	1.52	1.72	1.39	0.58	0.14	0.10
7	2.88	7.16	3.82	1.63	1.88	1.47	0.71	0.19	0.12
8	3.04	7.53	3.93	1.75	2.06	1.55	0.86	0.27	0.14
9	3.20	7.92	4.05	1.88	2.26	1.64	1.03	0.36	0.16
10	3.38	8.34	4.17	2.02	2.47	1.73	1.21	0.47	0.18
11	3.56	8.80	4.29	2.17	2.71	1.83	1.41	0.60	0.21
12	3.76	9.28	4.42	2.33	2.98	1.94	1.64	0.76	0.23
13	3.96	9.81	4.55	2.50	3.27	2.05	1.88	0.94	0.26
14	4.18	10.37	4.69	2.68	3.59	2.17	2.16	1.16	0.29
15	4.41	10.98	4.84	2.88	3.94	2.30	2.46	1.42	0.32
16	4.66	11.63	4.99	3.10	4.34	2.43	2.79	1.72	0.36
17	4.92	12.34	5.14	3.34	4.78	2.57	3.16	2.08	0.39
18	5.20	13.10	5.31	3.59	5.26	2.72	3.56	2.49	0.43
19	5.49	13.93	5.48	3.86	5.80	2.89	4.01	2.98	0.47
20	5.81	14.83	5.65	4.16	6.41	3.06	4.51	3.54	0.51
21	6.14	15.81	5.84	4.48	7.08	3.24	5.07	4.20	0.56
22	6.50	16.88	6.03	4.83	7.83	3.44	5.68	4.97	0.61
23	6.87	18.05	6.23	5.21	8.67	3.64	6.36	5.86	0.66
24	7.28	19.32	6.45	5.62	9.62	3.87	7.12	6.90	0.72
25	7.71	20.72	6.67	6.07	10.68	4.11	7.96	8.12	0.78
26	8.17	22.25	6.90	6.56	11.87	4.36	8.90	9.54	0.84
27	8.66	23.94	7.14	7.09	13.22	4.64	9.94	11.21	0.91
28	9.19	25.80	7.39	7.67	14.74	4.93	11.10	13.15	0.98
29	9.75	27.86	7.66	8.31	16.47	5.24	12.40	15.43	1.06
30	10.35	30.14	7.94	9.00	18.43	5.58	13.86	18.12	1.15
31	11.00	32.67	8.24	9.76	20.67	5.94	15.48	21.27	1.24
32	11.70	35.49	8.55	10.59	23.22	6.33	17.30	24.99	1.33
33	12.45	38.64	8.87	11.51	26.14	6.75	19.35	29.39	1.44
34	13.25	42.16	9.22	12.51	29.50	7.21	21.65	34.60	1.55
35	14.12	46.12	9.58	13.62	33.36	7.70	24.24	40.79	1.67
36	15.06	50.59	9.96	14.84	37.83	8.22	27.16	48.17	1.81

φ（°）	N_c			N_q			N_γ		
	本文	太沙基	普兹列夫斯基	本文	太沙基	普兹列夫斯基	本文	太沙基	普兹列夫斯基
37	16.07	55.63	10.36	16.18	43.01	8.80	30.45	56.99	1.95
38	17.16	61.35	10.79	17.67	49.05	9.42	34.18	67.57	2.10
39	18.35	67.87	11.25	19.32	56.09	10.09	38.41	80.30	2.27
40	19.64	75.31	11.73	21.15	64.36	10.82	43.21	95.69	2.45
41	21.03	83.86	12.24	23.18	74.09	11.61	48.68	114.36	2.65
42	22.55	93.71	12.78	25.45	85.60	12.48	54.91	137.12	2.87
43	24.21	105.11	13.36	27.98	99.29	13.42	62.04	164.99	3.11
44	26.02	118.37	13.97	30.80	115.64	14.46	70.21	199.28	3.36
45	28.00	133.87	14.63	33.97	135.28	15.58	79.60	241.71	3.65

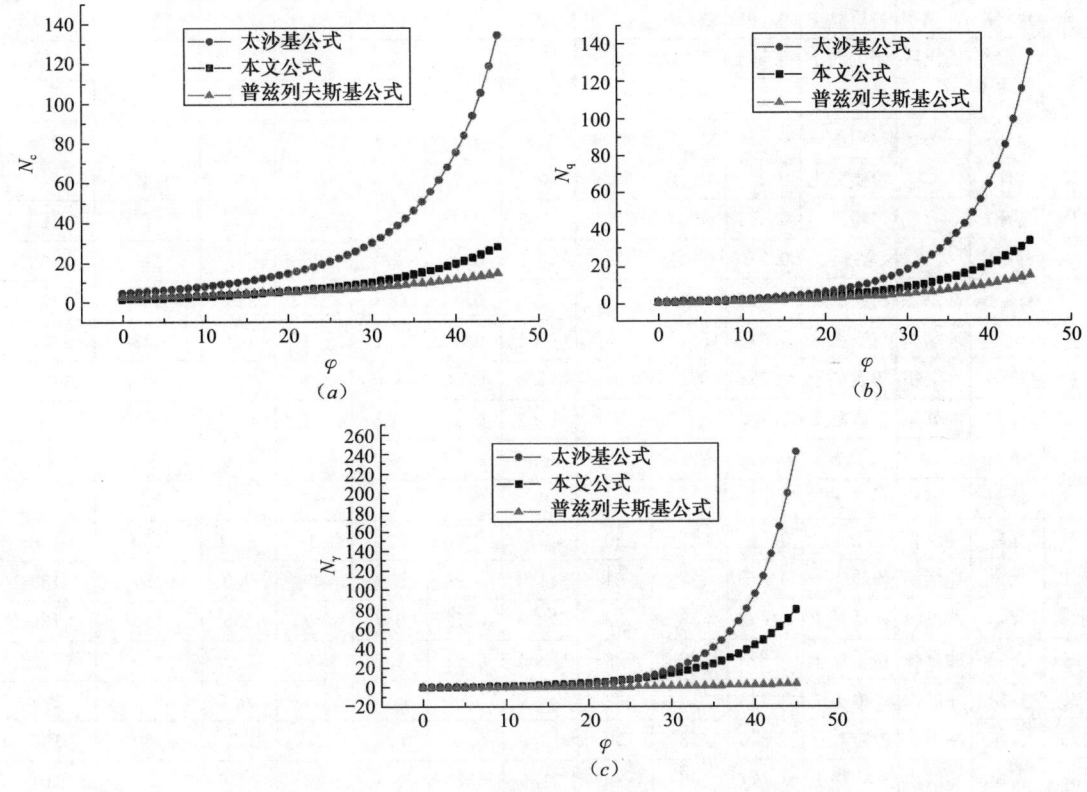

图 2　承载力系数对比

（a）N_c 承载力系数对比；（b）N_q 承载力系数对比；（c）N_γ 承载力系数对比

4　第一拐点承载力和载荷试验承载力特征值的对比

在河北几个地市进行综合对比载荷试验，试验结果见表 2。取 $B=0.707\mathrm{m}$，$q=0$，代入本文公式计算载荷板试验条件下的第一拐点承载力，列入表2，并绘图3。可以看出，载荷试验承载力特征值和第一拐点承载力计算值在数值上很接近。

载荷试验综合对比资料及临塑承载力计算值　　　　　　　　　　表 2

编号	地区	成因	土分类	e	ω (%)	ω_L (%)	I_p (%)	I_L	E_s (MPa)	c (kPa)	φ (°)	载荷试验承载力特征值 f_{ak} (kPa)	本文公式计算值 q_{cr} (kPa)
1	张家口	坡积	粉土	0.820	19.5	30.7	8.8	−0.36	10.9	32	20	240	216
2	邢台	冲洪积	新近粉土	0.538	17	21.1	7.4	0.48	5.1	39	6.7	140	115
3	邢台	冲洪积	粉质黏土	0.665	20.9	31.9	11.2	0.13	10.8	57.5	16	300	287
4	邢台	冲洪积	粉质黏土	0.627	18.3	28.9	13.2	0.13	6.0	40	13	180	171
5	邢台	冲洪积	粉土	0.551	15.7	24.7	8.9	0.22	7.2	35	15.5	180	176
6	邢台	冲洪积	黏土	0.690	18.8	40.5	19.8	0.20	8.3	50	15	240	237
7	邢台	冲洪积	新近粉土	0.591	14.3	19.7	5.3	0.00	7.6	12	28.9	200	198
8	邢台	冲洪积	粉质黏土	0.683	21.1	32.9	12.2	0.29	10.6	43.3	17.3	240	238
9	邢台	冲洪积	新近粉土	0.564	18.6	21.1	7.7	0.67	6.8	35	12.8	140	149
10	唐山		粉质黏土	0.731	24.6	28.5	11.8	0.67	7.6	63	11	240	234
11	唐山		粉土	0.536	17.7	23.8	9.4	0.33	5.1	28.7	19.7	194	193
12	唐山		粉质黏土	0.449	15.5	32.9	10.1	0.27	7.0	63.5	11.9	240	249
13	唐山		粉土	0.536	17.7	23.8	9.4	0.33	5.1	28.7	19.7	183	193
14	石家庄	人工	素填土	0.770	20.2	27.4	10.5	0.31	4.1	26	11	120	102
15	石家庄	冲洪积	粉质黏土	0.686	21	27	11.0	0.46	22.3	25	18	150	154
16	衡水	冲湖积	黏土	1.025	37.9	56.5	26.1	0.33	5.7	54	6.6	143	157
17	沧州	冲湖积	粉质黏土	0.814	27.5	29.9	11.8	0.80	6.0	12	8.8	60	45
18	沧州	冲湖积	粉质黏土	0.740	24.8	28.4	10.2	0.65	7.8	14	15.1	82	79
19	沧州	人工	填土	0.812	27.6	29.9	10.5	0.72	6.2	24	8.4	80	81
20	沧州	冲湖积	黏土	0.924	31.7	42.3	18.7	0.44	6.4	39	10	110	140
21	保定	冲洪积	粉土	0.769	15	29	9.0	0.00	9.3	3	33.1	180	168
22	保定	冲洪积	粉质黏土	0.810	27	31	14.0	0.71	4.4	39	9.9	150	139
23	保定	冲洪积	粉质黏土	0.732	25	28	11.0	0.73	6.7	49	5.8	145	136
24	保定	冲洪积	粉质黏土	0.819	26	29	13.0	0.77	4.2	47	7.2	150	142
25	保定	冲洪积	粉土	0.734	16	28	9.0	0.00	11.6	35	20.7	250	244
26	保定	冲洪积	粉质黏土	0.846	23	30	13.0	0.46	6.6	49	8.2	160	156
27	保定	冲洪积	粉质黏土	0.771	26	29	11.0	0.73	4.1	22	20.6	168	164
28	保定	冲洪积	粉质黏土	0.782	25	27	12.0	0.83	6.4	30	14.4	140	143
29	保定	冲洪积	粉质黏土	0.775	27	30	13.0	0.77	4.4	62	3.9	150	154
30	保定	冲洪积	粉质黏土	0.767	22	30	13.0	0.39	9.3	71	8.7	225	230
31	保定	冲洪积	粉质黏土	0.860	21	35	15.0	0.07	2.8	51	10.9	170	190
32	保定	冲洪积	粉质黏土	0.678	23	29	11.0	0.45	5.4	43	12.8	160	181
33	保定	冲洪积	粉质黏土	0.674	24	29	11.0	0.55	6.7	48	12.2	165	193

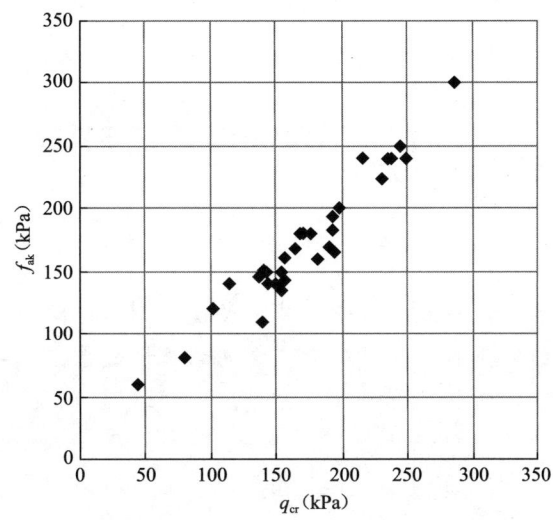

图 3　载荷试验承载力特征值 f_{ak} 和第一拐点承载力计算值 q_{cr} 对比

5　结束语

本文假定地基为刚塑体，考虑基础下土的重量和基础两边超载，根据地基塑性平衡理论，推导得出了地基第一拐点承载力公式。

将本文得到的第一拐点承载力公式和太沙基地基极限承载力公式、普兹列夫斯基 $p_{1/4}$ 公式进行对比，发现本文承载力和普兹列夫斯基 $p_{1/4}$ 相当，比太沙基地基极限承载力小很多。将载荷板试验条件下的第一拐点承载力计算值和载荷试验承载力特征值相比，发现二者基本接近。

作者认为，本文公式可以作为计算地基承载力特征值（即地基承载力容许值）的理论依据。

参考文献

［1］　黄文熙主编. 土的工程性质［M］. 北京：水利电力出版社，1983.
［2］　沈珠江著. 理论土力学［M］. 北京：中国水利水电出版社，2000.
［3］　钱家欢，殷宗泽. 土工原理与计算（第 2 版）［M］. 北京：中国水利水电出版社，1996.
［4］　王长科，王立俊，段宗智等. 地基承载力特征值计算研究. 岩土工程界，2001 年第 12 期.
［5］　中华人民共和国国家标准. 建筑地基基础设计规范 GB 50007—2002. 北京：中国建筑工业出版社，2002.

湿陷性黄土灰土挤密桩间距设计初探

【摘　要】　结合工程案例对比研究了湿陷性黄土物理力学指标间的关系，发现运用岩土工程勘察报告提供的湿陷性黄土物理力学参数值之间的统计关系，可以找到对应于某湿陷系数的孔隙比，然后依据土的天然孔隙比和挤密后设计拟达到的孔隙比目标值，进行灰土挤密桩间距设计。

1　前言

　　在湿陷性黄土地区，常常采用灰土挤密桩来消除湿陷性，但有很多工程因受工期制约，在地基处理施工图设计前没有时间进行现场挤密桩处理效果试验，遇到这种情况通常是按照地基处理规范并依靠当地经验进行挤密桩的桩径及桩间距设计。最近作者对比研究了某工程的湿陷性黄土物理力学指标间的关系，发现运用岩土工程勘察报告提供的湿陷性黄土层的物理力学参数值之间的关系，可以找到相应于某一湿陷系数值的天然孔隙比，然后依据土的天然孔隙比和挤密后拟达到的桩间土孔隙比，就可以进行挤密桩间距设计。作者本着这一思路进行探讨，请各位专家批评指正。

2　湿陷性黄土物理力学性质指标之间的统计关系

　　以某工程为研究案例资料。某建筑场地地形较平缓，地层结构及岩性描述如下：①$_1$层耕土 Q_4^{pd}，黄褐色，以黏性土为主，含碎石、植物根系，土质不均匀，结构松散，层底标高 395.72～396.72m。①$_2$层素填土 Q_4^{ml}，黄褐、褐黄色，稍湿，松散，以黏性土为主，含零星砖瓦碎块、白灰渣、植物根系、异色土团块等，层底标高 395.71～396.52m。②层黄土状土 Q_4^{1al}，褐黄色，坚硬—可塑，硬塑为主，具大孔、虫孔，土质较均，含零星结核、蜗牛壳，少量氧化铁，具湿陷性，分布连续，层底标高 389.40～390.48m。③层黄土 Q_3^{2eol}，褐黄色，坚硬—可塑，可塑为主，局部软塑，具大孔、虫孔，含少量铁锰质氧化物、蜗牛壳碎片及零星结核，具湿陷性，层位稳定，分布连续，层底标高 379.80～382.02m。④层古土壤 Q_3^{2el}，棕红、红褐色，坚硬—可塑，可塑为主，具团块结构，含钙质薄膜、钙质结核，层位稳定，分布连续，层底标高 376.88～379.04m。

　　场地地下水属孔隙潜水类型，场地地下水主要接受大气降水和地表水渗入等补给，排泄方式以径流排泄、人工开采和蒸发消耗为主。

　　将该场地的湿陷性黄土相关物理力学指标进行相关分析，指标关系图见图1～图6。从这些

本文原载《华北地震科学》2015 年第 A01 期，作者：王瑞华，王长科指导完成。

关系图上可以看出，湿陷系数与天然孔隙比、饱和度、湿陷起始压力等指标关系密切，孔隙比越小，湿陷系数越小；饱和度越大，湿陷系数越小；湿陷起始压力越大，湿陷系数越小。

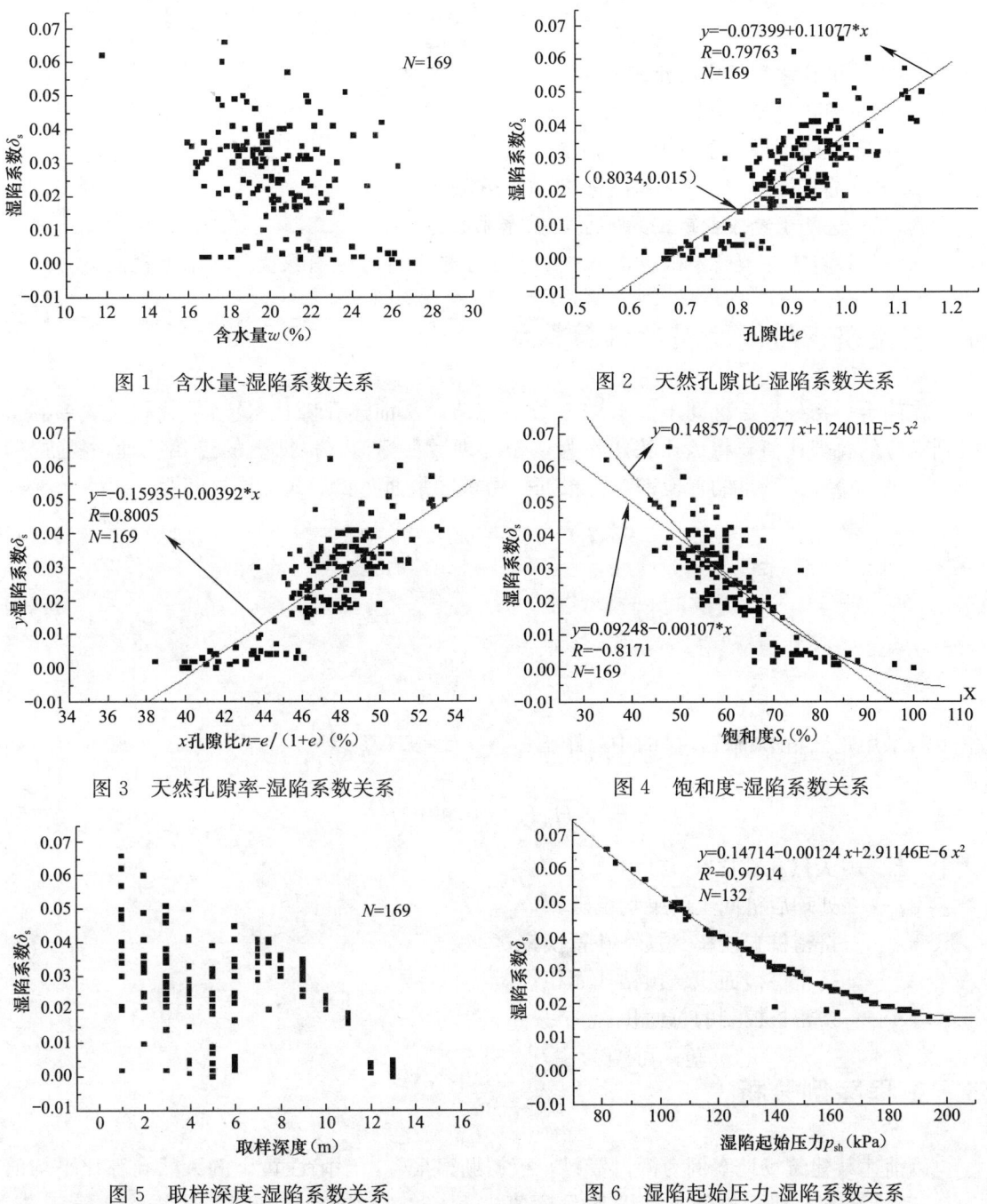

图 1 含水量-湿陷系数关系

图 2 天然孔隙比-湿陷系数关系

图 3 天然孔隙率-湿陷系数关系

图 4 饱和度-湿陷系数关系

图 5 取样深度-湿陷系数关系

图 6 湿陷起始压力-湿陷系数关系

3 挤密桩法消除湿陷性设计原理回顾

当前，采用灰土挤密桩处理湿陷性黄土的湿陷性，其基本设计方法是借鉴土的压实原理，采用挤密系数（水平向压实系数）来计算挤密桩的桩间距。计算公式如下：挤密桩孔按正三角形布置，孔距按下式计算：

$$s = 0.95d\sqrt{\frac{\overline{\eta}_c\rho_{dmax}}{\overline{\eta}\rho_{dmax} - \overline{\rho}_d}}$$

式中　s——桩孔之间的中心距离（m）；

　　　d——桩孔直径（m）；

　　ρ_{dmax}——桩间土最大干密度（t/m³）；

　　$\overline{\rho}_d$——地基处理前土的平均干密度（t/m³）；

　　$\overline{\eta}_c$——桩间土经成孔挤密后的平均挤密系数。

该设计计算方法概念清晰，但其中的挤密系数和湿陷性消除状况联系不直接。

4　灰土挤密桩间距设计计算探讨

先确定挤密处理后桩间土的湿陷系数目标值，从前述孔隙比-湿陷系数相关关系图上找到对应的孔隙比值，将该孔隙比作为挤密处理后目标值，根据土的三相原理，经推导，按下面公式计算挤密桩的置换率，再根据挤密桩的平面布置形式计算桩间距。

$$m = 1 - (1 - m_0)\frac{1 + e_{sav}}{1 + e_0} \tag{1}$$

$$其中\qquad m = \frac{A_p}{A} \tag{2}$$

$$m_0 = \frac{A_{p0}}{A} \tag{3}$$

若采用正三角形布桩，桩的中心距 L：

$$L = 1.075\sqrt{\frac{A_p}{m}} \tag{4}$$

$$排距 H：H = 0.931\sqrt{\frac{A_p}{m}} \tag{5}$$

式中　e_0——天然孔隙比；

　　e_{sav}——处理后桩间土的平均孔隙比；

　　m、m_0——挤密桩置换率、预钻孔置换率；

　A_p、A_{p0}——挤密桩截面积、预钻孔面积；

　　　A——挤密桩控制的总面积。

5　工程案例分析

以前述某建筑场地案例为探讨资料，根据勘察报告，湿陷性黄土的天然孔隙比平均值为 0.875，确定挤密后桩间土孔隙比目标值 e_{sav} 为 0.67，挤密桩施工采用锤击沉管工艺，不采取预钻孔引孔，代入公式（1）计算置换率：

$$m = 1 - (1 - m_0)\frac{1 + e_{sav}}{1 + e_0} = 1 - \frac{1 + 0.67}{1 + 0.875} = 0.11$$

挤密桩采用直径为 0.4m，正三角形布置，则根据置换率计算桩间距为 1.15m。按照常规方法计算桩间距为 1.0m，现场试桩检测结果表明挤密影响半径为 1.30m。

6 结语

湿陷性黄土的地基处理不是一件很简单的事情，本文探讨并提出了挤密桩间距设计新方法，实际工程上要充分全面考虑，不能简单一算了之。本文探讨的设计思路仅供初步设计参考，运用时一定要结合当地经验。本文不妥之处，敬请同行专家指正。

参考文献

[1] 建筑地基处理技术规范 JGJ 79—2002. 北京：中国建筑工业出版社，2002.

关于素混凝土桩复合地基承载力检测的思考和建议

【摘　要】　本文建议，素混凝土桩复合地基承载力的检测，应分别检测单桩和桩间土两者的承载力。

1　问题的提出

目前，按照相关规范的要求，素混凝土桩复合地基承载力的检测，要进行单桩复合地基载荷试验、单桩静载荷试验。要求两者都要满足要求。

上述要求中，要求单桩承载力要满足设计要求，是必需的。要求单桩复合地基载荷试验结果满足设计要求，可能在有些情况下是不妥的。比如某复合地基，拟进行单桩复合地基的载荷试验，桩顶标高所在的土层，如果是硬壳层，或者说下面有软弱土层，在这种情况下，即便单桩复合地基载荷试验满足设计要求，当建筑建成后，建筑荷载影响深度比较大，下面的软弱土层作用会表现出来，这时，复合地基整体承载力可能就达不到要求。

2　建议

作者建议，素混凝土桩复合地基承载力的检测，应分别检测单桩和桩间土两者的承载力。单桩承载力检测，用桩的静载荷试验。桩间土，从基底向下可能是由多层土构成，因此，桩间土的承载力检测，应采用载荷试验、其他原位测试和钻孔取样室内土工试验，因地制宜，酌情选择方法，进行综合评定。

用检测出来的单桩承载力和桩间土承载力，和实际施工的置换率，一起代入理论公式计算，求得复合地基承载力。

褥垫层，发挥作用的机理复杂、原理明确，具体发挥作用表现出来的桩间土承载力发挥系数、桩的承载力发挥系数，目前条件下，还没有找到方法给予检测。因此，褥垫层检测按构造配置、施工要求进行即可，不做发挥作用后的力学的定量检测。

由此，另外建议，对单桩复合地基进行载荷试验检测，不要作为一条硬性要求，而是对其试验检测结果进行综合分析后酌情使用。

当前，对复合地基承载力进行检测，采用了单桩静载荷试验、单桩复合地基载荷试验，这两者是保障了，但实际上，桩间土的承载力还是个盲点。

目前，有个别工地检测，出现了单桩静载荷试验不满足要求，而单桩复合地基载荷试

本文原载微信公众平台《岩土工程学习与探索》2017 年 10 月 30 日，作者：王长科

验满足要求的案例。这说明，除了不均匀性之外，桩间土承载力的检测是个盲点。有些时候，是桩间土的承载力弥补了单桩承载力的不足。当然，这是对这种案例现象的一种简单的猜测，实际情况可能要复杂得多，实际处理时，要具体问题具体分析。

附：桩土复合地基承载力的计算公式

$$f_{spk} = \lambda \cdot m \cdot \frac{R_a}{A_p} + \beta \cdot (1-m) \cdot f_{sk}$$

式中，f_{spk} 为复合地基承载力特征值（kPa）；λ 为单桩承载力调整系数；m 为桩的置换率，等于桩顶面积与代表的面积之比；R_a 为单桩承载力特征值（kN）；A_p 为单桩桩顶面积（m²）；β 为地基承载力调整系数；f_{sk} 为地基承载力特征值（kPa）。

素混凝土桩复合地基承载力设计新思维

【摘　要】　提出了复合地基承载力设计新思维，用另外一种表达方式，给出了设计计算方法。

1　复合地基承载力设计现行方法简述

素混凝土桩复合地基由 CFG 桩复合地基发展而来，广泛应用于小高层、高层、甚至超高层，素混凝土桩的安全直接牵涉到建筑物的安全。

当前，素混凝土桩复合地基承载力设计，按照规范，有下述几个表达式：

在轴心荷载作用下：

$$p_k \leqslant f_a$$

$$f_{skp} = \lambda \cdot m \cdot \frac{R_a}{A_p} + \beta \cdot (1 - m) \cdot f_{sk}$$

$$f_{cu} \geqslant 4 \cdot \lambda \cdot \frac{R_a}{A_p}$$

$$f_{cu} \geqslant 4 \cdot \lambda \cdot \frac{R_a}{A_p} \cdot [1 + \gamma_m \cdot (d - 0.5)/f_{spa}]$$

式中，A_p 为单桩截面积（m^2）；f_a 为修正后的地基承载力特征值（kPa）；f_{sk} 为桩间土地基承载力特征值（kPa）；f_{skp} 为复合地基承载力特征值（kPa），设计使用上，根据基础两边超载情况，可对 f_{spk} 进行深度修正，深度修正系数取 1.0，基础宽度不修正；f_{spa} 为修正后的复合地基承载力特征值（kPa）；m 为桩的置换率，桩的截面积与代表的面积之比；p_k 为建筑基底压力平均值（kPa）；R_a 为单桩承载力特征值（kN）；β 为地基承载力调整系数；γ_m 为基底以上土的平均重度（kN/m^3）；λ 为单桩承载力调整系数。

2　复合地基承载力设计新思维

本文提出素混凝土桩复合地基承载力设计新思维，用另外一个表述方式，进行复合地基承载力设计。表述如下：

按照已知晓的基础-褥垫层-复合地基共同作用原理[1]，素混凝土桩复合地基承载力设计，在三个方面需要得到保证：一是桩间土受到的压力不能超过其承载力；二是单桩承载力足够；三是在任何情况下，桩身强度足够，不出现破坏。

由此，在轴心荷载作用下，列出以下表达式：

$$p_k = m \cdot p_p + (1 - m) \cdot p_s$$

本文原载微信公众平台《岩土工程学习与探索》2017 年 11 月 2 日，作者：王长科

变换形式为：

$$p_p = \frac{p_k - (1-m)p_s}{m}$$

式中，m 为置换率；p_k 为建筑基底压力平均值（kPa）；p_p 为桩顶压强（kPa）；p_s 为桩间土受到的压强（kPa）。

承载力设计要求为：

桩间土上压强应满足：$p_s \leqslant f_s$

单桩承载力应满足：$R_a \geqslant A_p \cdot p_p = \dfrac{A_p[p_k - (1-m) \cdot p_s]}{m}$

桩身强度应满足：$f_c > R_u / A_p$

式中，A_p 为桩顶面积（m²）；f_c 为桩身混凝土轴心抗压强度设计值（kPa）；f_s 为桩间土修正后的地基承载力特征值（kPa）；R_a 为单桩承载力特征值（kN）；R_u 为单桩极限承载力（kN）。

3 复合地基承载力新思维的设计计算方法

将上述公式改写为：

$$p_s = \beta \cdot f_s$$
$$R_a = K_a \cdot A_p \cdot p_p$$
$$f_c = \frac{K_u R_u}{A_p}$$

得到：

$$R_a = K_a \cdot A_p \cdot [p_k - \beta \cdot (1-m) \cdot f_s]/m \tag{1}$$

$$f_c = \frac{K_u R_u}{A_p} \tag{2}$$

式（1）也可以改写为：

$$m = \frac{p_k - \beta f_s}{\dfrac{\alpha R_a}{A_p} - \beta f_s} \tag{3}$$

式中，K_a 为单桩受力分项系数，取值不小于 1.0；K_u 为桩身受压分项系数，取值不小于 1.0。R_a 为单桩承载力特征值（kN）；R_u 为单桩极限承载力（kN），R_u/R_a 的值不得小于 2.0；α 为单桩承载力特征值发挥系数，不大于 1.0，$\alpha = 1/K_a$；β 为桩间土修正后的地基承载力特征值发挥系数，取值不大于 1.0。

以上几个系数 K_a、K_u、α、β 的取值，应根据荷载组合、褥垫层铺设情况和规范相关要求确定。

式（1）、（2），或另一种表达式，式（2）、（3），就是复合地基承载力新思维的设计计算公式。可以看出，复合地基承载力的设计，就是针对 p_k（基底压力）、m（置换率）、R_a（单桩承载力特征值）、R_u（单桩极限承载力）、f_c（桩身混凝土轴心抗压强度设计值）四个参数的设计和配置。

参考文献

[1] 王长科，郭新海. 基础—垫层—复合地基共同作用原理. 土木工程学报，1996 年第 5 期.

压实填土最大干密度经验公式的理论依据

【摘　要】 给出了压实填土最大干密度经验公式的理论表达式。

在手册中经常见到，压实填土的最大干密度经验公式：

$$\rho_{dmax} = \eta \cdot \frac{\rho_w d_s}{1 + w_{op} d_s}$$

其中，η 为经验系数，对粉质黏土取 0.96，对粉土取 0.97。这个经验公式，经推导，发现经验系数 η 是有理论表达式的：

$$\rho_{dmax} = \frac{\rho_w d_s}{1 + \dfrac{w d_s}{S_r}} = \left[\frac{1 + w d_s}{1 + \dfrac{w d_s}{S_r}} \right] \frac{\rho_w d_s}{1 + w d_s} = \eta \cdot \frac{\rho_w d_s}{1 + w d_s}$$

$$\eta = \frac{1 + w d_s}{1 + \dfrac{w d_s}{S_r}}$$

式中，w 表示含水量，d_s 表示相对密度，S_r 表示饱和度，ρ_{dmax}、w_{op} 分别表示土的最大干密度和最优含水量。

附：填土的现场鉴别

（1）人工填土

人工填土是经人工、机械有控制地分层压实或夯实形成，可根据土的均匀性、密实度及留下的痕迹加以鉴别。

（2）素填土

素填土是素土随意堆填的，与天然土的最大区别，在于还没有形成天然结构和层理，颜色发暗。

（3）杂填土

杂填土是指建筑垃圾等堆填而成，经常和素填土一样，未经认真有计划地分层压实，但根据物质组成很容易与天然土及其他填土区别。注意天然砂石场所剩余废砂石料形成的填土，由于常常堆积在取砂石后形成的坑内，较难鉴别，一般有以下特点：

① 回填的砂石颗粒排列没有规律，非常杂乱，孔隙间的充填物含泥量较大；

② 回填的砂石颗粒级配很差，在垂直方向的颗粒往往呈明显的下大上小分布。

（4）冲填土

冲填土是由水力冲填泥砂形成的填土，分布在河流两岸或周边地区。其颗粒组成随泥砂的来源而变化，土层分布不均匀，透镜体或薄片状常见。

本文原载微信公众平台《岩土工程学习与探索》2017 年 11 月 20 日，作者：王长科

土的桩侧摩阻力确定

【摘　要】　根据土的地基承载力特征值 f_{ak} 估算土的桩侧极限摩阻力 q_{sik}。

土的工程性质是很复杂的，不仅取决于土本身的物质成分、物理状态（比重、含水量、密度），而且与土的周围压力相关，特别是还跟岩土工程的工艺工法有关。毋庸置疑，土的参数的估计，不能轻率。

有一个小窍门是，当实在是没有试验数据和没有办法时，可以根据土的地基承载力特征值 f_{ak}，按下述公式估算土的桩侧极限摩阻力 q_{sik}：

$$q_{sik} = f_{ak}/\pi$$

式中，q_{sik} 表示土的桩侧极限摩阻力（kPa），f_{ak} 表示土的地基承载力特征值（kPa），π 表示圆周率，取值 3.14。

注意，这里的土的桩侧极限摩阻力，是指干作业值。如遇泥浆钻进、后压浆工艺，等等，要进行酌情修正。

这个公式，还是有点理论根据的。详见文献 [1]。

估算举例如下：

f_{ak}(kPa)	100	150	200	250	300
q_{sik}(kPa)	32	48	64	80	96

记住，不到万不得已，不能轻易使用上述推荐的公式。土的性质很复杂，应该有更有效的依据。

附：地基承载力基本概念

地基承载力的确定既是岩土工程专业的初级入门问题之一，也是高级阶段的最终难题之一。

在我国工程建设发展史上，曾使用过不同的承载力概念。承载力概念的演变，反映了不同历史时代学者对承载力认识上的不断深化。

地基容许承载力：确保地基不产生剪切破坏而失稳，同时又保证建筑物的沉降不超过允许值的最大荷载。

地基极限承载力：使地基发生剪切破坏，失去整体稳定时的基础底面最小压力，即地基能承受的最大荷载强度。地基极限承载力和地基容许承载力是一对承载力概念。

地基承载力标准值：岩土工程勘察评价中采用的考虑了土性指标变异影响后的相应于标准基础（载荷板）宽度和埋深时具有某一特定置信概率的地基容许承载力代表值。常用

f_k 表示。

地基承载力设计值：是指地基承载力标准值 f_k 经基础宽度和埋深修正，或直接用地基抗剪强度指标标准值，考虑实际基础宽度和埋深，采用承载力理论公式计算得到的地基容许承载力值。地基承载力标准值和地基承载力设计值是一对承载力概念。

现行《建筑地基基础设计规范》GB 50007—2012 使用的概念：

地基承载力特征值 f_{ak}：是岩土工程勘察评价中采用的相应于标准基础（载荷板）宽度和埋深时的地基容许承载力代表值。

深宽修正后地基承载力特征值 f_a：是指地基承载力特征值 f_{ak} 经基础宽度和埋深修正得到的地基容许承载力值，或直接用地基抗剪强度指标标准值，考虑实际基础宽度和埋深，用承载力理论公式计算得到的地基容许承载力值。

参考文献

[1] 王长科，段宗智，王立俊，史德忠. 关于夯实水泥土桩承载力的两个问题. 岩土工程界，2001 年第 2 期.
[2] 王长科. 地基承载力和沉降计算手册. 内部资料，2006 年.

地基承载力的"深度修正系数"
宜改称为"超载修正系数"

【摘　要】　将"地基承载力深度修正系数"的称谓，改为"地基承载力超载修正系数"，这样理解运用起来，更加会意，更加反映本质，遇到复杂问题便于抓住实质。

在我国许多行业的地基基础设计中，关于地基承载力的计算，有一个深度修正系数概念，首先说，一直发挥了重要作用。

这几年，高层建筑越来越多，主楼、裙楼结构一体化成为常见。在计算主楼地基承载力时，对裙楼的相应荷载，需要折算成等效土厚，然后进行主楼地基承载力的深度修正。有时候，裙楼还需要设置抗浮措施。对于这一点，很多初入岩土工程、地基基础技术工作的同行朋友，还需要认真学习领会实质性要求。

为此，笔者想，若将"地基承载力深度修正系数"的称谓，改为"承载力超载修正系数"，这样理解运用起来，会更加会意，对考虑主楼基础之外的裙楼荷载对主楼地基承载力的影响，会更加会意、灵活、抓住实质，从而避免机械套用、多绕一个弯儿的"荷载换算等效土厚"的做法。

实际上，从下列地基承载力理论表达式可以看出，地基承载力的大小与基础宽度、基础两侧超载有关。地基承载力与基础埋深有关，不是本质，本质是与超载有关。

太沙基地地基极限承载力：

$$q_u = \frac{1}{2}\gamma B N_\gamma + q N_q + c N_c$$

其中，N_q 表示超载影响系数，q 表示基础两侧超载。其他符号在此省略。

《建筑地基基础设计规范》GB 50007—2011 中的地基承载力特征值表达式：

$$f_a = M_b \cdot \gamma \cdot b + M_d \cdot \gamma_m \cdot d + M_c \cdot c_k$$

$$f_a = f_{ak} + \eta_b \cdot \gamma \cdot (b-3) + \eta_d \cdot \gamma_m \cdot (d-0.5)$$

其中，M_d、η_d 分别表示地基承载力系数、基础埋置深度的地基承载力修正系数（常简称地基承载力深度修正系数）。其他符号在此省略。

建议将"地基承载力深度修正系数"称谓，改为"地基承载力超载修正系数"，之后，建议上述公式改写为下式：

$$f_a = M_b \cdot \gamma \cdot b + M_q \cdot q + M_c \cdot c_k$$

$$f_a = f_{ak} + \eta_b \cdot \gamma \cdot (b-3) + \eta_q \cdot (q-q_0)$$

其中，M_q、η_q 分别表示超载对地基承载力的影响系数、地基承载力超载修正系数。q 表示基础两侧超载。从上述公式可以看出，M_q、η_q 的取值和 M_d、η_d 应该相同，只是改变了称谓，纯粹为了更加反映本质，便于会意，遇到复杂问题便于抓住实质。另外，为了比对，建议 q_0 取值 10kPa。

本文原载微信公众平台《岩土工程学习与探索》2017 年 11 月 25 日，作者：王长科

地基承载力理论计算公式简明汇总

【摘　要】　简明列出太沙基、汉森、魏锡克、梅耶霍夫、沈珠江、普兹列夫斯基、王长科等地基承载力理论计算公式。

1　地基承载力理论研究发展简史

地基承载力的研究可以追溯到很久以前。中国古建筑闻名于世，很多古建筑历经千年岿然不动，地基安全稳定，究其原因，发现多数古建筑采用大底盘基础，基底压力大致在80kPa左右。这说明古人在工程建设中对地基承载力有了一定的认识。

古人对地基承载力的研究毕竟是一种经验认识和经验积累。真正对地基承载力进行理论研究，是到了19世纪才开始的。

据报道，最早对地基承载力进行研究的是Pauker（鲍克）。1850年，Pauker根据Coulomb（库仑）土压力理论（1776）建立了世界上第一个地基承载力方程式，该方程适用于无黏性土。

1857年，Rankine W. J. M.（朗肯）假定地基为理想刚塑体，不考虑地基土的重量，经推导得出了不考虑地基重量影响的地基极限承载力公式。Rankine承载力公式和Pauker承载力公式很相似。

1915年，Bell考虑土楔体两侧的力平衡，对Pauker-Rankine承载力公式进行了修正，使之适用于黏性土。

1920年，Prandtl L.（普朗特尔）根据塑性理论，导出了刚性基础压入无重量土的极限承载力公式。Prandtl承载力公式是后来各个学者研究极限承载力的基础。

1924年，Reissner H.（瑞斯诺）对Prandtl极限承载力公式进行了改进。

在1940年代以前，世界各国学者提出的地基承载力公式，都是假定土是无重量的。为了弥补这一缺陷，20世纪40年代Terzaghi K.（太沙基）根据Prandtl原理，首次提出了考虑土重量的地基极限承载力公式。

在这个时期，在世界另一地域，20世纪20年代，苏联学者普兹列夫斯基假定地基附加应力服从Boussinesq解，屈服方程服从摩尔-库仑方程，并认为土的侧压力系数为1.0。经推导得出了地基临塑荷载p_{cr}和临界荷载$p_{1/4}$。

1950年代，Meyerhof G. G.（梅耶霍夫）提出了考虑基底以上两侧土体抗剪强度影响的地基极限承载力公式。

1960年代，Hansen J. B.（汉森）提出了中心倾斜荷载并考虑其他一些影响因素的极

本文原载微信公众平台《岩土工程学习与探索》2017年11月27日，作者：王长科

限承载力公式。

1970 年代，Vesic A. S.（魏锡克）引入修正系数和考虑压缩性影响，把整体剪切破坏条件下地基极限承载力公式推广到局部或冲剪破坏时的极限承载力计算。

2000 年，中国沈珠江院士提出了地基极限承载力新公式。

2006 年，中国王长科等人借用 Rankine（朗肯）的研究思路，考虑了土的重量，提出了地基第一拐点承载力理论计算公式。计算结果和普兹列夫斯基 $p_{1/4}$ 相当，同样比太沙基地基极限承载力小很多。将载荷板试验条件下的地基第一拐点承载力计算值和载荷试验实测地基承载力特征值相比，就对比资料看，二者基本接近。

回首地基承载力研究史，在多数欧美学者瞄准极限承载力的同时，Vesic A. S.（魏锡克）曾经提到了第一拐点承载力 $q_{cr(1)}$ 和极限承载力 $q_{cr(2)}$ 的概念。但后来研究重点一直是极限承载力，$q_{cr(1)}$ 未见进一步研究。2006 年，中国王长科等人提出的地基第一拐点承载力理论计算公式，在概念上相当于 Vesic A. S.（魏锡克）早期提出的第一拐点承载力 $q_{cr(1)}$。

综上，地基承载力理论研究的历史，就是围绕地基极限承载力理论计算和地基容许承载力计算两个方向展开的。地基承载力基本理论研究成果汇总如下：

1850 年，Pauker 地基极限承载力方程式。

1857 年，Rankine W. J. M.（朗肯）地基极限承载力公式。

1915 年，Bell（贝尔）地基极限承载力公式。

1920 年，Prandtl L.（普朗特尔）地基极限承载力公式。

1924 年，Reissner H.（瑞斯诺）地基极限承载力公式。

20 世纪 20 年代，普兹列夫斯基地基临塑荷载 p_{cr} 和临界荷载 $p_{1/4}$。

20 世纪 40 年代，Terzaghi K.（太沙基）地基极限承载力公式。

1950 年代，Meyerhof G. G.（梅耶霍夫）地基极限承载力公式。

1960 年代，Hansen J. B.（汉森）地基极限承载力公式。

1970 年代，Vesic A. S.（魏锡克）地基极限承载力公式。

2000 年，沈珠江地基极限承载力公式。

2006 年，王长科地基第一拐点承载力公式。

前述以太沙基（Terzaghi）为代表的地基极限承载力公式在欧美国家和我国相关行业地基规范中广泛使用。普兹列夫斯基提出的 $p_{1/4}$ 公式经合理修正后被列入国家标准《建筑地基基础设计规范》GB 50007。这些成果在工程实践中都发挥着重要作用。

2 地基承载力理论计算公式汇总

下面简明列出太沙基、汉森、魏锡克、梅耶霍夫、沈珠江、普兹列夫斯基、王长科等地基承载力理论计算公式，供参考使用。适于标准受压，只考虑基础宽度、超载影响，不考虑其他诸如倾斜等因素。

（1）太沙基（Terzaghi）地基极限承载力 q_u 公式

$$q_u = N_c c + N_q q + N_\gamma \frac{B}{2} \gamma$$

其中

$$N_c = (N_q - 1)\cot\varphi$$

$$N_q = e^{\pi\tan\varphi}\tan^2\left(45° + \frac{\varphi}{2}\right)$$

$$N_\gamma = 6\varphi/(40° - \varphi)$$

式中，c、φ 分别表示土的黏聚力、内摩擦角，B 表示基础宽度。以下同。

（2）汉森（Hansen）地基极限承载力 q_u 公式

$$q_u = N_c c + N_q q + N_\gamma \frac{B}{2}\gamma$$

其中

$$N_c = (N_q - 1)\cot\varphi$$

$$N_q = e^{\pi\tan\varphi}\tan^2\left(45° + \frac{\varphi}{2}\right)$$

$$N_\gamma = 1.5 N_c \tan^2\varphi$$

（3）梅耶霍夫（Meyerhof）地基极限承载力 q_u 公式

$$q_u = N_c c + N_q q + N_\gamma \frac{B}{2}\gamma$$

其中

$$N_c = (N_q - 1)\cot\varphi$$

$$N_q = e^{\pi\tan\varphi}\tan^2\left(45° + \frac{\varphi}{2}\right)$$

$$N_\gamma = (N_q - 1)\tan(1.4\varphi)$$

（4）魏锡克（Vesic）地基极限承载力 q_u 公式

$$q_u = N_c c + N_q q + N_\gamma \frac{B}{2}\gamma$$

其中

$$N_c = (N_q - 1)\cot\varphi$$

$$N_q = e^{\pi\tan\varphi}\tan^2\left(45° + \frac{\varphi}{2}\right)$$

$$N_\gamma = 2(N_q + 1)\tan^2\varphi$$

（5）沈珠江地基极限承载力 q_u 公式

$$q_u = \sqrt[3]{1 + \frac{d}{B}} \cdot \left[c\cot\varphi(N_q - 1) + \frac{1}{2}\gamma B N_\gamma\right]$$

其中

$$N_q = e^{\pi\tan\varphi}\tan^2\left(45° + \frac{\varphi}{2}\right)$$

$$N_\gamma = (N_q - 1)\sin\varphi$$

（6）普兹列夫斯基临塑荷载 p_{cr} 和临界荷载 $p_{1/4}$

$$p_{cr} = M_c \cdot c + M_q \cdot q$$

$$p_{1/4} = M_c \cdot c + M_q \cdot q + (1/4)M_\gamma \gamma B$$

其中

$$M_c = \frac{\pi\cot\varphi}{\cot\varphi + \varphi - \dfrac{\pi}{2}}$$

$$M_q = \frac{\cot\varphi + \varphi + \dfrac{\pi}{2}}{\cot\varphi + \varphi - \dfrac{\pi}{2}}$$

$$M_\gamma = \frac{1}{2} \cdot \frac{\pi}{\cot\varphi + \varphi - \dfrac{\pi}{2}}$$

经推导，广义临界荷载 $p_{1/n}$

$$p_{1/n} = M_c \cdot c + M_q \cdot q + (1/n) \cdot M_\gamma \gamma B$$

（7）王长科地基第一拐点承载力 q_1 公式

$$q_1 = N_c c + N_q q + N_\gamma \frac{B}{2}\gamma$$

其中

$$N_c = 2\tan^3\left(45° + \frac{\varphi}{2}\right)$$

$$N_q = \tan^4\left(45° + \frac{\varphi}{2}\right)$$

$$N_\gamma = (N_q - 1)\tan\left(45° + \frac{\varphi}{2}\right)$$

浅议复合地基变形计算深度

【摘　要】　给出了关于复杂情况下，复合地基变形计算深度的综合确定方法。

1　问题的提出

复合地基变形计算，按现行做法，多数是借天然地基变形理论公式进行计算的，计算深度的判稳标准很多是用变形比≤0.0025。应该说，这么多年应用效果很好。但不少工程师也发现，比如做 CFG 桩复合地基变形设计时简单套用公式和判稳标准，就出现一个问题，当桩端持力层是比较密实的砂土时，最后一段长度的变形量很容易满足规范的变形比0.0025，如果桩端以下还有相对较软的土层时，继续向下算，有时候就需要计算很深的深度，才满足变形比0.0025。特别是独立基础时，处理的桩越长，越有可能更不好满足。

2　分析

CFG 桩复合地基的桩一般座于良好持力层中，所以有些情况下会发现，变形计算，如果从桩顶向下开始判稳，有时不到桩端就稳定了。如果下伏有相对软一点的土层，显然不合理，继续向下算，结果是到很深才满足变形比判稳要求。

沉降计算中压缩层厚度的确定，实际上还是一个需要进一步再探索的问题，因为它直接关系到总沉降量的大小。最早从苏联引进 E_s 法进行沉降计算时，变形计算深度是用应力比来确定的，后来发现有些情况是压缩层内遇到硬层时变形就稳定了，所以改用变形比法来判稳。变形比法主要是解决由软到硬的问题，解决不了硬层之下还有软层的问题。

笔者 2007 年写过一篇文章，见文献[1]，探讨过压缩层厚度的确定问题，其中的两个截图如图 1 所示，可以看出两种判稳标准的比较结果。

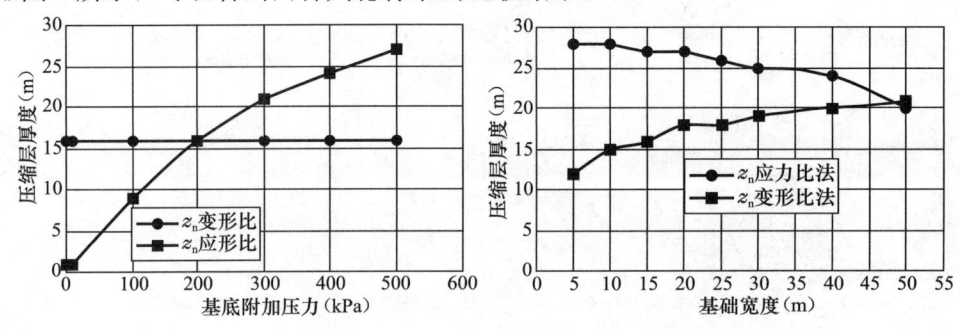

图 1　应力比法和应变比法计算的压缩层厚度比较

本文原载微信公众平台《岩土工程学习与探索》2017 年 11 月 30 日，作者：王长科

3 建议

当复合地基遇到复杂地层,按常规确定变形计算深度明显不合理时,笔者建议:

(1)复合地基变形计算深度,应使用变形比和应力比两个判稳标准,并结合地层构成具体情况,综合确定。

(2)变形计算深度最大不超过应力比法判稳的深度,在此深度之内,对上软下硬地层,按变形比法判稳。

(3)要特别注意基础宽度、附加压力、地层构成特点,变形计算深度的确定,坚持定量计算,定性判断。

以上建议供同行参考,也请各位专家指正。

参考文献

[1] 王长科. 沉降计算的现状和思考//梁金国,聂庆科主编. 岩土工程新技术与工程实践. 石家庄:河北科学技术出版社,2007.

复合地基褥垫层厚度的设计计算

【摘　要】　建议了复合地基褥垫层厚度设计的计算公式。

1　现行做法

复合地基褥垫层厚度的设计，按照当前的做法，是按照规范规定结合工程实际进行选用。比如《建筑地基处理技术规范》JGJ 79—2012 的规定是：

对水泥粉煤灰碎石桩复合地基，7.7.2 条 4 款规定，褥垫层厚度宜为桩径的 40%～60%，褥垫材料宜采用中砂、粗砂、级配砂石和碎石等，最大粒径不宜大于 30mm。

对夯实水泥土桩复合地基，7.6.2 条 6 款规定，褥垫层厚度 100～300mm，褥垫材料可采用中砂、粗砂、碎石，最大粒径不超过 20mm，夯填度不应大于 0.9。

对灰土挤密桩和土挤密桩复合地基，7.5.2 条 8 款规定，褥垫层厚度 300～600mm，褥垫材料可根据工程要求采用 2∶8 或 3∶7 灰土、水泥土等，压实系数不应低于 0.95。

对旋喷桩复合地基，7.4.6 条规定，褥垫层厚度 150～300mm，材料宜采用中砂、粗砂、级配砂石等，最大粒径不宜大于 20mm，夯填度不应大于 0.9。

对水泥土搅拌桩复合地基，7.3.1 条 6 款规定，垫层厚度 200～300mm，材料宜用中砂、粗砂、级配砂石等，最大粒径不宜大于 20mm，夯填度不应大于 0.9。

对振冲碎石桩、沉管砂石桩复合地基，7.2.2 条 7 款规定，垫层厚度 300～500mm，材料宜用中砂、粗砂、级配砂石和碎石等，最大粒径不宜大于 30mm，夯填度不应大于 0.9。

2　褥垫层作用原理的启发

笔者在 1996 年发表一篇文章，见文献［1］，对复合地基褥垫层的作用原理进行了阐述分析，基础-褥垫层-桩土共同作用，褥垫层起到了桩土应力调节的重要作用。

对于柔性褥垫层（砂、碎石等散体材料）情况，在上部荷载作用下，基础底面向下位移，因桩间土的刚度低于桩的刚度，桩间土承担荷载在趋势上首先产生沉降，接着，基底压力向桩顶进行应力集中，桩顶之上的柔性褥垫层材料开始陆续侧向位移到桩间土之上，桩间土进一步分担荷载向下沉降，期间，出现"桩上刺"现象，桩顶相对向上刺入了柔性褥垫层。在上部荷载作用下，基础-褥垫层-桩及桩间土，三者共同工作，经过柔性褥垫层调节，直至最终达到基底压力、桩反力与桩间土反力三者的平衡。

对于刚性褥垫层，在上部荷载作用下，基础底面向下位移，因刚性褥垫层没有调节作

本文原载微信公众平台《岩土工程学习与探索》2017 年 12 月 10 日，作者：王长科

用，从而出现"桩下刺"现象，在趋势上桩顶先向下位移，接着桩间土逐渐承担荷载，最终直至达到基底压力、桩反力与桩间土反力三者的平衡。

对于刚度介于刚性和柔性之间的褥垫层，作用原理介于上述二者之间。刚者先坚持，柔者先变形。

可以看出，基础-褥垫层-桩及桩间土，是一个共同作用的系统。合适厚度、足够柔性的柔性褥垫层，保障了桩间土承载力的发挥，不足部分有桩承担。足够刚度的刚性褥垫层，保障了桩承载力的发挥，不足部分，有桩间土承担。

应该说，褥垫层因其性质、状态、厚度不同而发挥不同的作用。有什么样的褥垫层，就有什么样的机理。

3　褥垫层厚度设计计算方法建议

这里只对柔性褥垫层的厚度设计提出计算建议（对刚性褥垫层，从发挥作用原理上来说，不能称为褥垫层，只能称作垫层。这里不再赘述）。

先看下面三张图。

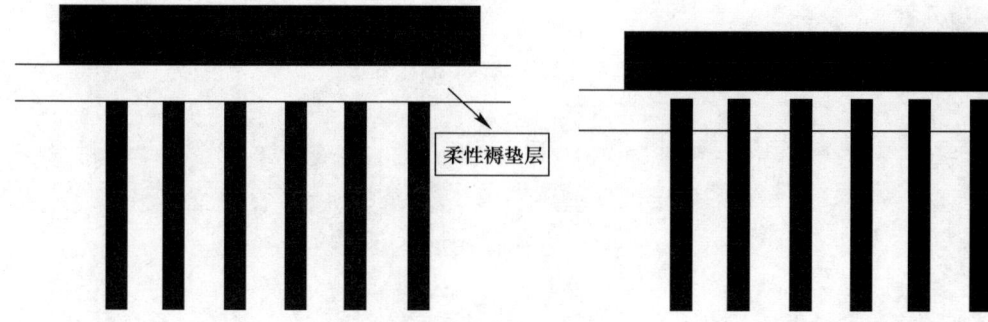

图 1　复合地基承担上部荷载之前的结构图　　图 2　复合地基承担上部荷载之后的结构图

根据图 1～图 3，柔性褥垫层厚度设计的计算公式建议如下：

$$t = s_s - s_p + t_r + t_b$$

式中，t 表示柔性褥垫层厚度；s_s 表示桩间土在上部荷载作用下相应于其设计分担压力对应的沉降量；s_p 表示桩在上部荷载作用下相应于其设计分担压力对应的沉降量；t_r 表示上部荷载作用下桩顶之上的柔性褥垫层最终残余厚度，取决于桩顶直径和柔性褥垫层材料的性质；t_b 表示上部荷载作用下柔性褥垫层的压缩量。

注意，s_s、s_p 的取值，要保障桩间土、桩，其相应的分担荷载均不能超过其承载力特征值。

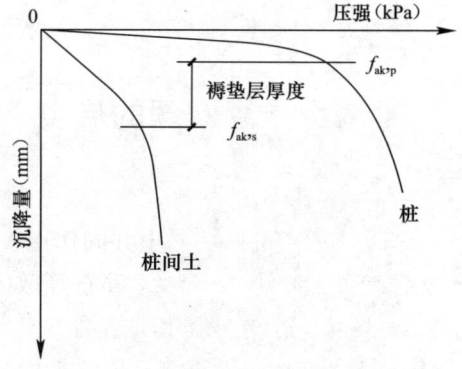

图 3　上部荷载作用下的桩与桩间土
受力变形曲线示意图

参考文献

[1]　王长科，郭新海. 基础—垫层—复合地基共同作用原理. 土木工程学报，1996 年第 5 期.

第3篇
地下空间工程

边坡开挖设计的简化弹塑性法

【摘　要】　给出了新开挖边坡坡角与极限坡高的理论关系式。

1　前言

　　边坡稳定分析（指整体稳定分析，这里不包括局部块体稳定分析）是岩土力学中一个重要课题。迄今，其分析的方法很多，归纳起来可以分为四类（不包括经验类比法）。第一类是极限平衡分析法。该类方法假定土体为刚—塑性体，将可能滑动体垂直分条，通过对条间作用力的简化来研究滑动面上的剪应力和抗剪强度，从而计算出边坡沿滑动面的稳定安全系数，比如 Fellenius 法，Bishop 法，Spancer 法，Morgen stern 法等。目前边坡稳定设计一般采用此类方法。第二类方法是极限状态分析法。该类方法假定土体为弹性—完全塑性体，采用屈服准则的概念，应用上界定理和下界定理，研究土坡的速度场和应力场，从而对边坡稳定进行评价。极限状态分析法应用简单，在很多情况下可以给出问题的严密解。第三类方法是概率分析法。该类方法以极限平衡原理为基础，通过对土体变异性（Variation）的研究，来评价土坡沿可能滑动面的破坏概率。最后一类是数值解法，该类方法以有限元、边界元及无界元等方法为手段，假定土体服从于某种本构关系，来研究土坡内部各点的应力、应变及破坏情况。

　　上述几类方法从不同角度研究了土坡的稳定机理和破坏准则。对于人工开挖边坡的稳定问题，笔者认为，现有分析法均未明确考虑初始地应力场对开挖后边坡稳定的影响。而实际上初始地应力场是影响开挖后边坡稳定的一个重要因素。因而设计上在分析新开挖边坡稳定时恰当考虑初始地应力场是十分重要的。工程上土体一般是弹塑性的，边坡开挖设计上关心的问题往往是边坡角与极限坡高的关系。为此，笔者在本文中做了以下工作：假定土体为均质弹塑性体，考虑初始地应力场的存在，给出了开挖前设计范围内的应力场；引入屈服准则的概念，给出了新开挖边坡坡角与极限坡高的理论关系式，希望引起同行的重视。

2　边坡坡角与极限坡高的关系分析

　　所谓相应于某坡角 α 时的极限坡高，如图 1 所示，就是边坡内弹性区与塑性区（破坏区）在坡面的分界点到坡顶的高度 H。欲求得弹塑性区与塑性区的分界点，下面首先对边坡进行应力分析。

本文原载《现代勘察》1989 年第 3 期，作者：王长科

边坡在开挖前（后）的状态如图 2 所示。在开挖前，设计边坡范围内土体各点的竖向应力 σ_z（按 $\gamma \cdot h$ 计算，γ 表示土体重度，h 表示该点上覆土层厚度），水平应力为 $K_0 \cdot \sigma_z$（K_0 表示土体侧压力系数）。若采用极坐标系，则根据应力分量的坐标变换式，开挖前设计边坡范围内的初始应力场为

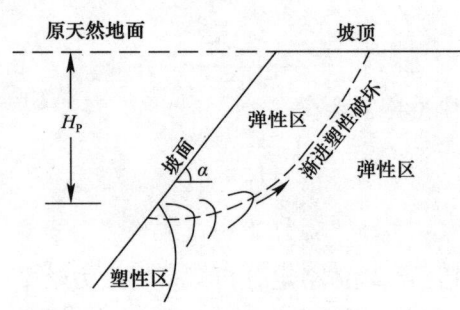

图 1　边坡内应力区　　　　图 2　开挖前（后）边坡状态示意图

$$\begin{cases} \sigma_r = K_0 \sigma_z \cos^2\theta + \sigma_z \sin^2\theta \\ \sigma_\theta = K_0 \sigma_z \sin^2\theta + \sigma_z \cos^2\theta \\ \tau_{r\theta} = \sigma_z (1 - K_0) \sin\theta\cos\theta \end{cases} \tag{1}$$

式中，σ_r 为径向应力；σ_θ 为环向应力；$\tau_{r\theta}$ 为剪应力；θ 为坐标极角；其他符号意义同前（见图 2）。

如图 2 所示，若设计边坡角为 α，则由式（1）开挖前设计开挖面（$\theta = 180° - \alpha$）上各点的应力状态为

$$\begin{cases} \sigma'_{r\alpha} = K_0 \sigma_z \cos^2\alpha + \sigma_z \sin^2\alpha \\ \sigma'_{\theta\alpha} = K_0 \sigma_z \sin^2\alpha + \sigma_z \cos^2\alpha \\ \tau'_{r\theta\alpha} = -\sigma_z (1 - K_0) \sin\alpha\cos\alpha \end{cases} \tag{2}$$

式中，$\sigma'_{r\alpha}$ 为径向应力；$\sigma'_{\theta\alpha}$ 为环向应力；$\tau'_{r\theta\alpha}$ 为剪应力；其他符号意义同前。

开挖后边坡内应力状态因开挖卸荷引起重新分布。由式（2）知开挖后边坡面上各点应力状态为

$$\begin{cases} \sigma''_{r\alpha} = K_0 \sigma_z \cos^2\alpha + \sigma_z \sin^2\alpha + \Delta\sigma \\ \sigma''_{\theta\alpha} = 0 \\ \tau''_{r\theta\alpha} = 0 \end{cases} \tag{3}$$

式中，$\sigma''_{r\alpha}$ 为径向应力；$\sigma''_{\theta\alpha}$ 为环向应力；$\tau''_{r\theta\alpha}$ 为剪应力；$\Delta\sigma$ 为径向应力 $\sigma'_{r\alpha}$ 因开挖卸荷生产的应力增量（应力调整）；其他符号意义同前。

上述对开挖前的边坡及开挖后的坡面进行了应力推演。从式（3）可以看出，新开挖边坡坡面上的三个主应力分别为

$$\begin{aligned} \sigma_1 &= \sigma''_{ru} \\ \sigma_2 &= \sigma_y \\ \sigma_3 &= 0 \end{aligned} \tag{4}$$

其中 σ_y 表示厚度方向上的主应力。

边坡越高，大主应力 σ_1 越大，根据前述（图 1），当坡高为 H_p 时，坡面上该点的应力状

202

态既满足弹性应力状态（式3），又满足塑性应力状态，若采用 Mohr-column 准则，则为

$$\frac{\sigma_1 - \sigma_3}{2} = \frac{\sigma_1 + \sigma_3}{2}\sin\varphi + c \cdot \cos\varphi \tag{5}$$

式中，c、φ 为土体强度参数。

由前述知该点在开挖前竖向应力 σ_z 为

$$\sigma_z = \gamma \cdot H_p \tag{6}$$

将式（3）、式（5）、式（6）代入式（4），可得边坡坡角与极限坡高的关系式

$$H_p = \frac{2c \cdot \cos\varphi}{1 - \sin\varphi} \times \frac{1}{K_0\gamma \cdot \cos^2\alpha + \gamma\sin^2\alpha + \dfrac{\Delta\sigma}{H_p}} \tag{7}$$

理论分析指出，一般情况下上式中应力增量 $\Delta\sigma < 0$，简便起见，不计应力增量 $\Delta\sigma$ 对坡角与极限坡高关系的影响（这样做是偏于保守的），则式（7）可以化为

$$H_p = \frac{2c}{\gamma} \times \frac{\cos\varphi}{1 - \sin\varphi} \times \frac{1}{K_0 \cdot \cos^2\alpha + \sin^2\alpha} \tag{8}$$

或写为

$$H_p = \frac{2c \cdot \tan\left(45° + \dfrac{\varphi}{2}\right)}{\gamma} \times \frac{1}{K_0 + (1 - K_0) \cdot \sin^2\alpha} \tag{9}$$

式中，H_p 为极限坡高；α 为坡角；γ、K_0 为土体重度和侧压力系数；c、φ 为土体强度参数。

式（8）、式（9）即为坡角与极限坡高的理论关系式。

3 讨论

上面通过弹塑性应力分析，给出了人工开挖边坡坡角与极限坡高的关系式（8）、式（9），从式（8）、式（9）可以看出，极限坡高（H_p）和土体强度（c、φ）成正比，和土体重度（γ）侧压力系数（K_0）及开挖坡角均成反比。式（8）、式（9）表示的方法（下称简化弹塑性法）弥补了现有方法不考虑初始地应力场的缺陷，计算简便，物理关系明确。

简化弹塑性法使用了两个假定，一是小变形时土体处于弹性状态，二是达塑性屈服时土体发生破坏。这一点对于边坡坡角大于土体内摩擦角情况是适用的，如图 1 所示，当边坡较高时，边坡下部会出现塑性破坏区，随后会向右上方逐渐发展（如图 1 中虚线），直至出现整体滑动。对于坡角小于土体内摩擦角的情况，当边坡较高时，按前述分析，边坡下部也可能出现塑性区，但这时塑性区土体不会发生滑动，这部分土体会对边坡内部土体产生压重（即前述式（4）中 $\sigma_z \neq 0$），边坡内部不出现渐进破坏。简化弹性法对边坡角小于土体内摩擦角情况是不适用的。

4 算例

某建筑场地地基土为亚黏土，其物理力学指标为 $c = 40\text{kPa}$，$\varphi = 18°$，$\gamma/19\text{kN/m}^3$，$K_0 = 0.40$。根据设计要求，需要开挖出 7m 深的基坑，试设计出最大开挖坡角。

将上述参数代入式（9），可得 $\alpha = 57°$，即最大开挖坡角为 57°。

5 结语

本文就新开挖边坡，考虑开挖前初始地应力场，通过弹塑性应力分析，在理论上得出了坡角与极限坡高的理论关系式（8）、式（9），为边坡开挖设计提供了简便易行的简化弹塑性法。

本法适用于在一般黏性土、砂类土、碎石土及岩石等场地开挖边坡，且设计坡角大于边坡介质内摩擦角的情况时使用。

参考文献

[1] 黄文熙主编. 土的工程性质. 北京：水利电力出版社，1981.
[2] 王正宏等编. 土工计算与土体加固. 华北水利水电学院北京研究生部印，1986.

土钉技术的发展及其在我国工程建设中的应用

【摘　要】　本文总结简述土钉技术的发展情况。

1　前言

　　土钉是土体原位加筋技术的一个分支，适用于新建工程和修复工程的永久性或临时性开挖支护和边（斜）坡加固。它是将土钉（常使用钢筋或型钢）近似水平地（略下斜）打入或钻孔灌入边（斜）坡内部，使得钉土全长粘结，并在坡面上置网喷射混凝土，使土钉和护面联为一体，形成土体原位加筋稳定块，像重力式挡土墙一样支挡其后土体的稳定（图1）。

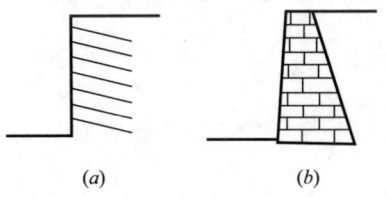

图1　土钉支挡系统和重力式挡土墙

　　土钉技术在国际上形成于70年代，因其施工简便、工期短、造价低廉和支护效果好，受到工程技术人员的重视。此项技术应用广泛，发展迅速，在欧美一些国家已是一项成熟而合法的土体原位加筋技术。但在我国应用尚很少见。本文根据国内外土钉发展情况的有关资料，介绍并推动此项技术在我国的应用和发展。

2　发展简史和国内外应用现状

　　在很早以前，采矿工程师就已认识并应用了原位加筋技术的原理和方法进行岩体开挖。据 Beveredge（1973）报道，第二次世界大战之后岩质螺钉技术发展很快，1959年德国首次在工程中运用了利用树脂做粘材，使筋土全长粘结的加筋技术。60年代初期，在硬质岩体中进行洞室开挖的支护技术日趋成熟，形成了新奥法，就是紧随洞室开挖面进行锚喷支护（图2），这是一种很有效的办法。

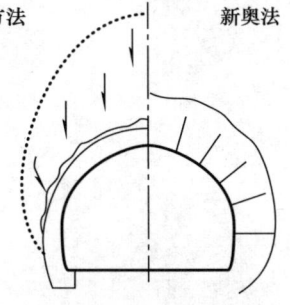

图2　新奥法和传统
支护方法对比图

　　新奥法首先广泛应用于硬质岩体洞室工程，积累了大量的经验和观测数据，后来便成功地应用于软质岩体洞室工程中，包括 Massenberg 隧道工程（碳质页岩。Rabcewicz，1964）和 Schwaikhem 隧道工程（晚三叠系考依波统泥灰岩。Sattler，1965）。其中后一项工程的成功说明新奥法在软质岩体洞室工程中有很强的生命力。此后，很快在粉土、砾石土和砂土中进行了试验。1970年在 Frankfurt 小洞室地下铁道工程中使用了新奥法获得成功。之后在 Nuremberg 在敏感的古建筑旁地铁站施工时又使用了新奥法（图3），再次获得成功。

本文原载《中国地质学会第4届工程地质大会论文选集》，海洋出版社，1992年，作者：王长科，林宗元

这一时期，同时也形成了运用暗桩和栓钉（bolts）技术来加固岩质边坡的方法。据 Bonazzi 和 Colomlet（1984）报道，1961 年法国 Noter Damede commier Dam 片麻岩边坡加固工程使用了这类技术（图 4），这是运用这类技术加固的第一项大型岩质边坡工程。

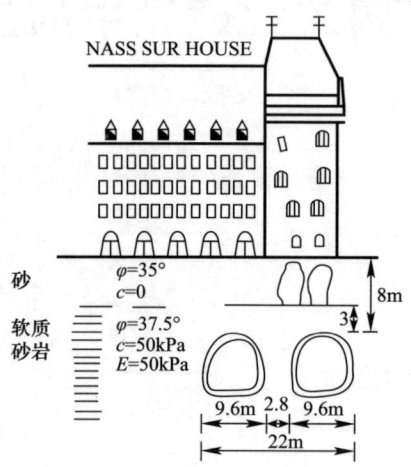

图 3 西德 Nuremberg 地铁工程

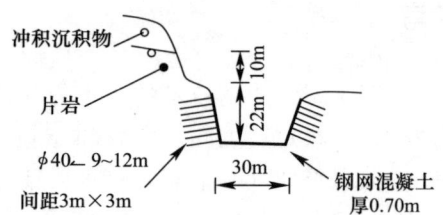

图 4 法国 Notre-Dame de commie Dam 岩质边坡加固工程

法国 Bouygues 掌握大量的新奥法经验，他看到类似新奥法的技术还可用于软岩和土质边坡的开挖支护或边（斜）坡加固。1972 年，法国 Sdetanche 进行了铁路扩建计划中坡角为 70°的边坡开挖施工。工程位于 Versailles 附近，土层是胶结的 Foumtainbleu 砂，这次工程总共用去 25000 钢筋（最大钉长 6m），加固坡面 12000m²（图 5），这是工程上应用土钉技术的首次记录。自此土钉技术便为人们接受。70 年代初期，这项技术首先在法国得到发展，70 年代中期，西德和北美一些国家也开展起来，随后匈牙利等先后也逐渐开展起来。

1979 年在法国巴黎召开的国际土体加筋会议上，对土钉技术进行了第一次国际性的专题讨论。之后有关国际会议、大学和杂志陆续发表了大量的有关土钉技术的论文、文献和报道。至今土钉在国外应用已较普遍，其设计方法、施工和检验方法日趋成熟。法国、西德等国制定了相应的土钉技术规范。

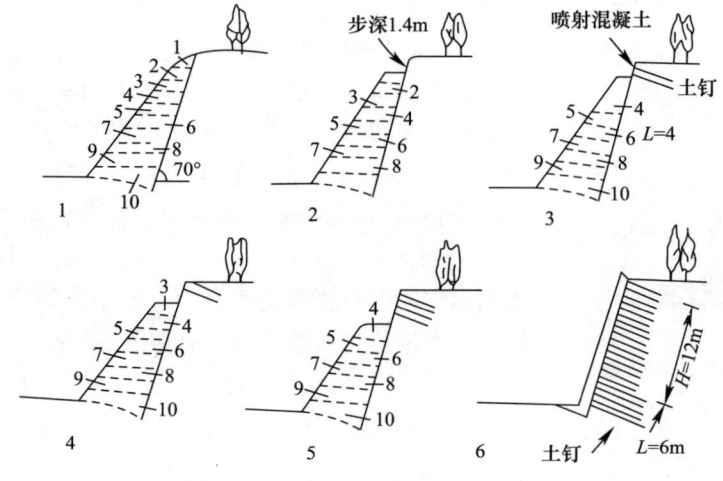

图 5 法国 Versailles 边坡支护工程

法国近年来对土钉技术作了系统研究，包括模型、原型试验和有限元分析，并有专门机构承担土钉技术施工，创造了许多专利办法，如 Hurpinoise 系统等。法国每年应用土钉完成约 50 项支护或加固工程。西德一贯比较重视土钉在工程中的应用，目前西德土钉工程活动水平约是法国的 25%。北美对土钉技术发展也作了不少专门研究，其工程活动水平可望在今后几年里稳定增长。匈牙利等国家也曾完成一些土钉工程。

我国至今完成的土钉工程还很少，尚无相应的土钉技术规范，但鉴于土钉技术的特点和我国工程建设的发展，这项技术可望在今后得到广泛应用和快速发展。

3　主要特点和适宜的范围

（1）土钉的特点

① 土筋（钉）和桩的比较

在岩土工程治理中，插入土体内的材料可分为桩和土筋（钉）两类。桩是放置于土体内部用于直接承受外部荷载的插入体。原位土筋（钉）则是指放置于土体内部的用于在自重荷载和超载作用下能维持土体稳定的插入体。

② 土钉技术和其他原位加筋技术的比较

当前，用于开挖支护和边（斜）坡加固的原位加筋主要有 3 类：土钉、网状微型桩和螺桩（图 6）。土钉是水平或近似水平（略下斜）地放置的，钉土全长粘结，土钉处于拉伸状态，从而加强土体的抗剪能力。网状微型桩在土体内部一般较陡直，且角度各异，或垂直或平行于坡面，众多微型桩联结为一体，共同抵抗弯曲和剪切力，其作用类似于土钉，形成原位加筋稳定块，像重力式挡土结构一样来支挡其后土体的稳定。螺桩一般用于减缓或防止沿软弱剪切面发生的滑坡运动。螺桩一般为大口径灌注桩，适于较缓边坡的加固。

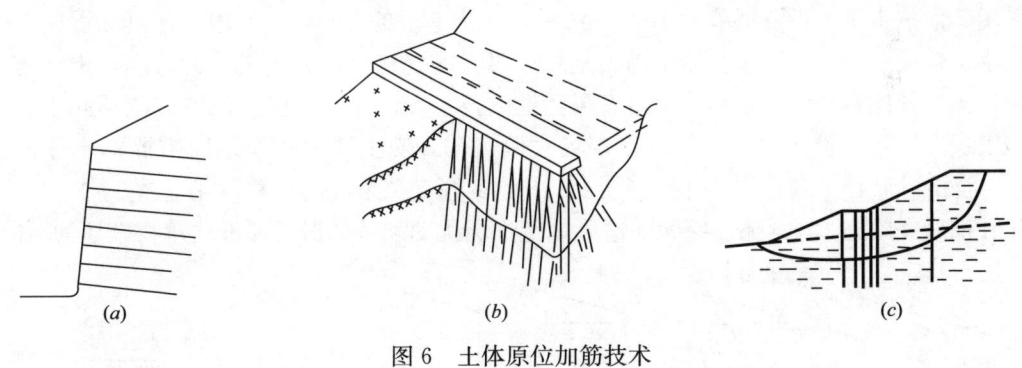

图 6　土体原位加筋技术

（a）土钉；（b）网状微型桩；（c）螺桩

③ 土钉和预应力地层锚杆的比较

土钉和预应力地层锚杆看起来很相似，但二者之间存在着根本的差别：

A. 地层锚杆在安装之后便于张拉，竣工后运行时能较理想地使土体仍处于 K_0 状态，防止结构发生各种位移。土钉则不予张拉，在发生少量位移后方可发挥作用。

B. 土钉几乎其全部长度和土层相接触粘结（一般 3～10m）。地层锚杆则是通过其端部锚固段来传递荷载，这一点会直接导致在支挡土体内出现不同的应力分布。

C. 土钉安装密度（一般每 0.5～5.0m² 一根）很高，结构呈整体状态，单钉破坏的后果并不严重。锚杆安装密度较低。

D. 锚杆承受的荷载较大，因此在锚杆顶部需安装适当的承载装置，以防锚杆缩进挡土结构面。而土钉则不要安装坚固的承载装置，其顶部承担荷载小，很容易用放置在喷射混凝土表面的小钢垫来承担。

E. 锚杆长度一般较长（15～45m），土钉则相对短一些（3～15m）。

F. 锚杆技术通常和挡土桩、地下连续墙等挡土结构配合使用，而土钉技术则和置网喷射混凝土护面结合一体。

④ 土钉和加筋土挡墙的比较（图7）

二者的相同之处有：

A. 安置在土中的土筋（钉）并不施加预应力，土筋（钉）所受的力源于土体变形，决定于筋（钉）土的粘结和摩擦，像重力式挡土墙一样，加筋块自身稳定并抵抗其后土压力。

B. 挡土结构表面很薄，加筋土表面是预制件，土钉表面通常是置网喷射混凝土，在整体稳定中均不起很大作用。

土钉和加筋土挡墙的不同点有：

A. 二者施工程序不同，土钉施工是自上而下分步施工，加筋土施工是自下而上。这对筋（钉）内的应力分布有重要影响。

B. 土钉是一种原位加筋，用来改良天然土层，不能选择和控制天然土层的条件与性质。加筋土是人工填料，可以控制填土的类别与状态。

C. 土钉通常包含使用灌浆（钻孔灌注钉情况），荷载通过浆体传递给土层。在加筋土中，摩擦力直接产生于筋带和土之间。

⑤ 土钉的优势和局限性

采用土钉造价较低廉，按照欧洲专家的说法，开挖十几米深的土堑，采用土钉技术支护比采用其他技术支护投资可节约10%～30%。在施工设备方面，土钉施工钻具和混凝土喷枪尺寸小、轻便、噪声低，这在城市施工是一个极大的优点。在施工灵活性方面，土钉施工速度快，施工开挖容易成形，是一项富有灵活性的技术，在开挖过程中较易适应不同土层条件和施工程序。在支护效果方面，许多现场观测表明，使土体发挥作用所需的土体位移很小，一般相当于Peck（1969）分类（图8）中的良好支挡系统的位移（第Ⅰ类）。另外，土钉能在开挖后立即施工，紧随开挖面，这可减免土层扰动和减低引起邻近建筑物破坏的可能性。

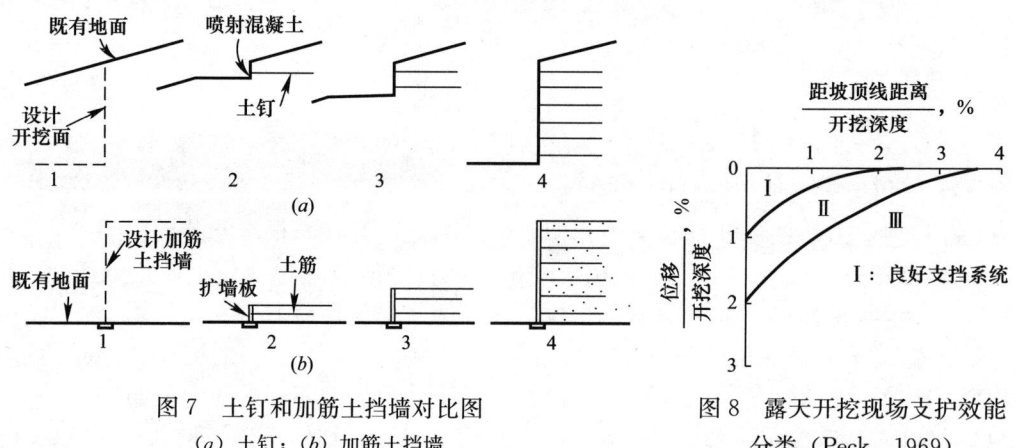

图7　土钉和加筋土挡墙对比图
（a）土钉；（b）加筋土挡墙

图8　露天开挖现场支护效能
分类（Peck，1969）

尽管土钉有其上述许多优越性，但在应用上仍有一定的局限性，主要为：

A. 土钉施工时一般要先开挖土层 1~2m，在置网喷射混凝土和安装土钉前需要无支护至少几个小时，因此必须有一定的天然内聚力，否则需先行处理（采用灌浆等），这样势必会使施工复杂化和造价加大。

B. 土钉施工时坡面不能有地下水渗出，否则无法喷射混凝土，这要求地下水位较高时，必须进行降水。

C. 软土摩擦力小，势必要求土钉密度高，长度长，工程造价高，因此，在软土中开挖支护不宜应用土钉技术。

（2）土钉技术的适用范围

土钉适用于新建工程和修复工程中的永久性或临时性开挖支护与边（斜）坡加固，适用土类是软岩和土。

4 主要设计方法和参数

（1）土钉系统的设计内容

一般包括边（斜）坡高度、坡角、土钉选型、施工工艺、土钉密度、土钉长度、土钉下斜角和坡面护层结构设计等内容。

（2）土钉系统的设计准则

一般包括：①保证每个土钉能维持其周围土体的平衡；②保证土钉系统内不能出现整体失稳；③土钉系统能抵抗其后土体的推力而不滑动；④土钉系统在自重和其后土体推力共同作用下不能引起地基失稳；⑤考虑深层整体破坏问题。

（3）土钉系统的主要设计方法

目前主要有极限平衡法和运动极限分析法。

① 极限平衡法

典型报道有 Stocker（1979）、Shen（1981）、Schlosser（1983）等。极限平衡法假定土体为刚塑体，设计步骤如下：

A. 确定土钉系统支护前后边（斜）坡内的可能滑裂面的形状和位置；

B. 计算引起边（斜）坡失稳（若不加任何支护）的不平衡力矩；

C. 按理论和经验确定土钉布置方案（土钉规格、密度、长度和下斜角），按单钉能维持其周围土体平衡计算土钉的直接荷载和剪力；

D. 确定沿土钉长度分布的土压力；

E. 确定土钉抗拔力（POR）；

F. 确定钉下土体容许承载力。

其中按（5）计算的抗拔力（POR）应大于按（3）计算的土钉直接荷载；按（3）计算出的土钉直接荷载应小于土钉设计强度；按（3）计算出的剪力加钉上土压力应小于按（6）算出的钉下土体容许承载力。

极限平衡法给出的是土钉系统整体稳定安全系数，不能用来计算最大土钉拉力和剪力，也无法估算不同位置的局部稳定安全系数，但其方法成熟，计算简便，便于掌握，目前欧洲一些国家采用的就是这类方法。

② 运动极限分析法

这是一种比较新颖的方法，由美国 I. Juran 等人（1990）提出，是建立在极限分析解基础上的。其基本假定为：A. 土体为半刚体，滑裂面为对数螺旋面；B. 破坏时，拉张力和剪力最大值轨迹面和破坏面重合；C. 半刚体的主动区和抵抗区的分界小薄层的土体处于刚体塑性流动极限状态；D. 土的抗剪强度可由库仑破坏准则确定，沿破坏面全部发挥；E. 包含土钉的土条其两侧条间水平力相等；F. 坡顶斜坡（或水平超载）对土钉内荷载的影响沿破坏面呈线性降低（图 9）。

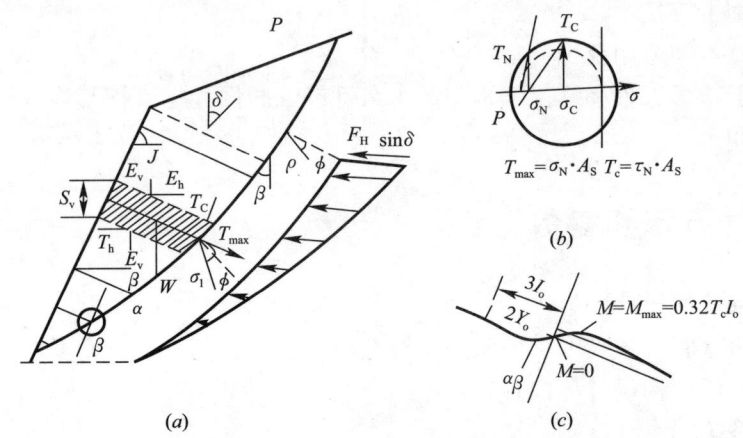

图 9　运动极限分析方法（引自 I. Juran 等，1990）
(a) 设计假定；(b) 土钉应力状态；(c) 无限长钢筋理论解

运动极限分析法已收入美国土钉实用手册，它可用于计算每个土钉的工作载荷和不同部位的局部稳定安全系数。但这一方法较烦琐，必须用计算机迭代求解。为简便起见，I. Juran 等人给出了用 No. 8 钢筋作土钉的设计图（图 10），为简便设计提供了方便。

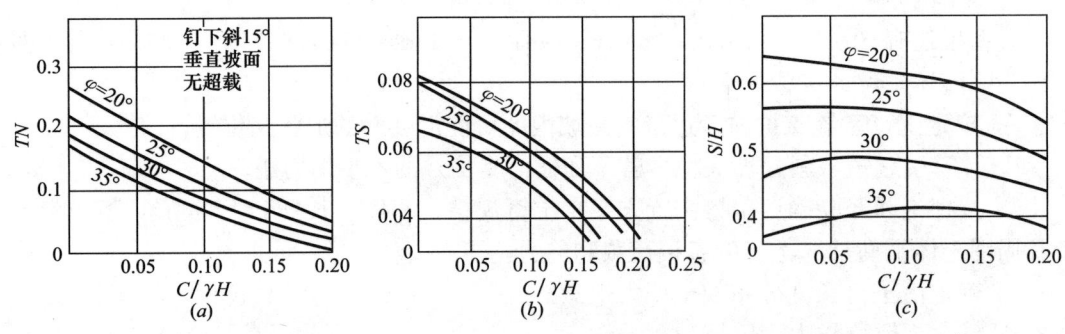

图 10　运动极限分析法设计图（$N=0.33$）

运动极限分析法的设计步骤为：A. 选择土钉规格（弯曲刚度，容许拉应力，直径，土钉间距）；B. 根据土性指标、土钉规格、土钉下斜角和土钉墙高度，查设计图确定出土钉直接荷载因数、剪力因数和有效锚固长度比；C. 验算是否符合土钉破坏准则（拉断和超弯）；D. 确定钉土间极限剪应力；E. 选定安全系数，根据拉拔破坏准则计算土钉长度比。

土钉系统设计详细过程及符号含意可参阅有关文献。

③ 土钉系统设计的一般流程

R. Gnilsen（1988）推荐了下面的一般设计流程：

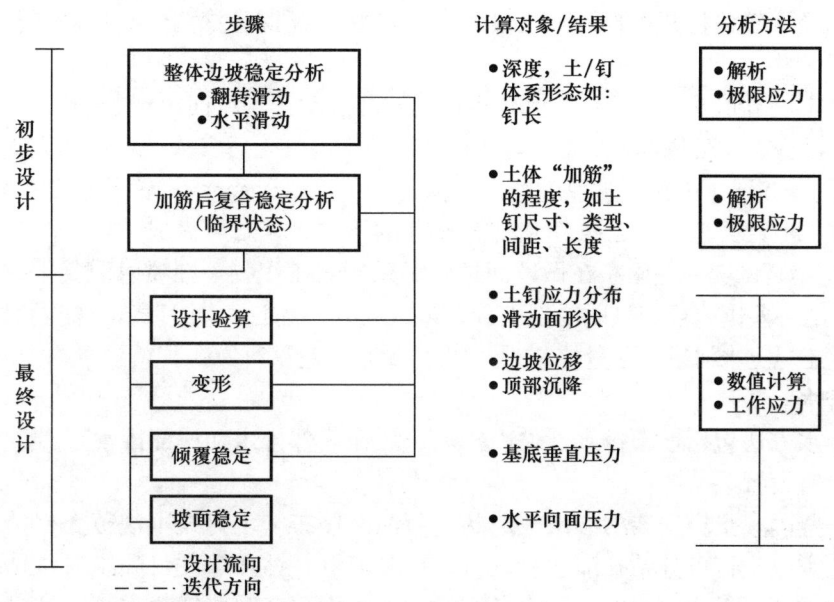

王步云等（1989）使用的设计流程参见有关文献。

国内外一些单位已根据上述设计原理，结合较适宜的钉土本构模型，编制了土钉系统设计计算程序，为准确设计提供了方便。

（4）土钉系统设计安全系数

对于土钉系统的设计安全系数，目前我国尚无规范可循。按照法国、德国等西欧一些国家的规范，对永久性土钉系统，总项安全系数 $K=2.0$，对临时性土钉系统（使用期少于 2 年），总项安全系数 $K=1.5$。各分项安全系数不小于 $1.2\sim1.3$。

（5）土钉系统主要参数

土钉系统的主要参数有：

长度比（LR）$=\dfrac{L}{H}$

粘结比（BR）$=\dfrac{d_h \cdot L}{S}$

布筋率（SR）

对圆截面土钉 $SR=d_b^2/S$

对非圆截面土钉 $SR=S_b/S$

效能比（PR）$=\dfrac{\delta_h}{H}$

其中，L 为最大钉长；H 为挖深（土钉墙高度）；d_h 为钉孔直径；d_b 为土钉直径；S 为单钉控制土面积在垂直面上的投影；S_b 为土钉截面积；δ_h 为竣工后坡顶线向外水平位移。

5　施工和检验

土钉发展至今才 20 年左右，但其施工和检验的技术方法已比较成熟。

（1）开挖和护面

分步开挖深度主要取决于坡面暴露部分的直立能力。当设计容许变形很小时，应根据工地情况和经济效益将开挖步深减至最小。对粒状土开挖步深为0.5～2.0m，超固结黏土步深则可大一些。

开挖时应挖出光滑的坡面，尽量减轻对土坡的扰动，若坡面出现松动应予清除和处理。施工土钉时，各家办法基本大同小异，或先挂网喷射混凝土后安装土钉，或先安装土钉后挂网喷射混凝土。钢丝网网格一般为30～150mm。西欧的 Hurpinoise 系统施工时采用后者。根据工程性质、土钉类型、施工条件和承载过程的不同，表层可做成一层、两层或多层（图11）。据报道最近欧美一些国家在做坡面护层时采用土工织物。在喷射混凝土时可采用湿式或干式，西欧一些国家规定喷射混凝土骨料最大粒径不超过 10～15mm，需要时可掺入适量的外加剂。还规定水泥最小含量控制为 300kg/m³，并建议每 100m² 就设置一个质量控制点。

（2）排水

目前排水方法包括坡顶排水、坡面排水、坡体浅部排水和深部排水。

（3）土钉设置

西欧一些国家土钉安装的方法较成熟，目前已颁布了土钉技术规范。据资料介绍，按施工方法分类，土钉可分钻孔灌注钉，打入钉和喷钉。钻孔灌注钉施工时，钻孔直径一般为 76～150mm，钻孔略下斜（5°～25°），钻进方法主要有螺旋钻法和复合钻进法（冲击回转）。按照欧美的经验，钻进时不使用泥浆护壁，以防降低下步灌浆体和土层的粘结作用。置入土钉时一般使用钢筋托架以使土钉在孔内居中。法国 Hurpinoise 系统施工时，采用预先打入法，就是用型钢（如角钢等）做土钉打入土层中。这种办法不用预先钻孔，施工速度很快。但对含块石黏土或很密实的土不太适应，最近 Louis（1984，1986）报道了具有快速生产能力的专利性施工方法，——喷栓系统（图12）。它是利用 20MPa 的高压力，通过钉尖的小孔进行喷射水泥浆，用高频振动将土钉压入土中，喷出的浆液如同润滑剂一样利于土钉的贯入，浆液凝固后可提高钉土粘结力。使用喷钉技术，无论钉斜度如何，效果均佳。在松砂或软土中处理钉间土时也曾使用该法。

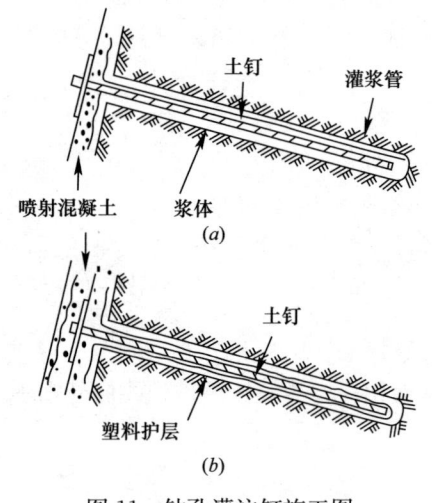

图 11　钻孔灌注钉施工图
（a）临时土钉；（b）永久土钉

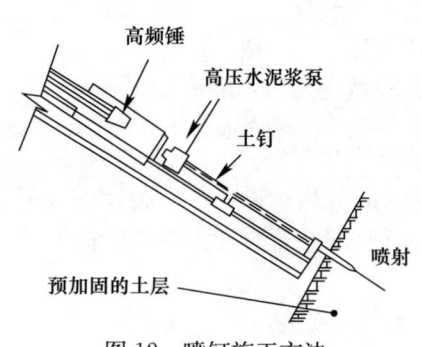

图 12　喷钉施工方法

欧美国家在工程上经常使用的土钉规格及性能见表 1 和表 2。

欧美土钉规格及性能 表 1

规格	直径（mm）	屈服应力（MPa）	极限应力（MPa）
DYWIDAG	26.5 32.0 36.0	835	1030
DYWIDAG	26.5 32.0 36.0	1080	1230
GEWI	22.0 25.0 28.0 40.0	420	500

北美土钉主要规格和性能 表 2

钢筋设计型号	直径		重量（kg/m）
	(Inches)	(mm)	
5	0.63	15.9	1.55
6	0.75	19.1	2.24
7	0.88	22.2	3.05
8 *	1.00	25.4	3.98
9 *	1.13	28.7	5.07
10 *	1.25	31.8	6.41
11 *	1.38	35.0	7.92
14 *	1.75	44.5	11.4
18	2.26	57.2	20.3

（4）土钉锈蚀及防护

虽然在理论上用聚合材料做成的土钉可以使用，但至今未见这样的工程报道。对钢质土钉的锈蚀问题，当前众说不一，不少学者还在研究土钉的锈蚀机理及工程防护问题。但按照欧美的经验，对于临时性工程，钻孔灌注钉就利用其周围浆体作防护，而不再做专门的锈蚀防护；对打入钉和喷钉则在钉表面涂上一层环氧材料做防护，或直接采用镀锌材料做土钉。对于永久性工程，除上述措施外，还要在钉外加一层至少有 5mm 厚的环状塑料护层。

（5）检验和监测

鉴于土钉系统的整体效能，不必对土钉逐一检查，但在各步阶段，应选择一定数量的土钉进行应力及压力分布规律测量和拉拔试验，以检验和校核设计上的假定。Louis（1986）撰文建议，在主体工程施工前，对每类土必须安装 4～5 个短钉进行拉拔试验。

土钉系统的监测包括施工期间和竣工后墙体或坡面位移观测和坡体内部位移观测。这些监测在施工期间尤为重要。

6　典型工程实例

据文献报道，20 年来已完成的土钉工程，大多数工程效益良好。这里从已发表的资料中摘选一些在土钉技术发展过程中有重要影响的典型土钉工程，包括两个失事土钉工程及其修复情况，以表格形式给出，供工程技术人员参考（表 3～表 5）。

表3

粒状土中典型土钉工程实例

工程名称	工程规模	日期	土层名称	c (kPa)	φ (°)	γ (kN/m³)	坡角 α (°)	坡高 H (m)	土钉长度 L (m)	土钉直径 d_b (mm)	钉孔直径 d_h (mm)	水平 (m)	垂直 (m)	单钉控制面积 S (m²)	土钉下倾角 β (°)	开挖步深 (m)	护面厚度 (mm)	最大实测位移 M (mm)	长度比 $\frac{L}{H}$	粘结比 $\frac{d_h \cdot L}{S}$	布筋率 $\frac{d_b^2}{S}$	效能比 $\frac{\delta}{H}$
钻孔灌注型																						
法国 Versailles-Chantier 铁路开挖工程	坡角70°，开挖深度21.6m，支护面积12600m²	1972	胶结的 Fontainbleau 砂	20	32	30	70	11.3 / 21.6	4.0 / 6.0	14.1 / 14.1 (eq)	100 / 100	0.7 / 0.7	0.7 / 0.7	0.49 / 0.49	20 / 20	1.4 / 1.4	80 / 80		0.35 / 0.28	0.82 / 1.22	4.06×10^{-4}	
美国俄勒冈州波特兰 Good samaritan 医院开挖工程	垂直开挖，挖深13.7m，支护面积2140m²	1976	粉质细砂	0	34	16.2	90	11.3 / 11.3	8.5 / 7.0	38.1 / 38.1	100 / 100	1.83 / 1.22	1.53 / 1.53	2.80 / 1.87	15 / 15	1.5 / 1.5	100 / 100	33	0.75 / 0.62	0.30 / 0.38	5.18×10^{-4} / 7.78×10^{-4}	0.00292
法国 MUR DEFER-IEREES-AARIEGE 开挖工程	80°坡角，挖深15m	1982	风化片岩	0	45	20	80	16.5	9.0	32.0	56	2.00	1.00	2.00	10	2.0	100	24	0.55	0.25	5.12×10^{-4}	0.00145
美国宾夕法尼亚州匹兹堡 PPG 大楼开挖工程	在较敏感的建筑物旁边进行直立开挖，9.1m深	1982	冲积粉土、砂和砾石土	0	25 ~ 35	15.4	90	9.1	7.0	30.0 (est.)	127	1.22	1.22	1.49	15	1.2	200	3.2	0.77	0.60	6.05×10^{-4}	0.00035
美国肯塔基州 CUMBRLAND GRP 工程	75°坡角，挖深12m，支护面积900m²	1985	风化页岩和粉砂岩	0	38	16.4	75	12.3	9.0	30.0 (est.)	114	1.52	1.52	2.31	15	1.5	150	10	0.73	0.44	3.90×10^{-4}	0.00081

续表

工程名称	工程规模	日期	土层名称	c (kPa)	φ (°)	γ (kN/m³)	坡角 α (°)	坡高 H (m)	土钉长度 L (m)	土钉直径 d_b (mm)	钉孔直径 d_h (mm)	水平 (m)	垂直 (m)	单钉控制面积 S (m²)	土钉下倾角 β (°)	开挖步深 (m)	护面厚度 (mm)	最大实测位移 M (mm)	长度比 $\frac{L}{H}$	粘结比 $\frac{d_h \cdot L}{S}$	布筋率 $\frac{d_b^2}{S}$	效能比 $\frac{\delta}{H}$
打入钉																						
法国巴黎 LES INVREIDES 地铁工程	垂直开挖，挖深12m，支护面积1000m²	1974	填土 冲积 土砂	0 10 0	25 20 35	* * *	90	12.0	6.0	28.0 (eq.)	49	0.70	0.70	0.49	20	1.4	*	*	0.50	0.60	1.60×10^{-3}	*
法国巴黎 PARKING BOULEVARD VICTOR 开挖工程	垂直开挖深11m，上部4m为Berlin墙，支护面积12000m²	1978	填土 砂砾 土	0 0 60	25 33 0	* * *	90	11.0	6.0	25.2 (eq.)	64 (eq)	0.70	0.70	0.49	*	*	*	*	0.55	0.78	1.30×10^{-3}	*
法国 Nogent-sur-Marte A86 公路线工程	直立开挖，11.6m深，支护面积900m²，开挖回填法	1980	细砂	0	33	20	90	5.6 11.6	5.5 7.0	25.2 30.2 (eq.)	64 76 (eq)	0.70 0.70	0.70 0.70	0.49 0.49	20 20	1.4 1.4	50~100 50~100	*	0.98 0.60	0.72 1.09	1.30×10^{-3} 1.87×10^{-3}	*
法国巴黎 PARKING DE MAISONS LAFITTEE 开挖工程	垂直开挖，挖深12m，支护面积2500m²，永久性工程	1981	砂泥 灰岩	* *	* *	* *	90	12.0	6.0	25.2	64	0.70	0.70	0.49	*	*	250	*	0.50	0.78	1.30×10^{-3}	*

超固结土（冰碛土、泥灰岩沉积物或黏性土）中典型土钉工程实例　　表4

工程名称	工程规模	日期	地层条件				坡角 α (°)	坡高 H (m)	土钉长度 L (m)	土钉直径 d_b (mm)	钉孔直径 d_h (mm)	土钉间距			土钉下倾角 β (°)	开挖步深 (m)	护面厚度 (mm)	最大实测位移 M (mm)	设计参数			
			土层名称	c (kPa)	φ (°)	γ (kN/m³)						水平 (m)	垂直 (m)	单钉控制面积 S (m²)					长度比 $\frac{L}{H}$	粘结比 $\frac{d_h \cdot L}{S}$	布筋率 $\frac{d_b^2}{S}$	效能比 $\frac{\delta}{H}$
钻孔灌注型																						
法国 LA CLUSA 工程	陡立开挖，挖渠14m，支护面积1000m²	1980	高内摩擦角密实冰碛土	0	35~55	22	80	14.0	11.0	25.0	100 (as)	3.00	2.00	6.00	10	2 (est.)	150	15 (10~20)	0.79	0.18	1.04×10^{-4}	0.001 07
法国 DRAGUI-GNAN工程	陡立开挖，挖渠11m，支护面积750m²	1981	石灰岩和泥灰岩互层沉积物	20	35	*	80	11.0	11.0	32.0	100 (as)	3.00	2.00	6.00	15	2 (est.)	金属结构面		1.00	0.18	1.71×10^{-4}	
法国耐斯 GRAND PARCDE CIMIEZ 工程	陡立开挖，挖渠11m，支护面积400m²	1981	泥质泥灰岩	10	35	*	80	11.0	8.0	28.0	100 (as)	2.50	2.00	5.00	10	2 (est.)	100~200		0.73	0.16	1.57×10^{-4}	
西德泥灰岩边坡加固工程	陡立开挖，挖深16m	*	晚三迭纪考依波统红色泥灰岩				80 (est.)	16.0	8.0	*	*	*	*	*	10 (est.)	*	*	24	0.50			0.001 5

工程名称	工程规模	日期	地层条件					坡高 H (m)	土钉长度 L (m)	土钉直径 d_b (mm)	钉孔直径 d_h (mm)	土钉间距			土钉下倾角 β (°)	开挖步深 (m)	护面厚度 (mm)	最大实测位移 M (mm)	设计参数			效能比 $\frac{\delta}{H}$
			土层名称	c (kPa)	φ (°)	γ (kN/m³)	坡角 α (°)					水平 (m)	垂直 (m)	单钉控制面积 S (m²)					长度比 $\frac{L}{H}$	粘结比 $\frac{d_h \cdot L}{S}$	布筋率 $\frac{d_b^2}{S}$	
Nashville 的 ELYSIAN PALACE 工程	永久性工程，直立开挖，深8.2m，支护面积170m²	1985	硬塑粉质黏土	*	*	*	90	8.2	4.1 (平均)	25.4	102	1.50	1.60	24.0	15	1.5	150		0.50	0.17	2.69×10^{-4}	
中国山西柳湾煤矿边坡工程	永久性工程，陡立开挖，深10.2m，支护面积410m²		黄土状亚黏土	31 (平均)	26 (平均)	15.6 (平均)	80	10.2	9.0	2.50	120	1.20	1.20	1.44	15		180	8.0	0.88	0.75	4.3×10^{-4}	0.8×10^{-3}
打入型																						
法国 PARAVALANCHE DE CHAMONI 工程	永久性工程，直立开挖，深8m，支护面积1500m²	1983	含巨砾密实碛土	10	40	*	80 (整体)	8.0	8.0	30.3 (角钢 60×60×6)	76 (角钢 60×60×6)	1.10	0.60	0.66	20	1.2 (as)	*		1.00	0.92	1.39×10^{-3}	

表 5

土钉技术用于修复复工程的典型工程实例

钻孔灌注型

工程名称	工程规模	日期	地层条件 土层名称	c (kPa)	φ (°)	γ (kN/m³)	坡角 α (°)	坡高 H (m)	土钉长度 L (m)	土钉直径 d_b (mm)	钉孔直径 d_h (mm)	土钉间距 水平 (m)	垂直 (m)	单钉控制面积 S (m²)	土钉下倾角 β (°)	开挖步深 (m)	护面厚度 (mm)	最大实测位移 M (mm)	设计参数 长度比 $\frac{L}{H}$	粘结比 $\frac{d_h \cdot L}{S}$	布筋率 $\frac{d_b^2}{S}$	效能比 $\frac{\delta}{H}$
法 FREJUS 墙维修工程	加筋土挡墙因冻融破坏，维修面积 60m²	1981	密(压)实粒状填料				90	6.0 (维修)	5.0	28.0	100 (ass.)	1.50	1.50	2.25	10				0.83	0.22	2.4×10^{-4}	
法国 Lyon 的 COURSD HERBOUVILLE 维修工程	边坡 35m 高。1977 年 7 月失事，用土钉技术做临时性维修 10m 高	1982	粉质漂砾黏土胶结的风化	0 50	25 35	18 20	75 (平均)	10.0 (维修)	10.0	30.0	100 (ass.)	3.00	2.50	7.50	10	2.5	150		1.00	0.13	1.20×10^{-4}	
英国 Bradford 的 DENHOLME CLOUGH 维修工程	维修失事干砌石挡墙 120m，高 3.0m	1985	基岩填料座在全风化砂岩基土上				80	3.0	5.0	16.0	115	1.50	1.50	2.25	15		50 (在干砌石墙面上)		1.67	0.26	1.14×10^{-4}	

表 6

典型土钉工程事故实例（原始和修复设计比较）

工程名称	工程规模	日期	地层条件				坡角 α (°)	坡高 H (m)	土钉长度 L (m)	土钉直径 d_b (mm)	钉孔直径 d_h (mm)	土钉间距			土钉下倾角 β (°)
			土层名称	c (kPa)	φ (°)	γ (kN/m³)						水平 (m)	垂直 (m)	单钉控制面积 S (m²)	
钻孔灌注型															
法国 A41LES EPARRIS 工程	破坏：坡角 70°，4.2m 高边坡顶面坡角 15°	1981	塑性黏土 18＞I_p＞15	0	28	20	70	4.2	4.5	28.0 (eq.)	100	300	1.40	4.20	20
	维修：60°坡角，5.2m 高	1982		0	28	20	60	5.2	10.0	26.0	105	2.00	1.73	3.46	30
法国巴黎 GARE DUNORD 工程	破坏：在泥灰岩中开挖 10m 深	1979	填料非均质泥灰岩	0 50	30 20	* *	75	10.0	6.5	32.0	100	2.50	1.60	4.00	20
	维修：直立边坡，8.5m 高	1979		0	25	*	90	8.5	10.0	32.0	100	1.50	1.25	1.88	15

7　我国应用前景

土钉技术在欧美等国应用已较普遍，但在我国尚很少见。至今工程只有王步云等对土钉进行了试验研究，并编制了土钉系统设计的电算程序，主持完成了山西柳弯煤矿边坡（土钉工程）加固等项工程。

土钉具有适用于狭窄工作场地、对周围建筑物影响小、经济造价低、设备规模小、噪声低、施工工期短和支护效果好等优点，我国在改革开放以来，随着国民经济的发展，城市改造工程和环境岩土工程中的开挖支护和边（斜）加固问题日益突出，相信随着国内外技术交流的深入，土钉将越来越会显示其优越性，其应用前景是十分广阔的。随着土钉技术在我国的应用和发展，有关部门会及时编制出具有我国特色的土钉技术规范，更好地为国民经济建设服务。

8　结束语

土钉是以新奥法为基础发展起来的一种土体原位加筋技术，我国对新奥法已很熟悉，应用土钉技术有着很好的技术基础。希望本文的发表能对我国土钉技术的研究、应用和发展起促进作用。

悬臂式钻孔灌注护坡桩实践中的若干问题

【摘　要】　本文就悬臂式钻孔灌注护坡桩的土工计算和结构设计提出新解，并对护坡桩勘察、设计和施工中存在的若干问题进行了探讨。

当前城市扩建和旧城改造受地少与施工环境限制，许多深基坑需垂直开挖。钻孔灌注桩施工简便占地少，钻孔噪声小且造价低，故在深基坑开挖中用来挡土护坡逐年增多，但至今其设计理论、施工经验还欠成熟，在工程实践中事故和失败的例子时有发生。因此，及时进行总结分析及早完善其设计理论与实践经验是当务之急。为此本文对悬臂式钻孔灌注护坡桩的勘察、设计和施工中存在的问题进行分析研究，并就土工计算和结构设计提出新解。

1　土工问题

坑壁支护在土力学中属土与构筑物互相作用的范畴，边坡稳定体系由桩土共同组成。其设计内容一般包括计算模型的建立、土工计算和护坡桩的结构设计等。土的工程性质本来就非常复杂，任何数学模型也不能完全表达各种情况下的本构关系。加之桩墙与土的互相作用就使得挡土体系变成一个多次超静定结构，理论上不能获得严密的解析解。为此本节将对护坡桩的一些土工问题做如下讨论。

（1）土工计算模型问题

悬臂式护坡桩的土工计算目的，在于通过作用在桩墙上的土压力，计算出桩墙最小入土深度和桩墙截面的最大弯矩。常见的计算方法有 Blum 法、弹性线性和弹性抗力法等。以 Blum 法最常用，其优点是假定简单，原理清晰，土压力计算采用经典土压力理论，结果与实际虽有一定出入，但只要参数选用恰当，结果仍能满足要求。为此作者认为，Blum 法在工程上可取但关键在于参数选取和结果的修正。为讨论方便，对 Blum 法基本原理作一简介。

H. Blum 认为，悬臂式板桩墙可视为弹性嵌固板桩（图 1），板墙在侧向土压力作用下，桩向外倾斜，从而使桩墙入土 OD 段与反弯点到墙趾 DB 段受到方向相反的被动土压力作用，使桩墙维持稳定。这时 OD 段所受土压力等于被动土压力与主动土压力之差（$E_p - E_a$）。采用古典土压力理论，就形成随深度呈线性增长的主动压应力和被动压应力。反弯点以下的 DB 段所受被动土压力可用作用于其重心处的一个等效集中荷载 p 代替，如图 2 所示。它必须满足桩墙趾 B 点的平衡条件，$\sum M_B = 0$，$\sum F_x = 0$。这时按 $\sum M_B = 0$ 计算出

本文原载《军工勘察》1993 年第 2 期，作者：何广智，王长科

的桩墙入土深度会变小，Blum 建议计算出 x（见图 2）后增加 20%（Bowles 建议增加 20%~25%），即选择入土深度为 $t=\mu+1.2x$。这一建议已为德国有关规范采纳，我国不少设计单位也采纳此建议。

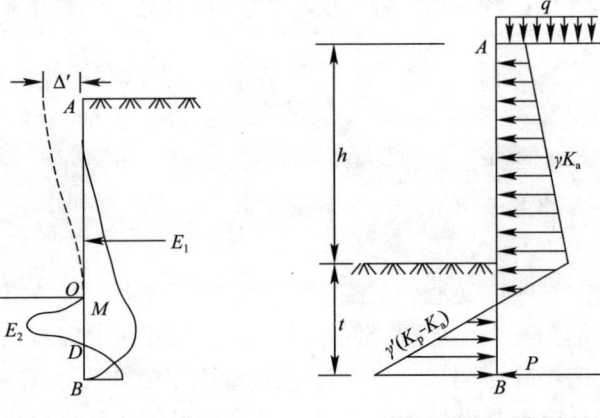

图 1　弹性嵌固板桩　　　　图 2　Blum 法原理

Blum 法计算公式为：

$$\mu=\frac{(q+\gamma h)K_a}{\gamma'(K_p-K_a)} \tag{1}$$

$$x=\left[\frac{q\cdot K_a\cdot h\left(\dfrac{h}{2}+\mu+x\right)+\dfrac{1}{2}\gamma\cdot h^2\cdot K_a\left(\dfrac{h}{3}+\mu+x\right)+\dfrac{1}{2}\gamma'\cdot\mu^2(K_p-K_a)\left(\dfrac{2}{3}\mu+x\right)}{\dfrac{1}{6}\gamma'(K_p-K_a)}\right]^{\frac{1}{3}} \tag{2}$$

$$t=\mu+1.2x \tag{3}$$

$$x_m=\left[\frac{\dfrac{1}{2}\gamma\cdot h^2 K_a+q\cdot h\cdot K_a+\dfrac{1}{2}\gamma'\mu^2(K_p-K_a)}{\dfrac{1}{2}\gamma'(K_p-K_a)}\right]^{\frac{1}{2}} \tag{4}$$

$$M_{max}=\frac{1}{2}\gamma\cdot h^2\cdot K_a\left(\frac{h}{3}+\mu+x_m\right)+q\cdot K_a\cdot h\left(\frac{h}{2}+\mu+x_m\right)$$
$$+\frac{1}{2}\gamma'\mu^2(K_p-K_a)\left(\frac{2}{3}\mu+x_m\right)-\frac{1}{6}\gamma'x_m^3(K_p-K_a) \tag{5}$$

其中，
$$\gamma'=\frac{\gamma h+q}{h}(\text{土的当量重度 kN/m}^3) \tag{6}$$

式中，t 为桩墙入土深度（m）；M_{max} 为单宽桩墙正截面最大弯矩（kN·m）；q 为桩墙顶及地面均布荷载（kPa）；h 为桩顶至基坑底面的高度（m）；γ 为土的重度（kN/m³）；K_p 为被动土压力系数；K_a 为主动土压力系数；其他符号意义见图 2。

Blum 法使用了如下假定条件：(1) 墙后和墙下的土是均质的无黏性土。(2) 土压力分布呈线性，可按 Coulomb 或 Rankine 理论计算。(3) 墙背光滑，$\delta=0$（δ 表示墙与土的摩擦角）。显然，工程上的坑壁土体多数是多层土，包括黏性土和无黏性土；土压力分布也并非理想的线性分布，墙背也非完全光滑。对这些情况，作者建议在实践上仍可用 Blum 法，但应针对具体情况做适当修改来计算。比如对多层土，可分层计算土压力，也可按当量的均质土层来考虑；对黏性土，可按经典土压力理论根据 c、φ 值来计算，也可按综合内摩擦角来计算。

（2）对勘察的要求

护坡桩的勘察要根据护坡桩的土工计算模型所需条件来决定，这个问题不容忽视。例如，对超固结土，原位水平应力很大（K_0 可能大于 1），若按正常固结土做土压力计算，结果可能偏于危险，甚至会导致护坡失败。护坡桩的勘察应查明场地工程地质环境和土体工程特征，并为土工计算提供所需参数。如土层结构、场地类别与各层土的均匀程度，土的物理力学指标，固结状态，原位应力场，不良地质现象，基坑附近建筑物基础形式、埋深、位置、基底压力和各类水源的分布等。尤以提供土层结构和用三轴仪（做径向卸荷不固结不排水剪切试验）确定的土的抗剪强度指标，以及用旁压仪测定的原位应力场更为重要。并且每层土的试验数据不宜过少，以能构成具代表性的子样本为原则。

（3）土工参数的选用和安全系数问题

这主要涉及护坡桩的土工设计准则。目前岩土工程常用的设计准则为土工极限状态方程式。Meyerhof 曾建议，做边坡支护土工计算时，可将土的凝聚力 c 降低到 $2c/3$，内摩擦角 φ 降低到 $\arctan(0.83\tan\varphi)$，然后代入极限状态方程来计算。加拿大国家建筑法规和我国有关规范也做了类似规定。笔者以为，实践上分项系数应按土的应力应变特性、工程容许变形并结合有关规定来确定。若土的应力应变曲线呈应变软化，则可取低一些分项系数，否则可取高一些；若工程容许变形相对大些，则可取大一些分项系数，否则可取低一些。工程情况千变万化，难以一概而论，这里仅给上述原则供参考。

安全系数主要指基底稳定和边坡整体稳定的安全系数。按 Blum 法计算时已考虑了护坡桩抗倾覆或抗翻转稳定性，这时主要应验算基底稳定和边坡的整体稳定性。若这种稳定不满足要求时，则需加大桩的入土深度或修正设计方案。这时的稳定安全系数不宜小于 1.3～1.5（Meyerhof）或 1.2～1.6（Bowles）。对超固结土，安全系数宜再提高一些。注意这时涉及的土的指标是其标准值。

（4）土压力问题

土压力问题与护坡桩的性质（刚度、施工方法）、土的性质，工程容许变形，自然环境，季节变化（对长期护坡桩而言）和时间等因素有关。要全面考虑这些因素来确定土压力，目前尚有困难，实用上做法是先假定土为刚塑体，用经典土压力理论进行计算，然后作必要的修正。现各国挡土墙设计手册和设计规范一般仍采用 Coulomb 土压力理论。对于悬臂式护坡桩，Blum 的做法符合当前土压力计算思路。这里给出工程上常遇到的黏性土、护坡桩顶部为斜坡等典型情况的解析解。

① 一般黏性土的 Rankine 土压力（图 3）

$$p_a = \sigma_z \cdot K_a - 2c\sqrt{K_a}\ (p_a \geqslant 0) \qquad (7)$$

$$p_p = \sigma_z \cdot K_p + 2c\sqrt{K_p} \qquad (8)$$

$$K_a = \tan^2\left(45^\circ - \frac{\varphi}{2}\right) \qquad (9)$$

$$K_p = \tan^2\left(45^\circ + \frac{\varphi}{2}\right) \qquad (10)$$

式中，p_a 为主动土压力（kPa）；p_p 为被动土压

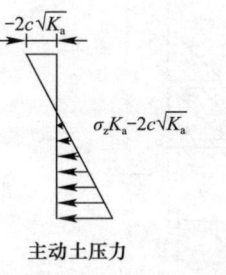

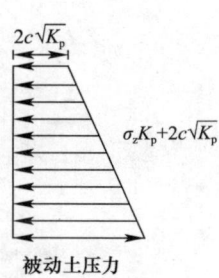

图 3 黏性土的压力

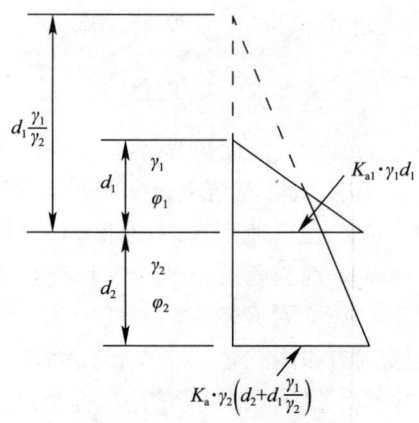

图 4　两层砂土的土压力

力（kPa）；σ_z 为计算点的竖向应力（kPa）；c 为土的凝聚力（kPa）；φ 为土的内摩擦角（°）。

② 多层土情况

典型多层土情况的土压力分布见图 4。

③ 护坡桩顶为无限斜面化（$\beta < \varphi$）的 Rankine 解（$c = 0$）

$$p_a = \sigma_z \cdot K_a \qquad (11)$$

$$K_a = \cos\beta \cdot \frac{\cos\beta - \sqrt{\cos^2\beta - \cos^2\varphi}}{\cos\beta + \sqrt{\cos^2\beta - \cos^2\varphi}} \qquad (12)$$

$$\sigma_z = \sum \gamma z$$

式中，β 为护坡桩顶部斜坡倾角（°），其他符号同前。

60 年代以前，深基坑的护壁一般均采用横撑，目的是尽量减少坑壁的变形。其施工程序是先将板桩打入地下，然后从地面逐层开挖，每挖一层便及时安装、顶紧横撑。这种横撑护壁的土压力受施工方法影响，不能用 Coulomb 理论计算，也不是三角形分布。Terzaghi 和 Peck 曾建议了一组经验计算图式（见图 5），在实践上发挥了重要作用。对于悬臂式护坡桩，Blum 建议土压力按线性分布是可行的，也是实践中经常采用的办法，但其中土压力系数（K_a、K_p）的取值是个关键，Blum 对此没有做出规定。作者认为，工程上的护坡桩，因桩体刚度和工程容许变形的影响，两侧主、被动土压力在挡土极限状态时，不会发挥得淋漓尽致。因此实践上宜在 K_a 和 K_p 之间确定一个主动土压力系数设计值 K'_a，在 K_p 和 K_0 之间确定一个被动土压力系数设计值 K'_p。

即

$$K'_a = K_a + m(K_0 - K_a)\ (0 \leqslant m < 1) \qquad (13)$$

$$K'_p = K_p + n(K_p - K_0)\ (0 \leqslant n < 1) \qquad (14)$$

m、n 是两个经验系数，应根据桩的刚度和工程容许变形来确定，一般可取 $m = 0 \sim 0.5$，$n = 0 \sim 0.5$。其中 K_0 表示土的静止土压力系数，宜原位测定。如不能原位测定时，也可采用下述经验公式计算，但使用时应注意其适用条件和范围。

$$K_0 = \left(1 + \frac{2}{3}\sin\varphi'\right)\frac{1 - \sin\varphi'}{1 + \sin\varphi'} \qquad (15a)$$

$$K_0 = 0.44 + 0.42\left(\frac{I_p}{100}\right) \qquad (15b)$$

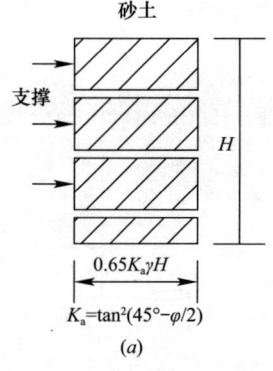
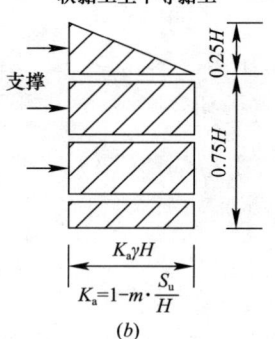
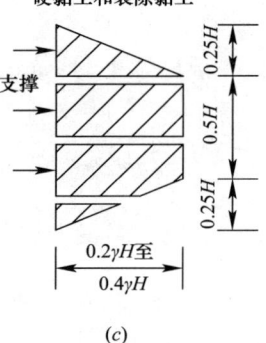

图 5　典型横撑护壁土压力计算图式

另外，Blum 考虑的是桩墙顶部为连续均布荷载情况（图 2），在实践上可能会遇到坡顶为局部均布荷载情况。当桩墙顶水平面上承受局部均布荷载 q 时，这一荷载对桩墙会产生一个附加土压力，但其分布难于从理论上严格规定。作者建议按图 6 所示方法进行处理。即从局部均布荷载的两个端点 m、n 各作一条直线，都与水平面成 $45°+\varphi/2$ 角，与墙壁背相交于 C、D 点，则墙 CD 段范围内受 $q \cdot K_a$ 的作用，若 CD 段包含了桩的全部入土段，则式（1）中 γ' 按 $(q+\gamma h)/\gamma$ 来计算，否则用 γ 来计算。

（5）桩土的互相摩擦问题

在墙背垂直光滑、地表水平情况下 Rankine 理论与 Coulomb 理论结果一致，通常不考虑桩土互相摩擦。实际上墙背并不光滑，即 $0<\delta<\varphi$，若不考虑桩墙的外摩擦角 δ，计算结果显然是主动土压力偏大而被动土压力偏小。当护坡桩桩径较大、间距较小时仍不考虑 δ 值是不合理的。若考虑 δ 则土压力系数按 Coulomb 理论为：

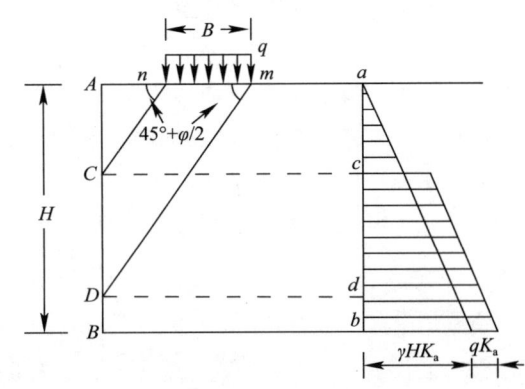

图 6　局部均布荷载情况

$$K_a = \left[\frac{\cos\varphi}{\sqrt{\cos\delta} + \sqrt{\sin(\varphi+\delta) \cdot \sin\varphi}} \right]^2 \qquad (16)$$

$$K_p = \left[\frac{\cos\varphi}{\sqrt{\cos\delta} - \sqrt{\sin(\varphi+\delta) \cdot \sin\varphi}} \right]^2 \qquad (17)$$

墙顶为斜坡时

$$K_a = \frac{\cos^2\varphi}{\left[1 - \sqrt{\dfrac{\sin(\varphi+\delta) \cdot \sin(\varphi-\beta)}{\cos\delta \cdot \cos\beta}} \right]^2} \qquad (18)$$

而 K_p 仍按式（17）计算。

关于 δ 取值问题，Coulomb 曾建议，一般墙背光滑排水不良时取 $\delta=\varphi/3$，墙背粗糙排水良好时取 $\delta=\varphi/3\sim\varphi/2$，墙背很粗糙且排水良好时取 $\delta=\varphi/2\sim\varphi/3$。我国交通部重力式码头设计规定，对垂直的混凝土或砌体墙取 $\delta=\varphi/3\sim\varphi/2$。这些建议或规定都是针对连续的挡土桩墙的，用钻孔灌注桩做护坡桩，显然桩土互相摩擦在坑壁走向上不具连续性，因此对 δ 取值要结合布桩方式，桩径、桩间距及施工方法综合确定。作者认为，δ 取值不宜过高，最高不超过 $\varphi/3$，即 $\delta=0\sim\varphi/3$ 或通过试验确定。

2　结构设计问题

在结构设计问题中，本节仅分析研究其中的配筋计算。

（1）现行的配筋计算方法

一般套用沿周边均匀配筋的环形截面受弯构件计算公式

$$KM \leqslant \left(R_w \cdot A \cdot \frac{r_1+r_2}{2} + 2R_g \cdot A_g \cdot r_g \right) \times \frac{\sin\pi\alpha}{\pi} \qquad (19)$$

$$\alpha = \frac{R_g \cdot A_g}{R_w \cdot A + 2R_g \cdot A_g} \leqslant 0.3 \tag{20}$$

其中令 $(r_1 + r_2)/2 = 0.75r$（即令 $r_1 = r_2/2$）

式中，R_w 为混凝土弯曲抗压设计强度（kPa）；A 为构件截面面积（m²）；R_g 为钢筋抗拉设计强度（kPa）；A_g 为全部纵向钢筋的截面面积（m²）；r_1、r_2 分别为环形截面的内外半径；r_g 为纵向钢筋所在圆的半径（m）；r 为护坡桩半径（m）。

此外还有按等惯性矩公式将圆截面积换算成正方形截面的单筋正方形截面受弯构件计算公式和按等面积换算成正方形截面的计算公式。

（2）改进的配筋计算公式

过去，规范上没有适用于圆截面沿周边均匀配筋的计算公式，作者曾根据钢筋混凝土结构学原理，推演出沿周边均匀配筋实心圆截面受弯构件配筋计算公式为：

$$\left. \begin{aligned} KM &\leqslant \left[\frac{2}{3} A_h \cdot R_w \cdot r + A_g (R_g + R'_g) r_g \right] \frac{\sin\alpha}{\pi} \\ \alpha &= \frac{\pi \cdot A_g \cdot R_g}{A_h \cdot R_w + A_g (R_g + R'_g)} \leqslant 0.3\pi \end{aligned} \right\} \tag{21}$$

式中，A_h 为混凝土面积（m²）；A_g 为钢筋截面积（m²），布筋时至少有 6 根主筋；R'_g 为受压钢筋设计强度（kPa）；α 为角度（rad）；M 为单桩所受弯矩（kN·m）；K 为安全系数；其他符号意义同前。

现在新规范中增加了适用于沿周边均匀配筋圆截面偏心受压构件计算公式，但计算十分烦琐。故作者仍发表上述公式（21）供岩土工程师参考。

严格地说，实心圆截面按环形截面处理（令 $r_1 = r_2/2$，$r_2 = r$）是有问题的，只有当 r_1 和 r_2 很接近时用公式（19）、式（20）去计算才是相近的。所以规范规定 r_1 与 r_2 起码要满足 $(r_2 - r_1)/r_2 < 0.5$。作者也曾根据钢筋混凝土结构学原理推导出沿周边均匀配筋的环形截面受弯构件配筋计算的精确公式为：

$$\left. \begin{aligned} KM &\leqslant \left[\frac{2}{3} A_h \cdot R_w \cdot \frac{r_2^3 - r_1^3}{r_2^2 - r_1^2} + A_g (R_g + R'_g) r_g \right] \frac{\sin\alpha}{\pi} \\ \alpha &= \frac{\pi \cdot A_g \cdot R_g}{A_h \cdot R_w + A_g (R_g + R'_g)} \leqslant 0.3\pi \end{aligned} \right\} \tag{22}$$

从这个公式中看出 r_1 和 r_2 很接近时，式（22）和式（19）、式（20）才近似相同，否则实心圆截面按环形截面处理是不准确的［式（19）中有一系数为 0.75，而式（21）中相应系数为 2/3］。而对于实心圆截面 $r_1 = 0$，$r_2 = r$，式（22）就和式（21）相同了。

在实际计算时，式（21）可变成如下形式：

$$\alpha = \frac{\pi R_g}{R_g + R'_g} \times \frac{\dfrac{KM\pi}{\sin\alpha} - \dfrac{2}{3} A_h \cdot R_w \cdot r}{A_h \cdot R_w \cdot r + \dfrac{KM\pi}{\sin\alpha} - \dfrac{2}{3} A_h \cdot R_w \cdot r} \leqslant 0.3\pi \tag{23}$$

$$A_g = \frac{\dfrac{KM\pi}{\sin\alpha} - \dfrac{2}{3} A_h \cdot R_w \cdot r}{(R_g + R'_g) r_g} \tag{24}$$

一般用迭代法先计算 α 值，若 $\alpha < 0.3\pi$，再按式（24）计算 A_g［布筋时至少要有 6 根，否则就不符合式（21）的推导假定］。若 $\alpha \geqslant 0.3\pi$，说明出现超筋情况，应加大桩截面

面积或提高混凝土设计抗压强度再重新计算。式（23）、式（24）计算程序见本文附录。

（3）构造要求问题

为保证混凝土和钢筋的粘结握裹力，因此 JGJ 4—80 规范规定，非水下灌注混凝土桩主筋保护层厚度不宜少于 3.0cm，保护层偏差±1.0cm，水下灌注混凝土桩，保护层厚度不宜小于 5cm，保护层偏差±2cm，这在实践中是行之有效的。

3 施工问题

一个经济合理的设计方案，是要通过精心施工来实现其价值的。由此可见，施工这一环节尤为重要。

（1）成桩问题

在软弱土层中成桩往往是有困难的，在冲击或迴转钻进成孔时，宜使用泥浆护壁或套管护壁和在灌注混凝土前及时换浆的施工方法与工艺，这样可克服钻孔缩孔，减少孔壁扰动和减少沉渣保证孔深是有效的。在采用导管灌注混凝土时，灌浆料要淹没导管口 1m 以上，并在以后灌注中，导管口埋入混凝土深度不得小于 1m；在套管护壁成桩时，宜采用振动拔管方法，控制每次提升高度，并使套管口低于混凝土顶面 1m 以下，这样可避免断桩现象出现。

（2）开挖支护问题

在基坑开挖时，应避免超挖，每挖一步土应及时加横挡板及木楔使桩、挡板和土固为一体，同时对桩顶陡坡进行处理，防止垮塌。另外，在开挖时，对坑底、坑壁、坡顶和坑侧已有建筑物进行变形监测，一旦发现异常，应及时采取支护措施，杜绝不良变形进一步发生。

（3）水的问题

据了解，北京、石家庄等地钻孔灌注护坡桩出现局部不良变形的原因，不少是由局部水的入侵造成的。土的含水量增高，抗剪强度就会降低，可见水的问题是一个非常重要的问题。所以施工中应作好防水、排水及水的管理和监测工作，一旦发现有水入侵，立即采取有效措施，以保证边坡安全。

4 其他问题

关于悬臂式钻孔灌注护坡桩的最大挡土高度问题目前说法不一，其中一种说法是只适用于浅基坑（按 Terzaghi 和 peck 的规定，深度小于 20 英尺者为浅基坑），作者认为这种说法值得商榷。据目前资料，在北京地区基坑开挖工程中，就曾成功地使用过 ϕ1m，桩长 19m，入土 6m，桩间距 1.8～2.2m 的悬臂式钻孔灌注护坡桩。所以这个问题不能一概而论，主要看设计方案的经济与技术的对比结果，其中也包括施工条件和施工经验。

综上所述，护坡桩的问题如同其他土工问题一样，正如 Terzaghi 所说，既是一门科学，又是一门艺术，因此在实践上，既要有清晰的理论思路，又要结合实际经验做出恰当的判断。

附录 A 悬臂式护坡桩墙土工计算程序 (BASIC 语言)

A1 程序功能

在 PC-1500 计算机上用于计算悬臂式护坡桩墙截面的最大弯矩和最小入土深度。

A2 变量说明

H—挡土高度（从桩墙顶往下算）(m)；

Q—桩墙顶平面处所受垂直荷载 (kPa)；

G—桩墙后土体重度 (kN/m³)；

G_1—当量重度，$G_1=(GH+Q)/H$ (kN/m³)；

KA—主动土压力系数；

KP—被动土压力系数；

T—入土深度 (m)；

MM—单宽桩墙截面最大弯矩 (kN·m/m)；

A3 计算原理

采用 Blum 法，见本文正文。

A4 程序清单

```
10 CLEAR
20 INPUT "H=";H
30 INPUT "Q=";Q
40 INPUT "G=";G
50 INPUT "G1=";G1
60 INPUT "KA=";KA
70 INPUT "KP=";KP
80 LPRINT "H=";H
90 LPRINT "Q=";Q
100 LPRINT "G=";G
110 LPRINT "G1=";G1
120 LPRINT "KA=";KA
130 LPRINT "KP=";KP
140 MU=(Q+G*H)*KA/G1/(KP-KA)
150 LPRINT USING"＃＃＃.＃＃＃＃";"MU= ";MU
160 X＝0
170 M1=Q*KA*H*(H/2+MU+X)
180 M2=0.5*G*H*H*KA*(H/3+MU+X)
190 M3=0.5*G1*MU*MU*(KP-KA)*(2/3*MU+X)
200 M4=0.5*G1*(KP-KA)/3
210 X1=((M1+M2+M3)/M4)(1/3)
220 IF ABS(X1-X)<0.01 THEN 260
230 IF(X-X1)>0.01 THEN 280
240 X=X+0.5
250 GOTO 170
```

260 LPRINT"T=";MU+1.2*X

270 GOTO 300

280 X=X-0.005

290 GOTO 170

300 Q1=0.5*G*H*H*KA

310 Q2=Q*H*KA

320 Q3=0.5*G1*MU*MU*(KP-KA)

330 Q4=0.5*G1*(KP-KA)

附录 B 沿周边均匀配筋的实心圆截面受弯构件配筋计算程序（BASIC 语言）

B1 程序功能

在 PC-1500 计算机上计算 A。

B2 变量说明

M-单桩所受弯矩（kN·m）

K—安全系数

R—桩截面半径（m）

RW—混凝土弯曲抗压强度（kPa）

RG—受拉钢筋设计强度（kPa）

$RG1$—受压钢筋设计强度（kPa）

AL—本文式（21）中的角度 α（弧度）

AG—钢筋截面积（m²）

B3 计算原理

见本文式（21）或式（23）和式（24）。

B4 程序清单

10 CLEAR

20 INPUT "M=";M

30 INPUT "K=";K

40 INPUT "r=";R

50 INPUT "RW=";RW

60 INPUT "Rg=";RG

70 INPUT "Rg1=";RG1

80 LPRINT"M=";M

90 LPRINT "K=";K

100 LPRINT "r=";R

110 LPRINT "RW=";RW

120 LPRINT "Rg=";RG

130 LPRINT "Rg1=";RG1

140 AL=0.1

150 B1=3.14*RG/(RG+RG1)

160 B2=3.14*K*M/SIN(AL*180/3.14)-2/3*3.14*R*R*RW*R

170 B3=3.14*R*RW*R*(R-0.04)

```
180 AL1=B1 * B2/(B3+B2)
190 IF ABS(AL1-AL)<0. 0001 THEN 220
200 AL=AL1
210 GOTO 150
220 LPRINT "ALPHA=";AL1
230 IF AL1>=0. 942 THEN 10
240 AG=B2/(RG+RG1)/(R-0. 04)
250 LPRINT"Ag=";AG
260 END
```

石家庄土钉支护设计分析

【摘　要】　根据石家庄地质条件，通过几年来的工地观察和实践，总结出了土钉支护土体破裂面形状和主动土压力分布模式，提出了土钉支护设计分析方法。结合土钉支护工程实例进行了设计验算。

1　前言

　　土钉支护技术是国外 70 年代发展起来的边坡原位加筋支护技术[1]。德国、法国、英国、美国、加拿大、中国等国的工程师和教授们都分别投入了大量精力进行研究，获得了许多重要成果。目前，中国已出版了与土钉支护技术有关的规范[2-5]、手册[6-10]和专著[11,12]。土钉支护技术在中国各地基坑工程、边坡治理工程中得到了广泛应用，在工法、设计、材料、构造、施工工艺上，都得到了蓬勃发展，各地的工程师们也都积累了丰富的工程经验。同时应该看到，土钉支护技术还处于发展阶段，支护失败事故时有发生，许多设计问题还未澄清。

　　世界各国的工程师和研究人员，根据当时的认识思想等条件，分别在不同时期提出了许多设计方法。这些方法主要有：Lowe & Karafiath 法（1960）、Spencer 方法（1967）、美国陆军工兵部队法（1970）、德国方法（1979 年由 Stocker 提出）、Davis 方法（1981 年由 Shen 等人提出）、法国方法（1983 年由 Schlosser 提出）、英国 R. J. Bridle 方法、有限元方法（1985 年由 Plam elle 等人提出）、改进的 Davis 方法（1988 年由 Juran 提出）、运动学方法（1989 年由 Juran 等人提出）、简化的 Schlasser 方法、中国的国家规范方法[2~4]、王步云方法[6]、冶金部建筑研究总院方法[12]、总参科研三所方法[10]、孙家乐插筋补强法[13]、清华大学方法[14]。这些方法都是从不同的假定前提出发，研究了土钉支护结构的内部稳定和外部稳定，是世界各地工程师和研究人员不同时期实践的结晶。

　　石家庄地处河北省中南部，坐落在太行山东麓山前微倾斜平原，位于冲洪积扇群上部的轴部，滹沱河一级阶地上。地势西高东低，西部高程 90m（1985 国家高程基准），东部约为 64m。市区地表下 30m 深度范围内主要地层自上而下有：全新统新近堆积黄土状土、全新统的黄土状土和砂、晚更新统的粉土、黏性土、砂和碎石土。地下水位埋深约 35～40m 左右。

　　石家庄的土钉支护工程经验表明，用国家规范[2]进行设计，常偏于过分保守。20 世纪 90 年代后期以来，石家庄逐渐积累了一套适合自己地域的土钉支护经验，但这些经验一直未见总结升华，以至和外地工程师无法进行设计理论交流。几年来，笔者根据石家庄地

本文原载《岩土工程学报》2002 年第 1 期，作者：王长科，陈小峰，苗现国

质条件，结合工地观察、实践总结和设计心得，提出了一套土钉支护设计方法。现予陈述，请同行专家指正。

2 土钉结构内部稳定分析

（1）土钉支护设计方法分析

目前，土钉支护以稳定分析来控制设计，尚未发展到以变形分析来控制设计。稳定分析的内容主要包括两方面：内部稳定分析［包括土钉结构体内（内部）破裂面、土压力和土钉内力计算］和外部稳定分析［包括土钉结构整体（外部）抗滑移、抗滑动、抗倾覆、抗隆起计算］。石家庄30m深度范围内的土层承载力标准值 f_k 情况自上而下为：①新近堆积黄土状粉质黏土、粉土，厚度0～3m，f_k＝100～120kPa；②第四系全新统黄土状粉土、粉质黏土，厚度3～12m，f_k＝130～160kPa；③第四系全新统粉细砂、中砂，厚度0.5～4m，f_k＝160～250kPa；④第四系晚更新统粉土、粉质黏土，厚度4～15m，f_k＝180～280kPa；⑤第四系晚更新统中砂、粗砂、砾砂，厚度5～20m，f_k＝250～500kPa。地下水位埋深35～40m。石家庄水文地质与工程地质条件较好，土钉支护开挖后，内部稳定条件得到满足时，外部稳定条件一般都能得到满足。土钉结构内部稳定分析是石家庄土钉支护设计的控制条件。

土钉结构内部稳定分析的核心是确定土钉内力，有了土钉内力，土钉选筋及长度确定就不成问题了。这其中就涉及了滑裂面、土压力问题，对滑裂面、土压力问题的不同回答，就构成了本文第一节列出的各种分析方法。依据石家庄土钉支护经验，提出土钉结构内部稳定分析方法，阐述如下。

（2）破裂面

破裂面的寻找和确定，是土钉结构内部稳定分析的最重要内容之一。石家庄基坑深度一般在6～17m之间，无支护开挖及土钉支护开挖引起边坡破坏的事故，时有发生，根据现场观察和测量，破裂面形状大体都是如图1所示。图中 H 表示基坑深度，α 表示坡角。z_0，B_0，B 建议按下列各式计算：

$$z_0 = \frac{\pi c}{\gamma \tan\left(45° - \dfrac{\varphi}{2}\right)} - \frac{q}{\gamma} \tag{1}$$

$$B = (H - z_0)\tan\left(45° - \frac{\varphi}{2}\right) \tag{2}$$

$$B_0 = B - \frac{H}{\tan\alpha} \tag{3}$$

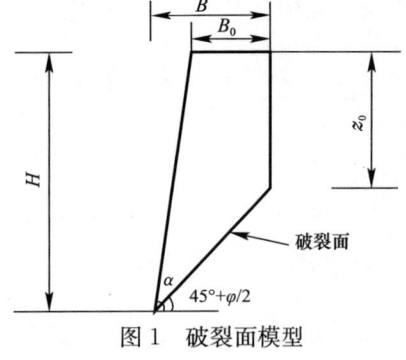

图1 破裂面模型

式中：c 表示坡土黏聚力，φ 表示坡土内摩擦角，γ 表示坡土重度，q 表示坡顶均布荷载。

图1中 z_0 的物理意义表示地面裂缝开裂深度，z_0 的计算，按 Rankine 理论应该是将式（1）中 π 换为2，按库尔曼边坡稳定分析理论，应该是将式（1）中 π 换为4。实际观察表明，在石家庄，2偏小，4偏大。用 π 差不多。式（1）是从后述式（10）导出。

（3）主动土压力

用于确定土钉内力的主动土压力，包括两个问题：主动土压力随开挖深度的变化模式和主动土压力随坡角的变化模式。德国[11]的大型试验表明，土钉支护开挖的主动土压力随开挖深度先是线性增加，到一定深度后，改为线性减少，基坑底标高处的主动土压力很小，见图 2。最近，张明聚、郭忠贤[15]通过现场测试发现土钉最大受力在基坑的中部最大，上下部较小。

土钉支护结构和加筋土挡墙的区别，就是土钉支护属于天然土体自上而下逐步开挖，边开挖边支护，基坑底面以下的天然土体对其上坡体的拱作用，是明显的。而加筋土挡墙则不是这样。正因为如此，基坑底标高处的主动土压力和上面相比反而较小，或者说，在基坑底标高处设置一道土钉，土钉内力很小，甚至可能为零，这个道理是显而易见的。基于这样的理论分析，结合已报道的实测资料，提出如图 3 的土压力分布模式。考虑到最后一道土钉受力总是较小的事实，而且只有在进行下步开挖后，该道土钉才能较大受力，所以假定倒数第二道土钉以下为坑底土拱作用影响的范围，见图 3。其上仍沿用 Rankine 理论。图中 O 点表示土压力零点，B 点表示倒数第二道土钉位置。

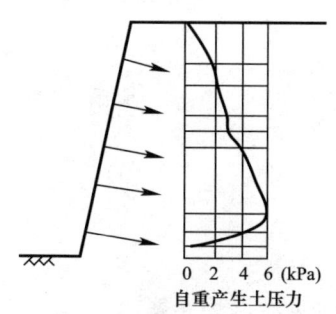

图 2　德国 Karlsruhe 大学的大型试验结果　　　图 3　主动土压力分布模型

图 3 中，p 表示主动土压力强度，z_{n-1} 表示第 $n-1$ 道土钉到基坑顶面的距离（第 $n-1$ 道土钉即基坑底面向上第 2 道土钉，n 表示土钉总道数），见图 4。

主动土压力随坡角的变化模式，中国规范[2]用荷载折减系数 ζ 来描述。从规范公式来看，当坡角等于坡土内摩擦角时，$\zeta=0$；当坡角等于 90° 时，$\zeta=1$。后者是毫无疑问的。前者事实上应该是，当坡角等于临界坡角时 $\zeta=0$，临界坡角的概念是相应于一定坡高和一定坡顶荷载条件下，边坡稳定安全系数为 1.0 时的坡角。显然，处于临界坡角状态时的边坡主动土压力为零。参考 Rankine 理论、库尔曼边坡稳定分析理论和李妥德（1990）公式[16]，用瑞典圆弧法计算边坡稳定安全系数为 1.0 时拟合出临界坡高随临界坡角变化的公式，见式（10）。

基于上述分析和建立的土压力分布模型，主动土压力强度 p 按下式计算：

$$当 z \leqslant z_{n-1} \quad p = \zeta(K_a \sigma_z - 2c\sqrt{K_a}) \tag{4}$$

$$当 z > z_{n-1} \quad p = \zeta(K_a \sigma_{z_{n-1}} - 2c\sqrt{K_a}) \frac{H - z + y_0}{H - z_{n-1} + y_0} \tag{5}$$

其中

$$y_0 = \frac{\left(\frac{q}{r} + H\right)K_a - \frac{2c}{\gamma}\left(\sqrt{K_p} + \sqrt{K_a}\right)}{K_p - K_a} \geqslant 0 \tag{6}$$

$$K_a = \tan^2(45° - \varphi/2) \tag{7}$$

$$K_p = \tan^2(45° + \varphi/2) \tag{8}$$

$$\zeta = (\alpha - \alpha_{cr})/(90° - \alpha_{cr}) \tag{9}$$

$$\alpha_{cr} = \varphi + 2\tan^{-1}\left(\frac{\pi c}{q + \gamma H}\right) \tag{10}$$

式中，p 表示水平向主动土压力强度（kPa）；y_0 表示土压力零点埋深（m）；K_a 表示主动土压力系数；K_p 表示被动土压力系数；z 表示计算点深度（m）；σ_z 表示计算点的竖向有效应力（kPa），σ_{zn-1} 表示 $z = z_{n-1}$ 时的 σ_z；ζ 表示主动土压力强度折减系数；α 表示坡角，α_{cr} 表示临界坡角；H 表示坡高；q 表示坡顶均布荷载。

（4）土钉内力

土钉内力按下式计算：

$$R = S_x S_y p/\cos\beta \tag{11}$$

式中，R 表示土钉内力（kN）；S_x、S_y 表示土钉控制的坡面垂直面积（m²）；β 表示土钉和水平面的夹角。

（5）土钉长度

土钉长度设计值应满足下式：

$$L \geqslant L_f + L_e \tag{12}$$

$$L_e = K_1 R/(\pi D \tau) \tag{13}$$

当 $z \leqslant z_0$ 时

$$L_f = \left(B_0 + \frac{z}{\tan\alpha}\right)\frac{1}{\cos\beta} \tag{14}$$

当 $z > z_0$ 时

$$L_f = \frac{H - z}{H - z_0}\left(B_0 + \frac{z_0}{\tan\alpha}\right)\frac{1}{\cos\beta} \tag{15}$$

式中，L 表示土钉长度设计值，L_e 表示稳定区土钉长度，L_f 表示滑动区土钉长度，D 表示土钉注浆体直径，τ 表示土钉注浆体侧摩阻力标准值，K_1 表示分项系数，建议取 $1.1 \sim 1.3$。其他符号如图 4 所示。

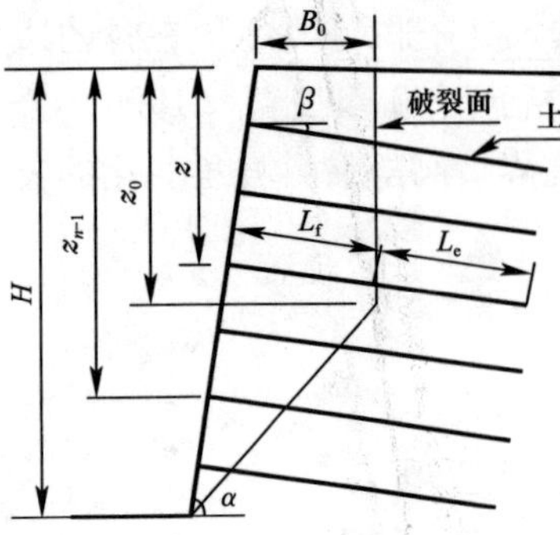

图 4　土钉长度计算

（6）土钉选筋

土钉钢筋应选用 Ⅱ 级钢筋，钢筋直径设计值应满足下式：

$$d \geqslant \sqrt{\frac{K_b R}{\frac{\pi}{4}f_{yk}}} \tag{16}$$

式中，d 表示钢筋直径设计值，f_{yk} 表示钢筋抗拉强度标准值，K_b 表示分项系数，建议取 $1.1 \sim 1.3$。

（7）连接计算

土钉和面层的连接计算，应满足下式：

$$N_t^b \geqslant K_t(R - \pi D L_f \tau) \tag{17}$$

式中，N_t^b 表示土钉和面层之间的拉力设计值，K_t 表示分项系数，建议取 1.1～1.3。

土钉和面层连接，可采用焊接或锚定板螺栓连接。

3 工程实例设计分析

（1）石家庄市公安交通指挥中心基坑工程

石家庄市公安交通指挥中心位于石家庄市中华南大街，主楼地上 18 层，地下 2 层，筏板基础，框剪结构。基坑开挖深度 12m，平面尺寸为 63m×49.5m。

① 水文地质与工程地质条件

地下水位埋深在 35m 以下。自然地面以下 20m 深度范围内的地层自上而下为：新近堆积黄土状粉质黏土①层，厚度 1.5m，硬塑；黄土状粉质黏土②层，厚度 3.0～4.6m，平均厚度 3.8m，可塑；黄土状粉土③层，厚度 3.9～5.5m，平均厚度 4.7m，中密、稍湿；粉细砂④层，厚度 0.0～1.4m，平均厚度 0.7m，中密、稍湿；粉质黏土⑤层，厚度 5.3～6.3m，平均厚度 5.8m，可塑。各层土的力学指标见表 1。

地基承载力特征值计算和实测对比　　　　表 1

土层	厚度（m）	$\gamma(kN \cdot m^{-3})$	$c(kPa)$	$\varphi(°)$	$\tau(kPa)$
①	1.5	19.4	30	27	40
②	3.0～4.6	19.5	20	24	50
③	3.9～5.5	19.1	22	26	60
④	0.0～1.4	19.1	0	36	80
⑤	5.3～6.3	19.8	23	5	55

② 土钉支护设计方案

经方案分析论证，决定南坡采用放坡无支护开挖方案，坡顶荷载按 20kPa 考虑，考虑边坡稳定安全系数为 1.3 时，放坡坡角设计为 46°。

北坡、西坡、东坡采用土钉支护开挖方案，设计坡角 $\alpha=90°$，设 8 道土钉，土钉水平间距 1.5m，竖向间距 1.2～1.5m。土钉下斜角 15°，土钉钻孔直径 100mm，土钉采用Ⅱ级钢筋，每道土钉设计参数见表 2。注浆采用水灰比为 0.45～0.50 的普硅 425 号净水泥浆。面层采用挂 $\phi6@200\times200$ 钢筋网，喷射 C20 混凝土面层，厚度 80mm，每道土钉设 $\phi16$ 水平加强筋，土钉和面层连接采用焊接。面层间隔一定距离布置泄水孔。

公交指挥中心土钉支护设计方案及验算结果　　　　表 2

土钉道号	$S_x(m)$	$S_y(m)$	土钉参数	计算结果	
				K_1	K_b
1	1.5	1.0	$1\phi18L7000$	∞	∞
2	1.5	1.2	$1\phi20L9000$	58.50	95.60
3	1.5	1.5	$1\phi20L9000$	2.30	3.51
4	1.5	1.5	$1\phi20L9000$	1.41	1.81
5	1.5	1.5	$1\phi20L9000$	1.61	1.50
6	1.5	1.4	$1\phi22L9000$	1.42	1.41
7	1.5	1.4	$1\phi22L9000$	1.24	1.09
8	1.5	1.5	$1\phi18L4500$	1.14	1.44

③ 内部稳定验算

坡顶荷载考虑20kPa，基坑开挖深度12m范围内土的力学参数平均值为 $\gamma=19.34\text{kN/m}^3$，$c=21\text{kPa}$，$\varphi=26°$，根据式（1）、式（3）、式（6），得 $z_0=4.5\text{m}$，$B_0=4.7\text{m}$，$y_0=0.1\text{m}$。按本文方法计算结果见图5和表3，验算结果见表2。

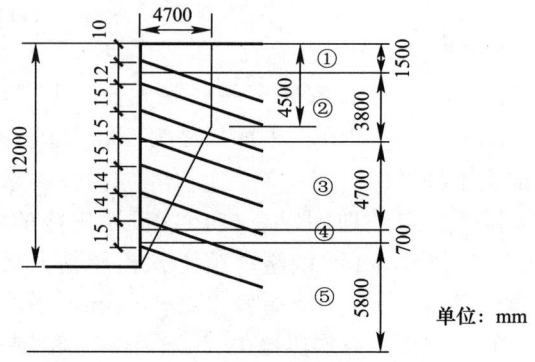

图5 公安交通指挥中心土钉计算

公交指挥中心土钉计算 表3

道号	z(m)	$S_x S_y$(m²)	土层	p(kPa)	R(kN)	L_f(m)
1	1.0	2.40	①	0.0	0.0	4.9
2	2.2	2.03	②	0.5	1.1	4.9
3	3.7	2.25	②	13.0	30.0	4.6
4	5.2	2.25	②	25.0	58.0	3.8
5	6.7	2.18	③	31.0	70.0	3.0
6	8.1	2.10	③	41.4	90.0	2.2
7	9.5	2.18	③	51.9	117.0	1.3
8	11.0	2.63	⑤	21.5	59.0	0.6

④ 土钉支护效果

该支护工程自1999年2月3日进场，2月24日支护结束。6个月后主体出正负零，基坑回填。期间边坡运营良好。坡顶位移观测结果见表4。实测最大水平位移与坡高之比为0.4‰，可见位移控制很好。该工程荣获2000年度部级优秀勘察设计二等奖。

公交指挥中心坡顶位移观测结果 表4

观测点号	水平位移（mm）	垂直位移（mm）
1	2.5	1.5
2	1.0	0.0
3	3.0	−1.7
4	5.0	−0.9
5	3.0	1.5
6	1.5	0.0
7	0.5	−1.7
8	1.0	0.5
9	—	0.0

（2）石家庄市一宫改造基坑工程

石家庄市一宫改造工程位于中山东路，基坑平面尺寸 215m×168m。基坑深度 8.0～9.9m。

① 水文地质与工程地质条件

地下水位埋深在 35m 以下。地层情况：杂填土，厚度 2.0m；粉质黏土，厚度 6.5m，可塑；细砂，厚度 3.5m，中密，稍湿。坡土的力学指标见表 5。

② 土钉支护设计方案

设计坡角 79°，设 9 道土钉，土钉水平间距 1.1m，竖向间距 1.0～1.1m。土钉下斜角 15°，土钉钻孔直径 80mm，土钉采用 Ⅱ 级钢筋，每道土钉设计参数见表 6。注浆采用水灰比为 0.45 的普硅 #425 净水泥浆。面层采用挂 $\phi4@200\times200$ 冷拔钢筋网加铅丝网水泥砂浆人工抹面，面层厚度 30～50mm。冷拔钢筋搭接长度不小于 30d，坡面上铺放 24 号铅丝网@15×15，每 2～3m² 用骑马钉固定，抹面砂浆配比采用 1：2.5（水泥：砂）。土钉和面层连接采用锚定板螺栓连接，螺栓采用 Ⅱ 级钢筋 $\phi20\sim22$ 制成，和土钉对焊连接。

一宫坡土力学指标   表 5

土层	厚度（m）	$\gamma(kN \cdot m^{-3})$	$c(kPa)$	$\varphi(°)$	$\tau(kPa)$
杂填土	2.0	20	22.0	12.0	55
粉质黏土	6.5	20	16.2	16.9	65
细砂	3.5	20	0.0	35.0	85

③ 内部稳定验算

坡顶荷载取 10kPa，坡土的力学参数平均值取 $\gamma=20kN/m^3$，$c=15kPa$，$\varphi=18.5°$。由式（1）、式（3）得 $z_0=2.8m$，$B_0=3.2m$，由式（6）、式（9）、式（10）得 $y_0=0.86$，$\alpha_{cr}=44°$，$\zeta=0.76$。按本文方法计算结果见图 6 和表 7，验算结果见表 6。

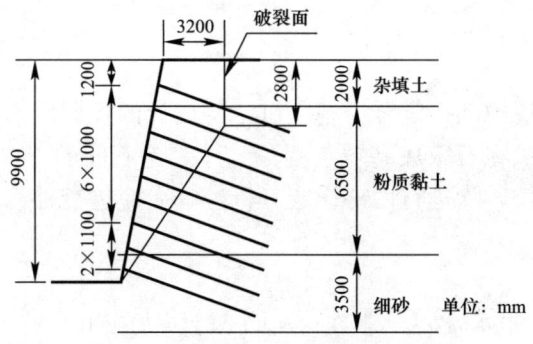

图 6　一宫土钉计算

一宫土钉支护设计方案及验算结果   表 6

土钉道号	$S_x(m)$	$S_y(m)$	土钉参数	计算结果	
				K_1	K_b
1	1.1	1.2	$1\phi16L6000$	∞	∞
2	1.1	1.0	$\phi16L8000$	14.70	13.74
3	1.1	1.0	$1\phi16L8000$	5.51	4.64
4	1.1	1.0	$1\phi16L7000$	2.93	2.82

土钉道号	S_x(m)	S_y(m)	土钉参数	计算结果	
				K_1	K_b
5	1.1	1.0	$1\phi16L7000$	2.34	2.01
6	1.1	1.0	$1\phi16L6000$	1.59	1.57
7	1.1	1.0	$1\phi16L6000$	1.39	1.22
8	1.1	1.1	$1\phi16L5000$	1.57	1.18
9	1.1	1.1	$1\phi16L5000$	7.22	4.95

公交指挥中心土钉计算　　　　　　　　　　　表7

道号	z(m)	S_xS_y(m²)	p(kPa)	R(kN)	L_f(m)
1	1.2	1.87	0.0	0.0	3.7
2	2.2	1.10	4.3	4.9	3.6
3	3.2	1.10	12.7	14.5	3.1
4	4.2	1.10	21.0	23.9	2.7
5	5.2	1.10	29.4	33.5	2.2
6	6.2	1.10	37.8	43.0	1.8
7	7.2	1.16	46.1	55.4	1.3
8	8.3	1.21	45.7	57.2	0.8
9	9.4	1.16	11.3	13.6	0.4

④ 土钉支护效果

该支护工程自 1999 年 6 月开始，8 月支护结束，至今边坡运营良好。观察表明，坡顶水平位移一般为 4~5mm，最大为 13mm，水平位移控制在坡高的 1.5‰。

4　结论

在石家庄，一般来说内部稳定分析是土钉结构设计的控制因素。本文提出的土钉结构内部稳定分析方法，可供在石家庄基坑工程设计中，进行土钉结构内部稳定分析时使用。注意对缺乏经验的深基坑，除进行内部稳定分析外，尚应进行外部稳定分析。

参考文献

[1] 王长科，林宗元. 土钉技术的发展及其在我国工程建设中的应用 [A] //中国地质学会第 4 届工程地质大会论文选集 [C]. 北京：海洋出版社，1992.

[2] JGJ 120—99，建筑基坑支护技术规程 [S]. 北京：中国建筑工业出版社，2000.

[3] CECS 96：97，基坑土钉支护技术规程 [S]. 北京：中国工程建设标准化协会，1997.

[4] YB 9258—97，建筑基坑工程技术规范 [S]. 北京：冶金工业出版社，1998.

[5] SJG 05—96，深圳地区建筑深基坑支护技术规范 [S]. 深圳：深圳市勘察测绘院，1996.

[6] 林宗元. 岩土工程治理手册 [M]. 沈阳：辽宁科学技术出版社，1993.

[7] 余志成，施文华. 深基坑支护设计与施工 [M]. 北京：中国建筑工业出版社，1996.

[8] 刘建航，侯学渊. 基坑工程手册 [M]. 北京：中国建筑工业出版社，1997.

[9] 龚晓南，高有潮. 深基坑工程设计施工手册 [M]. 北京：中国建筑工业出版社，1998.

［10］　曾宪明，黄久松，王作民. 土钉支护设计与施工手册［M］. 北京：中国建筑工业出版社，2000.

［11］　陈肇元，崔京浩. 土钉支护在基坑工程的应用［M］. 北京：中国建筑工业出版社，1997.

［12］　程良奎，杨志银. 喷射混凝土与土钉墙［M］. 北京：中国建筑工业出版社，1998.

［13］　孙家乐. 插筋补强护坡技术的原理与应用［J］. 工业建筑，1992，（6）.

［14］　宋二祥，陈肇元. 土钉支护及其有限元分析［J］. 工程勘察，1996，（2）：1-5.

［15］　张明聚，郭忠贤. 土钉支护工作性能的现场测试研究［J］. 岩土工程学报，2001，23（3）：319-323.

［16］　林宗元. 岩土工程勘察设计手册［M］. 沈阳：辽宁科学技术出版社，1996.

石家庄南三条深基坑土钉支护工程实录分析

【摘　要】 石家庄市南三条半地下商场基坑深度 16.2m，采用土钉支护技术进行支护开挖。阐述了土钉支护设计、施工方案和施工中遇到的难题，采用王长科建议的方法和《建筑基坑支护技术规程》JGJ 120—99 对土钉支护方案进行了综合对比分析。

1　引言

土钉支护技术造价低廉不占工期，从而得到了广泛应用。石家庄从 1990 年代初应用土钉支护技术开始，至 1990 年代末，几乎所有有条件的基坑都采用了土钉支护技术。但采用土钉支护的基坑尚未有超过 12.5m 深的纪录。土钉支护技术虽广泛应用，并有国家规范指导，但面对竞争激烈的市场和对造价与工期要求越来越严格的业主，土钉支护技术有许多问题需要进一步研究。

在石家庄，尤其对于南三条深度达 16.2m 的超深基坑采用土钉支护技术，至少有以下两个问题需要研究解决：①保证安全度前提下，造价最低的土钉设计技术；②保证工期前提下，穿越 5.0m 厚砂层的土钉施工技术。

本文是对石家庄市南三条半地下商场深基坑土钉支护工程的实录分析，不妥之处，请专家指正。

2　岩土工程条件

（1）建筑概况

石家庄市南三条城市广场工程位于石家庄市繁华地段，为儿童大世界批发市场。主体为三层地下建筑，混凝土框架结构，建筑平面为半圆形，地上为花园式广场。基坑深度16.2m，周长 326m，围护面积约 5200m²。

（2）基坑环境

工程周边建筑物密集，环境条件复杂。基坑北侧近邻运输六公司办公楼基水泵房一座，西侧为大径北街，南侧为金正食品城，东侧近邻二层批发商店。基坑环境见图 1。

（3）水文地质与工程地质条件

地下水在地表下 35m 以下，本次支护开挖，可不考虑地

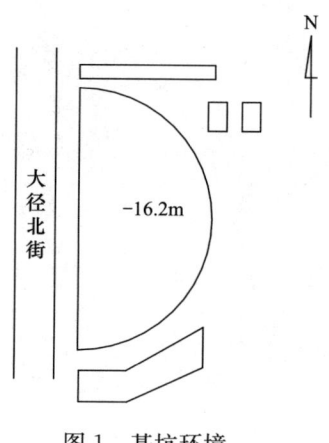

图 1　基坑环境

本文原载《第六届全国岩土工程实录交流会岩土工程实录集》2004 年，兵器工业出版社，作者：田军岭，丁红强，王长科，韩秋林

下水的影响。边坡工程地质条件见表1。

南三条坡土设计参数　　　　　　　　　　　　　表1

土名及编号	厚度（m）	重度 γ（kN/m³）	黏聚力 c（kPa）	内摩擦角 φ（°）	极限摩阻力 τ（kPa）
杂填土①	0.90	19.0	5	15	20
新近堆积土②	1.50	19.3	14	20	30
黄土状粉土③	0.60	18.9	8	24	40
黄土状粉质黏土④	2.80	19.1	16	20	50
粉细砂⑤	2.80	18.5	0	32	40
中砂⑥	1.60	18.5	0	36	60
粗砂⑦	0.70	18.5	0	38	90
粉土⑧	1.30	18.9	10	25	50
粉质黏土⑨	2.00	19.7	16	20	50
中砂⑩	0.80	18.5	0	36	65
粉质黏土⑪	5.50	19.7	20	20	50
细砂⑫	0.80	18.5	0	32	50
粉质黏土⑬	10.90	19.4	20	21	50

（4）开挖坡度条件限制

因地处闹市，场地狭窄，西侧只能按90°直立开挖，其他各侧最多可按85°放坡。

3 设计方案

设计坡角90°，设10道土钉，土钉水平间距1.5m，竖向间距1.5m。梅花形布置。土钉下斜角10°，土钉钻孔直径100mm，土钉采用热轧Ⅱ级钢筋，设计方案见图2和表2。注浆采用水灰比为0.45的普硅425号净水泥浆。掺入外加剂三乙醇胺0.05%。面层采用挂 $\phi6.5@200 \times 200$ 钢筋网喷射混凝土，钢筋网搭接长度200mm。用井子架压在钢筋网片上，并将井子架与土钉钢筋焊接。土钉之间用 $\phi16$ 钢筋连接作为压筋。喷射混凝土配合比：1∶2∶2（水泥∶砂∶石屑）。面层厚度80～100mm。

土钉设计方案　　　　　　　　　　　　　表2

土钉道号	深度（m）	土钉（热轧Ⅱ级钢筋）直径（mm）	长度（mm）
1	1.80	25	12000
2	3.30	25	12000
3	4.80	25	18000
4	6.30	25	15000
5	7.80	25	12000
6	9.30	22	12000
7	10.80	22	12000
8	12.30	20	9000
9	13.80	20	9000
10	15.30	20	7000

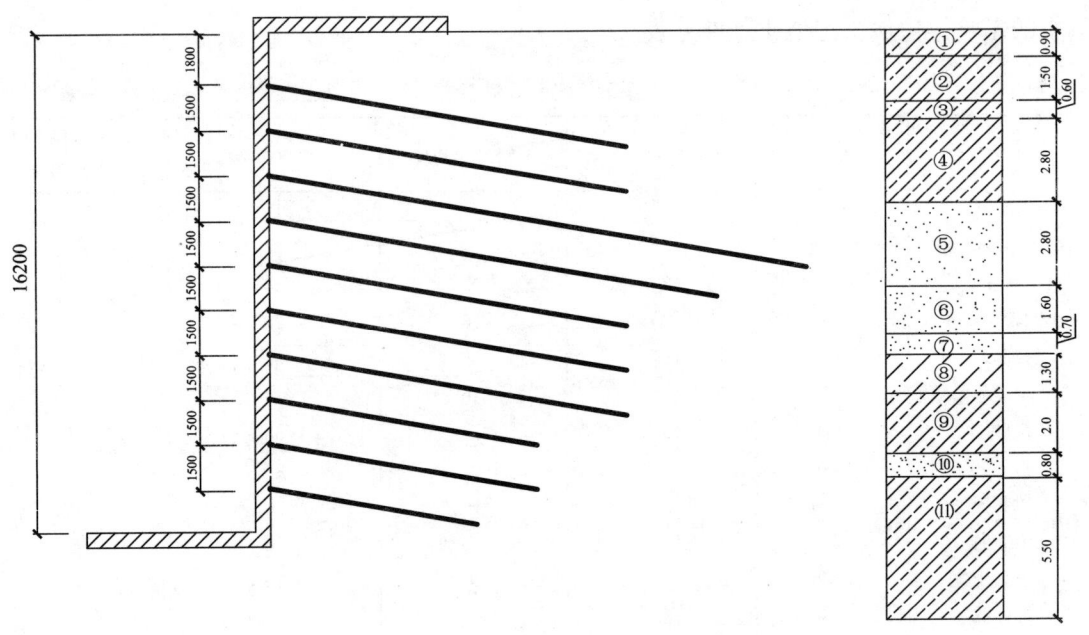

图2　土钉设计方案

4　设计分析

石家庄土钉支护经验表明，采用《建筑基坑支护技术规程》JGJ 120—99 设计过于保守。为此，对本工程采用的方案用王长科建议的方法[1]并结合《建筑基坑支护技术规程》JGJ 120—99 进行综合分析。

（1）单钉等安全度设计分析

基坑坡顶荷载统一折合成 20kPa 无限均布荷载。以各道单钉安全系数相等为原则，用《建筑基坑支护技术规程》JGJ 120—99 计算结果见表3，从结果看与石家庄经验不符。

用王长科建议的方法计算，其中土压力峰值深度 z_{n-1} 取 7.8m，计算结果见图3、图4、图5和表4。

单钉等安全度设计分析（JGJ 120—99 方法）　　　　　　　　　表3

土钉道号	深度（m）	JGJ 120—99 方法	
		内力标准值（kN）	计算结果
1	1.80	154.70	1φ28L14360
2	3.30	158.79	1φ32L12880
3	4.80	233.84	1φ36L19980
4	6.30	266.55	1φ36L20720
5	7.80	268.35	1φ36L17030
6	9.30	307.16	1φ40L17170
7	10.80	280.57	1φ40L18780
8	12.30	706.57	2φ40L44780
9	13.80	604.15	2φ36L37870
10	15.30	778.38	2φ40L49920

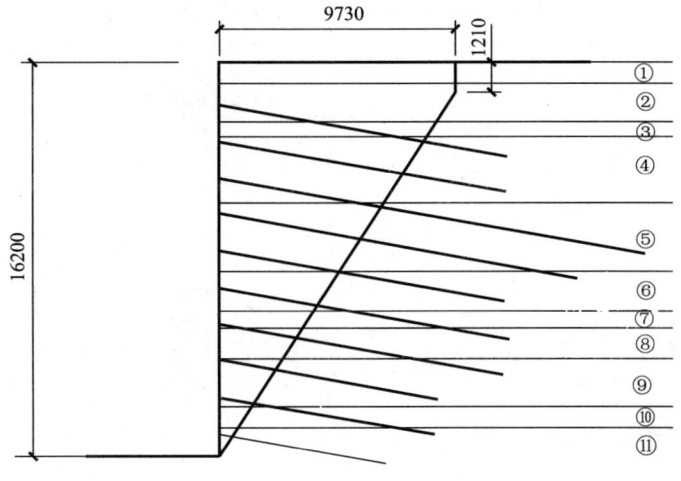

图 3　滑裂面

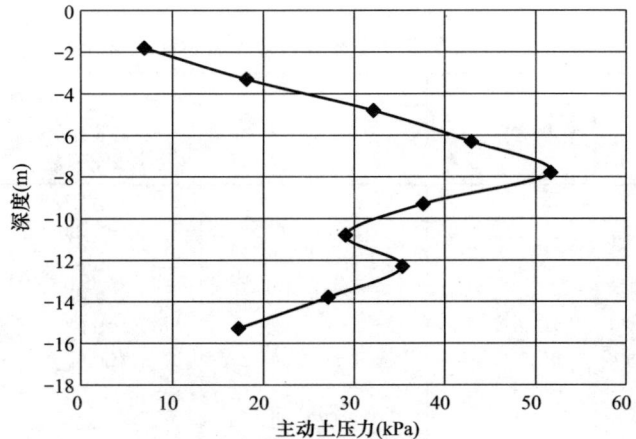

图 4　土压力分布

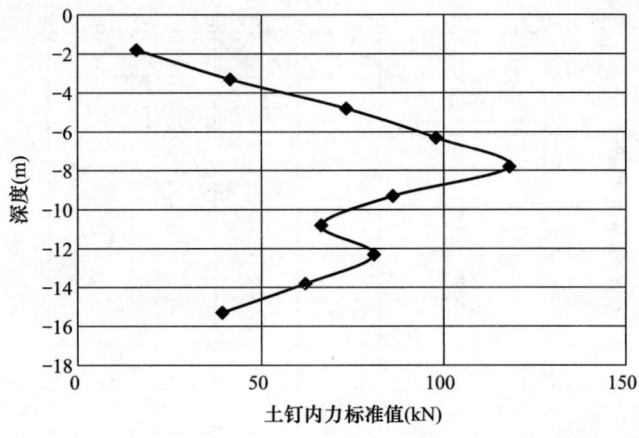

图 5　土钉内力分布

单钉等安全度设计分析（王长科建议的方法）　　　　　　　　　　　表4

土钉道号	深度（m）	王长科方法	
		内力标准值（kN）	计算结果
1	1.80	15.9	$\phi16L11000$
2	3.30	41.4	$\phi16L11500$
3	4.80	73.2	$\phi20L14000$
4	6.30	97.9	$\phi22L14500$
5	7.80	117.9	$\phi25L12500$
6	9.30	86.0	$\phi20L9600$
7	10.80	66.3	$\phi18L8500$
8	12.30	80.8	$\phi20L8500$
9	13.80	62.0	$\phi18L6000$
10	15.30	39.2	$\phi16L3500$

（2）群钉共同作用优化设计与安全度估计

根据以上计算结果，结合石家庄土钉支护经验，对最终选用的设计方案进行分析，各道土钉安全度计算结果见表5。方案对比见图6。

土钉支护最终设计方案分析　　　　　　　　　　　表5

土钉道号	深度（m）	最终采用的方案	王长科建议的方法	
			各道土钉安全系数	分步开挖稳定安全系数
1	1.80	$\phi25L12000$	2.50	2.50
2	3.30	$\phi25L12000$	1.29	1.90
3	4.80	$\phi25L18000$	1.81	1.87
4	6.30	$\phi25L15000$	1.23	1.71
5	7.80	$\phi25L12000$	1.03	1.57
6	9.30	$\phi22L12000$	1.63	1.58
7	10.80	$\phi22L12000$	2.00	1.64
8	12.30	$\phi20L9000$	1.25	1.59
9	13.80	$\phi20L9000$	1.90	1.63
10	15.30	$\phi20L7000$	2.56	1.72

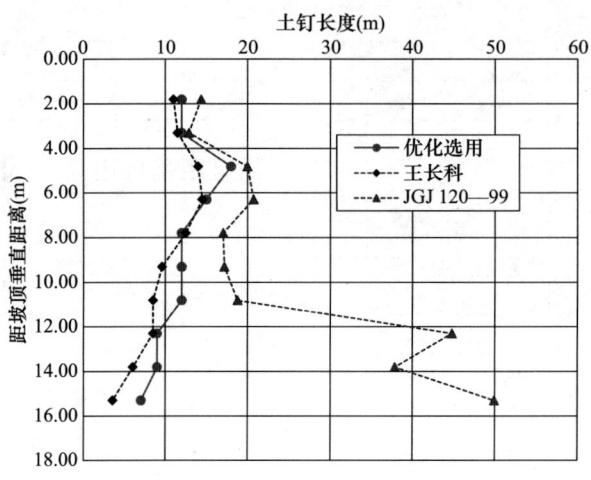

图6　土钉长度对比

5 施工难点和解决方案

（1）测量控制

该工程进行土钉支护时，基坑大部分都已开挖，中心挖至 8m 深，周边控制依据只有圆心点及建筑物平面布置图。本建筑物为半圆状，基坑开挖半径 60.275m，而圆心点在开挖边坡外，且基坑内层次多，高低不平，采用钢尺量距不精确。土方每开挖一层需检测一次，经纬仪测距又复杂，故采用钓鱼法进行控制。首先利用全站仪将边坡周围各轴线定位好，面上引重球至基坑每层底部，土方开挖及人工修坡可按基坑深度及坡比来控制边坡。边坡控制至基底都达到预计目的，为此还得到业主及监理好评。

（2）穿越厚砂层

该工程在−6m 位置有 5m 厚左右砂层。由于砂层较厚而且边坡坡度陡直，本砂层大部分为中砂，特别容易坍孔及局部坍塌，这给施工带来了一定的难度。

考虑到边坡的整体稳定，砂层开挖时是北段开挖支护，留台开挖。即开挖每 10～15m 为一段，开挖深度为 1.5m，沿边坡预留 0.5～0.8m 的平台，先进行人工扩孔，设置土钉，再修坡喷护。支护 1.5m 分三次支护，即人工修坡 50cm 挂网立即喷射混凝土，以保证边坡的稳定。

对确定的孔位按照设计采用洛阳铲人工造孔，孔径 10cm，孔深 7～18m 不等。由于人工成孔是一道重要工序，需严格控制成孔的质量，孔内碎、杂质及泥浆都需清理干净。

在洛阳铲人工成孔过程中，在突破砂层时遇到了一定的困难，砂层在−6～−11m，按照设计，锚杆布置为 12m。洛阳铲在砂层中成孔困难，由于孔壁自稳时间短，仅为十几分钟，在孔深 7～9m 时就开始坍孔，而且孔深达不到设计要求。每孔完成至 10m 左右，孔底部就坍成扩孔式，成孔时间约 1 小时。针对此种情况，第一砂层比较松散，易于进展，第二为减少对砂层的振动，避免坍孔造成不成孔，施工人员在洛阳铲的基础上进行改进加工。用 3mm 厚钢板卷成 ϕ10cm 圆筒，长 45cm，两端与洛阳铲相同，在中间位置将圆筒割成槽形，宽约 7cm，长 20cm，用于出砂。用这种铲在砂层中成孔，增大了每次铲出土的分量，减少了对砂层的频繁振动，大大提高了砂层成孔的效率。实践证明，每孔成孔时间 20～25min，而且坍孔较少，能达到设计深度。唯一缺点是 3mm 厚钢板强度低，成孔数量少，拆装比较频繁。

（3）南侧污水管加固

南侧防水管道铺设完毕，回填土设有夯实，而且距基坑边只有 30cm 部分管道接头漏水。在开挖后不到 1 小时，混凝土注水管脱落，后采用钢管代替混凝土管。为防止钢管及原有混凝土管影响边坡，特对其进行了加固。

① 钢管的上下均打入 9m 长锚杆，上下锚杆用钢筋连接，下托上拉，并用风钻在坡顶水泥地坪打孔，设置地锚，间隔与锚杆相同，用拉筋与锚杆及钢管连接，确保钢管安全。

② 混凝土管部分，措施同上，将地上围墙拆除卸载。

③ 将管道漏水处挖开，采取堵漏措施后暴露，以随时检查。

④ 在污水管部位和观察基底 50cm 范围内采用压力注浆托换饱和土体，使下部软弱土体变为复合地基，防止渗漏影响，压力注浆时另行打入 4m 深注浆孔，与锚杆孔区别。

（4）冬季施工

计划工期不过冬季，由于甲方资金不到位以及土方开挖进度缓慢，土钉支护施工需进行冬季施工，为确保工程质量达到要求，采取以下冬季施工措施。

① 在喷射混凝土料中加入石家庄市清华新型建材厂生产的 FSS—Ⅲ 型混凝土防冻剂，掺量 4%。

② 在锚杆注浆中加入 FSS—Ⅱ型混凝土泵送防冻剂，掺量 3%，保证锚杆的早期强度。

③ 在喷射混凝土后表面先覆盖一层塑料布，上覆盖草帘子，保证不出现冻害。

④ 在天气特别寒冷时（白天 −5℃ 以下）开挖边坡后及时覆盖草帘子。

（5）基坑变形观测结果

该支护工程自 2000 年 8 月 24 日开始，至 2001 年 5 月 7 日完工，共完成支护面积 5435.16m²。至基坑回填前，运营良好。位移观测表明，坡顶水平位移平均为 18.4mm，最大为 33.5mm，水平位移控制在坡高的 2.1‰ 以内，小于规范规定的容许值 3‰～5‰。

6　结束语

本项目为石家庄当前基坑深度（土钉支护）之最，通过合理的设计方案和施工方案，顺利解决了项目中遇到的技术难题：①特大深基坑土钉支护设计技术；②穿越厚砂层施工技术。本工程实录分析可供同行参考借鉴。

参考文献

[1]　王长科等. 石家庄土钉支护设计分析［A］. 岩土工程学报，2002 年第 1 期
[2]　JGJ 120—99 建筑基坑支护技术规程［S］. 北京：中国建筑工业出版社，2000

土钉支护的发展

【摘　要】　回顾了土钉支护技术的起源综述了土钉支护的设计方法和原理。

1　发展历程

（1）最古老的土钉支护技术

根据记载，1835 年，英国在建造泰晤士河的水下隧道时，采用土钉作为盾构工作面挡板的辅助支护。当时使用的土钉不是现在使用的螺纹钢筋，而是一种扁铁，宽 4 英寸、厚 0.5 英寸、长 8 英尺、面层是 3 英寸厚的木板。土钉的植入方法，是从木板缝隙处将土钉打入，然后在土钉端部用楔块固定。这种土钉支护当时只是用作辅助加固，还只是一种概念设计。

（2）现代土钉支护技术发展

20 世纪 70 年代，世界上许多国家几乎同时开始大量使用土钉支护技术，用以加固边坡。

1972 年，法国凡尔赛铁路路基开挖时，为加固边坡使用了土钉支护技术。据说这是世界第一例有记载的现代土钉支护工程。该工程最大坡高 21.6m，坡角 69°，坡土为黏土质砂土，黏聚力 20kPa，内摩擦角 33～40°。土钉钻孔直径 100mm，下斜角 20°，土钉间距 0.7m×0.7m。土钉采用 2φ10，上部长度为 4m，下部长度为 6m。面层采用喷射混凝土，厚度 50～80mm。现场进行了拉拔试验。

1980 年，太原煤炭设计研究院在我国山西柳湾边坡加固中采用了土钉支护技术。这是中国第一例土钉支护工程。该工程坡高 10.m，坡角 80°。坡土为褐黄色粉质黏土（黄土），黏聚力 15kPa，内摩擦角 23°。土钉长度 9m，间距 1.2m×1.2m。土钉钻孔直径 120mm（底部 200mm），下斜角 15°。土钉采用 1φ25。面层采用喷射混凝土，厚度 180mm。

土钉支护技术在 20 世纪后 30 年，尤其是进入 21 世纪的开始 4 年内，得到了广泛而长足的发展。土钉支护发展至今，对土钉支护结构的特点认识，可以概括为：①边开挖边支护；②边坡是天然物；③土钉全长度和坡土黏结；④边坡和基坑底土体天然一体。这 4 个特点决定了土钉支护结构类似于加筋土挡土墙又不同于加筋土挡土墙，类似于锚杆结构又不同于锚杆结构。

2　理论分析

土钉支护发展 30 年来，设计理论得到了发展。但都是围绕外部稳定性（External Sta-

本文原载《河北工业大学学报》2004 年第 33 卷增刊，作者：王长科

bility)、内部稳定性（Internal Stability）展开的。

外部稳定是指土钉支护作为一种重力式墙土墙的稳定性，主要有土钉墙沿基底平移、土钉墙绕墙趾倾覆、土钉墙墙基失稳、土钉墙沿深层土体整体滑移（图 2）。在外部稳定性问题上，土钉支护似乎没有独到之处。

内部稳定是指土钉墙的内部稳定性。在内部稳定分析方面，围绕破裂面形式、土压力分布等问题出现了许多理论分析方法，如《建筑基坑支护技术规程》法，王步云法、王长科法等。

3 内部稳定分析

(1)《建筑基坑支护技术规程》JGJ 120—99 方法

① 土钉抗拉承载力（图 1）

A. 单根土钉受拉荷载标准值可按下式计算

$$T_{jk} = \xi s_{xj} s_{zj} \frac{e_{ajk}}{\cos \alpha_j} \tag{1}$$

其中荷载折减系数 ξ 可按下式计算

$$\zeta = \tan \frac{\beta - \varphi_k}{2} \left[\frac{1}{\tan \frac{\beta + \varphi_k}{2}} - \frac{1}{\tan \beta} \right] / \tan^2 \left(45° - \frac{\varphi}{2} \right) \tag{2}$$

式中，β 表示土钉墙坡面与水平面的夹角；φ_k 表示土的内摩擦角标准值。ζ 表示荷载折减系数；e_{ajk} 表示第 j 根土钉位置处的基坑水平荷载（土压力）标准值；s_{xj}、s_{zj} 表示第 j 根土钉与相邻土钉平均水平、垂直间距；α_j 表示第 j 根土钉与水平面的夹角。

B. 对于基坑侧壁安全等级为二级的土钉抗拉承载力设计值应按试验确定，基坑侧壁安全等级为三级时可按下式计算

$$T_{uj} = \frac{1}{\gamma_s} \pi d_{nj} \sum q_{sik} l_i \tag{3}$$

式中，γ_s 表示土钉抗拉分项系数，取 1.3；d_{nj} 表示第 j 根土钉锚固体直径；q_{sik} 表示土钉穿越第 i 层土土体与锚固体极限摩阻力标准值；l_i 第 j 根土钉在直线破裂面外穿越第 i 层稳定土体内的长度，破裂面与水平面的夹角为 $(\beta + \varphi_k)/2$。

C. 单根土钉抗拉承载力计算应符合下列要求

$$1.25 \gamma_0 T_{jk} \leqslant T_{uj} \tag{4}$$

式中，γ_0 表示基坑侧壁重要性系数；T_{jk} 表示第 j 根土钉受拉荷载标准值；T_{uj} 表示第 j 根土钉抗拉承载力设计值。

② 整体稳定性验算（图 2）

A. 单根土钉在圆弧滑裂面外锚固体与土体的极限抗拉力可按下式确定：

$$T_{nj} = \pi d_{nj} \sum q_{sik} l_{ni} \tag{5}$$

式中，d_{nj} 表示第 j 根土钉的直径；q_{sik} 表示土钉穿越第 i 层土土体与锚固体极限摩阻力标准值；表示第 j 根土钉在圆弧滑裂面外穿越第 i 层稳定土体内的长度。

B. 土钉墙应根据施工期间不同开挖深度及基坑底面以下可能滑动面采用圆弧滑动简单条分法，取一定长度边坡体，按下式进行计算：

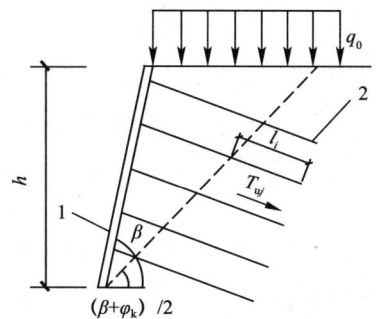

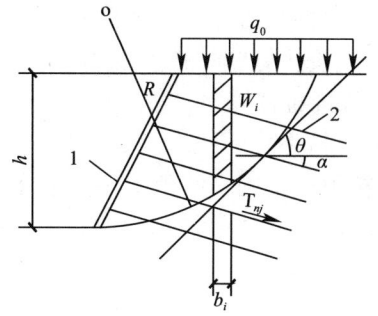

图 1　土钉支护抗拉承载力计算简图　　　　　　图 2　整体稳定性验算

1—喷射混凝土面层；2—土钉　　　　　　　　　　1—喷射混凝土面层；2—土钉

$$s\sum_{i=1}^{n} c_{ik}L_i + s\sum_{i=1}^{n} (w_i + q_0b_i)\cos\theta_i\tan\varphi_{ik} +$$

$$\sum_{j=1}^{m} T_{nj}\left[\cos(\alpha_j + \theta_j) + \frac{1}{2}\sin\alpha(\alpha_j + \theta_j)\tan\varphi_{ik}\right] - s\gamma_k\gamma_0\sum_{i=1}^{n} (w_i + q_0b_i)\sin\theta_i \geqslant 0 \quad (6)$$

式中，n 表示土条数；m 表示滑动体内土钉数；γ_k 表示整体滑动分项系数，取 1.3；γ_0 表示基坑侧壁重要性系数；w_i 表示第 i 分条土重，滑裂面位于黏性土或粉土中时，按上覆土层的饱和土重度计算；滑裂面位于砂土或碎石类土中时，按上覆土层的浮重度计算；b_i 表示第 i 分条宽度；c_{ik} 表示第 i 分条滑裂面处土体内结不排水（快）剪黏聚力标准值；φ_{ik} 表示第 i 分条滑裂面处土体固结不排水（快）剪内摩擦角；θ_i 表示第 i 条滑裂面处中点切线与水平面夹角；α_i 表示土钉与水平面之间的夹角；L_i 表示第 i 分条滑裂面处弧长；s 表示计算滑动体单元厚度；T_{nj} 表示第 j 根土钉在圆弧滑裂面外锚固体与土体的极限抗拉力。

（2）《建筑基坑工程技术规范》YB 9258—97 方法

① 抗拔力和锚固长度

A. 土钉设计轴向拉力值

$$N_i = qs_xs_y \quad (7)$$

B. 钢筋截面积

$$A = \frac{KN_t}{f_{ptk}} \quad (8)$$

C. 锚固长度

$$L_a = \frac{KN_t}{\pi Dq_s} \quad (9)$$

式中，q 表示土压力强度；s_x、s_y 表示土钉横竖间距；f_{ptk} 表示钢筋抗拉强度标准值；D 表示土钉钻孔直径；q_s 表示黏结强度；K 表示抗力分项系数。

② 内部稳定分析验算

内部稳定分析采用条分法，计算公式为：

$$\gamma_{Rs} = \frac{\sum(q + \gamma h)b\cos\alpha_i\tan\varphi + \sum cL + M_p/R}{\sum(q + \gamma h)b\sin\alpha_i} \quad (10)$$

式中，γ 表示土的天然重度；h 表示土条高度；α_i 表示土条底面中心至圆心连线与垂线的夹角；c、φ 表示土的固结快剪峰值抗剪强度指标；L 表示土条圆弧面长度；q 表示地面超载；b 表示土条宽度；M_p 表示土钉抗拉力对圆心产生的抗滑力矩；R 表示圆弧半径；γ_{RS}

表示整体稳定性抗力分项系数。

（3）《基坑土钉支护技术规程》CECS 96：97 方法

① 土钉抗拉计算

A. 土钉拉力

土钉拉力可按图 3 所示土压力分布计算

$$N = \frac{p}{\cos\theta} s_{\mathrm{v}} s_{\mathrm{h}} \tag{11}$$

其中

$$p = p_1 + p_{\mathrm{q}} \tag{12}$$

式中：N 表示土钉设计内力；p 表示土钉长度中点所处深度处的侧压力；p_1 表示自重引起的土压力；p_{q} 表示地表均布荷载引起的土压力；θ 为土钉的倾角；s_{v}、s_{h} 表示土钉竖向间距、水平间距。

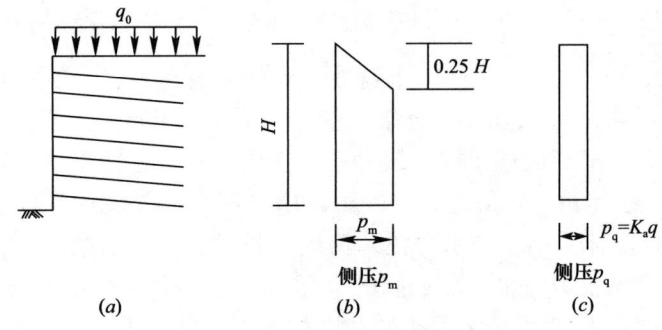

图 3　土压力分布

（a）土钉墙；（b）自重引起的土压力；（c）地表均布荷载引起的土压力

说明：1. 自重引起的土压力峰值 p_{m} 按下式计算：

$$p_{\mathrm{m}} = \begin{cases} 0.55\gamma H K_{\mathrm{a}} \left(\dfrac{c}{\gamma H} \leqslant 0.05 \text{ 在砂土、粉土}\right) \\ \gamma H K_{\mathrm{a}} - 2c\sqrt{K_{\mathrm{a}}} \leqslant 0.55\gamma H K_{\mathrm{a}} \text{ 且不得小于 } 0.2\gamma H \left(\dfrac{c}{\gamma H} > 0.05 \text{ 的一般黏性土}\right) \end{cases}$$

2. 地表均布荷载引起的土压力按下式计算：$p_{\mathrm{q}} = K_{\mathrm{a}} q$

3. 主动土压力系数 K_{a} 按下式计算：$K_{\mathrm{a}} = \tan^2(45° - \varphi/2)$

B. 土钉长度

各层土钉的长度宜满足下式要求：

$$l = l_1 + \frac{F_{\mathrm{s,d}} N}{\pi d_0 \tau} \tag{13}$$

式中，l 表示土钉长度；l_1 表示土钉在滑动区的长度，见图 4；d_0 表示土钉孔径；τ 表示土钉锚固体和土之间的黏结强度；$F_{\mathrm{s,d}}$ 表示土钉局部稳定性安全系数，取 $1.2 \sim 1.4$。

C. 土钉配筋

各层土钉在内力作用下应满足下式

$$F_{\mathrm{s,d}} N \leqslant 1.1 A_{\mathrm{s}} f_{\mathrm{yk}} \tag{14}$$

图 4　土钉长度的确定

式中，A_s 表示土钉钢筋截面积；F_{yk} 表示钢筋抗拉强度标准值。

② 内部稳定性计算（图5）

取单位长度（1列土钉控制的边坡长度）支护进行计算，

$$F_s = \frac{\sum \left[c_i (\Delta_i / \cos\alpha_i) + (W_i + Q_i) \cos\alpha_i \tan\varphi_i \right]}{\sum \left[(W_i + Q_i) \sin\alpha_i \right]} \qquad (15)$$
$$+ \frac{\sum \left[(R_k / S_{hk}) \sin\beta_k \tan\varphi_i + (R_k / S_{hk}) \sin\beta_k \right]}{\sum \left[(W_i + Q_i) \sin\alpha_i \right]}$$

式中，W_i、Q_i 表示作用于土条 i 的自重和附加荷载；α_i 表示圆弧破坏面切线与水平面的夹角，Δ_i 表示土条 i 的宽度；c_j、φ_i 中表示土条 i 破坏面处第 j 层土的黏聚力、内摩擦角；R_i 表示破坏面上第 k 排土钉的最大抗力；B_i 表示第 k 排土钉轴线与该处破坏面切线之间的夹角；S_{hk} 表示第 k 排土钉的水平间距。

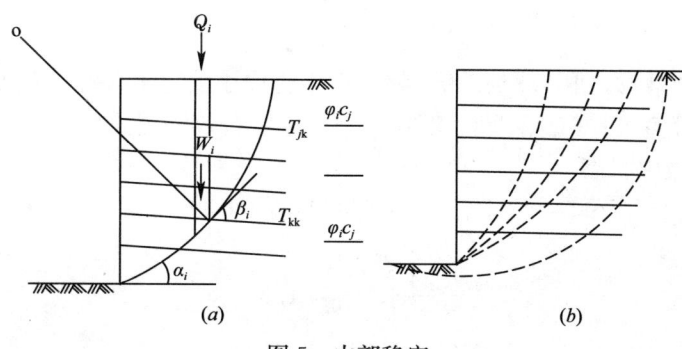

图5　内部稳定

（4）王步云方法

① 破裂面假定

破裂面假定见图6，土压力分布见图7，主要适用于黄土类粉土、粉质黏土。

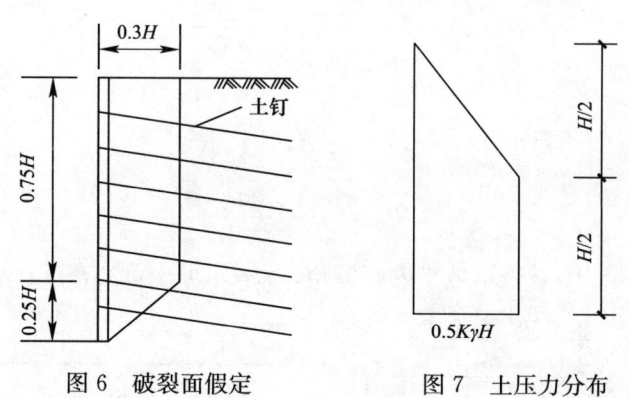

图6　破裂面假定　　　　图7　土压力分布

② 土压力

作用于面层上的土压力按下式计算：

$$q = m_0 \gamma h K \qquad (16)$$

式中，q 表示作用于面层上的土压力；m 表示工作条件系数。使用期少于2年的临时性工程取1.0；使用期2年以上的工程取1.20；K 表示土压力系数。$K = 0.5(K_0 + K_a)$，K_0、K_a 分别表示静止、主动土压力系数；γ 表示土的重力密度；h 表示土压力作用点至坡顶的距离。当 $h \leqslant \dfrac{H}{2}$ 时，h 取实际值；当 $h > \dfrac{H}{2}$ 时，h 取 $0.5H$。H 为上坡总垂直高度。

③ 土钉内力

单根土钉支撑范围内面层上的土压力 E_i 按下式计算

$$E_i = q_i S_x S_y \tag{17}$$

式中，S_x、S_y 表示土钉横竖间距。

④ 锚固力极限状态验算

在面层土压力作用下，土钉内部潜在滑裂面后的有效锚固段应具有足够的界面摩阻力而不被拔出，应满足下式

$$\frac{F_i}{E_i} \geqslant F_s \tag{18}$$

其中

$$F_i = \pi D_h L_{ei} \tau \tag{19}$$

式中，F_s 表示安全系数，取 $1.3 \sim 2.0$。临时性工程取小值，永久性工程取大值；F_i 表示锚固力；D_h 表示钉孔直径；τ 表示界面摩阻力；L_{ei} 表示有效锚固段长度。

⑤ 抗拉断裂极限状态

在面层土压力作用下，不使土钉端部产生过量的伸长或屈服，土钉配筋应满足下式

$$\frac{\dfrac{\pi}{4} d_b^2 f_y}{E_i} \geqslant 1.5 \tag{20}$$

式中，d_b 表示钢筋直径；f_y 表示钢筋抗拉强度标准值。

（5）王长科建议的方法

① 破裂面假定

破裂面形状如图 8 所示。图中 H 表示基坑深度，a 表示坡脚。z_0、B_0、B 按下列各式计算：

$$z_0 = \frac{\pi c}{\gamma \tan\left(45° - \dfrac{\varphi}{2}\right)} - \frac{q}{\gamma} \tag{21}$$

$$B = (H - z_0) \tan\left(45° - \frac{\varphi}{2}\right) \tag{22}$$

$$B_0 = B - \frac{H}{\tan\alpha} \tag{23}$$

式中，c 表示坡土黏聚力；φ 表示坡土内摩擦角；γ 表示坡土重力密度；q 表示坡顶均布荷载。

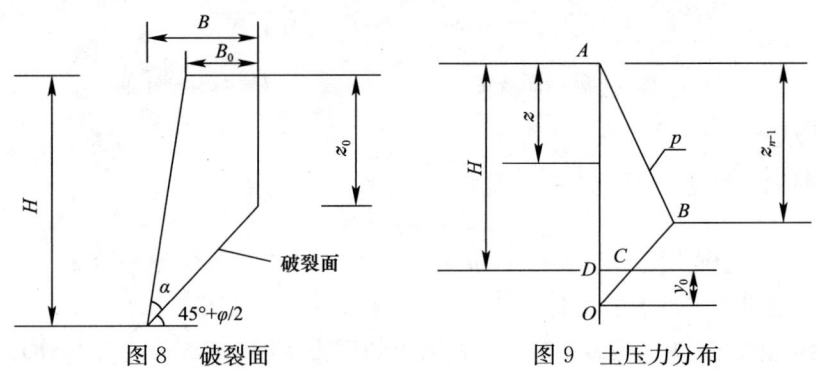

图 8　破裂面　　　　　　　图 9　土压力分布

252

② 土压力分布

土压力分布模型见图9。图中 DC 表示基坑底面，O 点表示土压力零点，B 点表示倒数第 2 道土钉位置。B 点以上土压力分布采用朗肯土压力理论。

土压力强度 p 按下式计算

当 $z \leqslant z_{n-1}$ 时

$$p = \zeta(K_a \sigma_z - 2c\sqrt{K_a}) \tag{24}$$

当 $z > z_{n-1}$ 时

$$p = \zeta(K_a \sigma_{z_{n-1}} - 2c\sqrt{K_a}) \cdot \frac{H - z + y_0}{H - z_{n-1} + y_0} \tag{25}$$

其中

$$y_0 = \frac{\left(\dfrac{q}{\gamma} + H\right)K_a - \dfrac{2c}{\gamma}(\sqrt{K_p} + \sqrt{K_a})}{K_p - K_a} \geqslant 0 \tag{26}$$

主动土压力系数

$$K_a = \tan^2\left(45° - \frac{\varphi}{2}\right) \tag{27}$$

被动土压力系数

$$K_p = \tan^2\left(45° + \frac{\varphi}{2}\right) \tag{28}$$

土压力折减系数

$$\zeta = \frac{\alpha - \alpha_{cr}}{90 - \alpha_{cr}} \tag{29}$$

临界坡脚与坡高的关系

$$\alpha_{cr} = \varphi + 2\tan^{-1}\left(\frac{\pi c}{q + \gamma H}\right) \tag{30}$$

式中，p 表示水平向主动土压力强度（kPa）；y_0 表示土压力零点埋深（m）；K_a 表示主动土压力系数；K_p 表示被动土压力系数；z 表示计算点深度（m）；σ_s 表示计算点的竖向有效应力（kPa）；$\sigma_{z_{n-1}}$ 表示 $z = z_{n-1}$ 时的竖向有效应力（kPa）；ζ 表示主动土压力强度折减系数；α 表示坡角；α_{cr} 表示临界坡角；H 表示坡高；q 表示坡顶均布荷载。

③ 土钉内力

土钉内力按下式计算

$$R = \frac{S_x S_y p}{\cos\beta} \tag{31}$$

式中，R 表示土钉内力（kN）；$S_x S_y$ 表示土钉控制的坡面垂直面积（m²）；β 表示土钉和水平面的夹角。

④ 土钉长度（图10）

土钉长度设计值应满足下式

$$L \geqslant L_f + L_e \tag{32}$$

$$L_e = \frac{K_l R}{\pi D \tau} \tag{33}$$

当 $z \leqslant z_0$ 时

$$L_f = \left(B_0 + \frac{z}{\tan\alpha}\right) \cdot \frac{1}{\cos\beta} \tag{34}$$

当 $z > z_0$ 时

$$L_f = \frac{H-z}{H-z_0} \cdot \left(B_0 + \frac{z_0}{\tan\alpha}\right) \cdot \frac{1}{\cos\beta} \tag{35}$$

式中，L 表示土钉长度设计值；L_e 表示稳定区土钉长度；L_f 表示滑动区土钉长度；D 表示土钉注浆体直径；τ 表示土钉注浆体侧摩阻力标准值；K_l 表示分项系数，取 $1.1 \sim 1.3$。

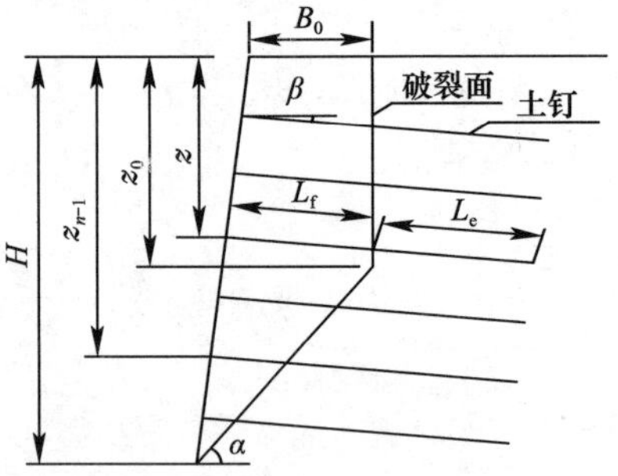

⑤ 土钉选筋

钢筋直径设计值应满足下式

$$d \geqslant \sqrt{\frac{K_b R}{\frac{\pi}{4} f_{yk}}} \tag{36}$$

式中，d 表示钢筋直径设计值；f_{yk} 表示钢筋抗拉强度标准值；K_b 表示分项系数，取 $1.1 \sim 1.3$。

图 10　土钉长度计算

4　结束语

土钉支护是以较密排列的插筋作为土体主要补强手段，通过插筋锚体与土体和喷射混凝土面层共同工作，形成补强复合土体，达到稳定边坡的目的。由于其具有众所周知的优点，近十年得到了空前的发展，尤其是土钉支护和排桩、预应力锚杆（锚索）的联合运用，使得土钉支护又开辟了新的应用空间。

土钉支护的发展远不止本文所述内容，诸如试验研究、原型观测、破坏机理、有限元计算等很多重要内容，由于篇幅有限未做回顾。本文仅就当前工程师关心的设计问题做了简要综述。相信土钉支护会得到广泛应用。

参考文献

[1]　王长科，林宗元. 土钉技术的发展及其在我国工程建设中的应用 [A] //中国地质学会第 4 届工程地质大会论文选集 [C]. 北京：海洋出版社，1992.

[2]　JGJ 120—99 建筑基坑支护技术规程 [S]. 北京：中国建筑工业出版社，2000.

[3]　CECS 96：97 基坑土钉支护技术规程 [S]. 北京：中国工程建设标准化协会，1997.

[4]　YB 9258—97 建筑基坑工程技术规范 [S]. 北京：冶金工业出版社，1998.

[5]　林宗元，岩土工程治理手册 [M]. 北京：辽宁科学技术出版社，1993.

[6]　曾宪明，黄久松，王作民. 土钉支护设计与施工手册 [M]. 北京：中国建筑工业出版社，1997.

[7]　陈肇元，崔京浩. 土钉支护在基坑工程的应用 [M]. 北京：中国建筑工业出版社，1997.

[8]　程良奎，杨志银. 喷射混凝土与土钉墙 [M]. 北京：中国建筑工业出版社，1998.

[9]　孙家乐. 插筋补强护坡技术的原理与应用 [J]. 工业建筑，1992，(6).

[10]　宋二样，陈肇元. 土钉支护及其有限元分析 [J]. 工程勘察，1996，(2)：1-5.

[11]　王长科，陈小峰，苗现国. 石家庄土钉支护设计分析 [J]. 岩土工程学报，2002，24 (1).

护坡桩的抗剪计算

【摘　要】　本文给出了护坡桩的抗剪计算公式。

1　前言

当前，深基坑的护坡方案多数采用排桩锚杆或排桩内支撑结构，单从护坡桩的结构计算来说，除应计算桩的正截面受弯承载力外，尚应计算桩的斜截面受剪承载力。

根据行业标准《建筑基坑支护技术规程》JGJ 120—99 中"4.3 截面承载力计算"的规定，正截面受弯及斜截面受剪承载力计算应符合现行国家标准《混凝土结构设计规范》的有关规定。《建筑基坑支护技术规程》JGJ 120—99 中没有直接给出配置螺旋筋圆截面护坡桩的斜截面受剪承载力计算公式。而按照要求去查阅现行国家标准《混凝土结构设计规范》GB 50010—2002，也并未见到配置螺旋筋圆截面护坡桩的斜截面受剪承载力计算公式。由于当前生产实践上，多数工程师都是使用商业软件完成的护坡桩设计，所以护坡桩的斜截面受剪承载力计算未得到足够重视，螺旋筋的设置多数是按照构造要求来进行。护坡桩失事后，也很少去分析护坡桩的受剪问题。

随着我国经济建设的发展，基坑深度有越来越深的趋势，为此，笔者撰文发表配置螺旋筋圆截面护坡桩的斜截面受剪承载力计算，以期澄清设计原理，避免超大深基坑的设计失手。

2　护坡桩抗剪计算公式的建立

（1）斜截面受剪破坏的三种形式

按照钢筋混凝土结构学基本原理，无腹筋梁的受剪破坏形态主要有三种：斜压破坏、剪压破坏、斜拉破坏。

当梁的跨高比（梁的跨度与有效梁高之比）小于 1 时，常发生斜压破坏。这种破坏多数发生在剪力大而弯矩小的区段。破坏时，混凝土被腹剪斜裂缝分割成若干个斜向短柱而压坏，破坏是突然的。

当梁的跨高比大于 3 时，常发生斜拉破坏。这种破坏模式表现出破坏前变形很小，当梁上的垂直裂缝一旦出现，就迅速向受压区斜向发展，破坏过程很短。

当梁的跨高比介于 1 和 3 之间时，常发生剪压破坏。剪压破坏的特点就是最终出现明显的斜裂缝，斜裂缝导致梁的破坏。

本文原载《河北勘察》2010 年第 4 期，作者：王长科

（2）护坡桩抗剪计算公式

当前在工程设计上，针对上述的前两种破坏，一般采用限制梁的截面尺寸和限制最小配筋率来避免。而对于第三种破坏（剪压破坏），因其承载力变化较大，必须通过计算来避免。

建立桩的斜截面受弯承载力计算公式，需要依据以下几个假定：

① 发生剪压破坏时，斜截面所受剪力由混凝土剪压区承受的剪力和护坡桩螺旋筋承受的剪力构成。

② 剪压破坏时，螺旋筋达到屈服强度。

参照矩形截面梁的斜截面受剪承载力计算原理，给出圆截面护坡桩斜截面受剪承载力的计算公式如下：

$$V_s = 0.7 f_t A_0 + 1.25 f_y \frac{2A_{sv}}{s}(d - 2c)\cos\alpha \tag{1}$$

式中，V_s 为圆截面护坡桩斜截面受剪承载力（N）；f_t 为混凝土轴心抗拉强度设计值（MPa）；A_0 为护坡桩圆截面有效面积（mm²）；f_y 为螺旋筋抗拉强度设计值（MPa）；A_{sv} 为单肢螺旋筋截面积（mm²）；s 为螺旋筋螺距（mm）；d 为护坡桩直径（mm）；c 为螺旋筋保护层厚度（mm）；α 为螺旋筋和桩直径的斜向夹角（°）。

3 常见规格护坡桩的抗剪承载力表

根据上述计算公式，编制软件进行常见规格护坡桩的抗剪计算，列入表1～表3，供同行工程师参考使用。

桩径 400mm 混凝土强度等级 C20 的抗剪承载力（kN）　　　　表 1

螺旋筋间距 s(mm) ＼ 螺旋筋直径 d_s(mm)	6.0	6.5	8	10
150	101	105	122	148
200	93	96	107	126
250	88	90	98	112
300	85	86	93	103

注：螺旋筋采用 HPB235，保护层按 50mm 考虑，下同。

桩径 600mm 混凝土强度等级 C25 的抗剪承载力（kN）　　　　表 2

螺旋筋间距 s(mm) ＼ 螺旋筋直径 d_s(mm)	6.0	6.5	8	10
150	259	267	295	343
200	246	252	272	307
250	238	242	258	285
300	232	236	249	270

桩径 **800mm** 混凝土强度等级 **C25** 的抗剪承载力（kN）　　　　表 3

螺旋筋间距 s(mm) ＼ 螺旋筋直径 d_s(mm)	6.0	6.5	8	10
150	461	472	513	581
200	443	451	482	532
250	432	439	462	502
300	425	430	449	481

4　结束语

　　本文给出了配置螺旋筋圆截面护坡桩的抗剪承载力计算公式，并根据常见护坡桩规格给出了计算表格，供同行工程师参考使用。希望今后对于超大深基坑的护坡设计，将桩的抗剪计算也予以纳入设计计算范畴。

基坑边坡临界坡角的简易计算公式

【摘　要】　给出了边坡临界坡角、临界坡高、临界坡顶超载的简易计算公式。

1　基本概念

当前，基坑开挖形成边坡，无论是计算确定边坡的坡度，还是进行支护设计时进行坡度的土压力折减，都需要确定一个相应于边坡稳定安全系数为 1.0 时的坡角，这就是"临界坡角"。同理，还有临界坡高、临界坡顶超载等基本概念，这里不再赘述。

2　临界坡角计算公式的提出

笔者在 2002 年发表文章，详见文献 [1]，后于 2006 年又进行了课题研究，详见文献 [2]，其中提出了边坡临界坡角的简易计算公式如下：

$$\alpha_{cr} = \varphi + 2\arctan[\pi c/(q + \gamma H)]$$

式中，α_{cr} 表示临界坡角，γ、c、φ 表示坡土的重度、黏聚力、内摩擦角，arctan 表示反正切函数，π 表示圆周率，q 表示坡顶超载，H 表示坡高。

该公式是根据大量瑞典圆弧法计算结果，结合理论推演得出，是一个半理论半经验的公式，仅供基坑及边坡设计验算，在不具备条件运用其他方法时，进行边坡的临界坡角、临界坡高、坡度土压力折减、坡顶临界超载等计算使用。

该公式的其他表达方式有：

$$H_{cr} = \left[\pi c/\tan\left(\frac{\alpha - \varphi}{2} - q\right) \right]/\gamma$$

$$q_{cr} = \pi c/\tan\left(\frac{\alpha - \varphi}{2}\right) - \gamma H$$

式中，H_{cr} 表示相应于坡角为 α 时的临界坡高，q_{cr} 表示相应于坡高为 H、坡角为 α 时的坡顶临界超载。

注意，这里一提临界，用下角标 cr 表示，就是指边坡稳定安全系数为 1.0。

3　举例

某边坡土的参数为 $\gamma = 20\text{kN/m}^3$，$c = 20\text{kPa}$，$\varphi = 20°$，坡高 $H = 10\text{m}$，坡顶超载 $q = 20\text{kPa}$，按上式计算，得出临界坡角 $\alpha_{cr} = 52°$

本文原载微信公众平台《岩土工程学习与探索》2017 年 12 月 19 日，作者：王长科

参考文献

［1］ 王长科，陈小峰，苗现国. 石家庄土钉支护设计分析. 岩土工程学报，2002 年第 1 期.

［2］ 河北省建设厅课题项目，土钉支护设计方法研究，2006 年，省级登记号：20061002.

朗肯土压力理论和基坑开挖支护的不适应性分析

【摘　要】　分析了基坑开挖支护坡土的应力状态，坡内土的水平应力具有不对称性，土的大主应力方向发生偏转，指出了朗肯土压力理论和基坑支护的不适应性。

1　问题的提出

基坑开挖支护实践中的一个重要经验，就是实际土的土压力和朗肯土压力理论计算值相比，差别不小。于是，各地的工程师在计算出护坡桩的弯矩后按照当地经验，进行弯矩经验调整，比如北京、石家庄等地，有不少工程取了 0.85 的弯矩折减系数，实践证明，工程运行良好。

2　朗肯理论的受力状态分析

1857 年，朗肯假定墙背垂直光滑，根据土的极限平衡理论提出了朗肯土压力理论。朗肯土压力的实质，是摩尔-库仑方程式，单元体受力状态见图 1，这个受力状态，和三轴试验试样的受力状态是一致的。方程式为

$$\sigma_3 = \sigma_1 \cdot \tan^2(45° - \varphi/2) - 2 \cdot c \cdot \tan(45° - \varphi/2)$$

式中，σ_3 表示小主应力（即主动土压力），σ_1 表示大主应力，c、φ 表示土的黏聚力、内摩擦角。

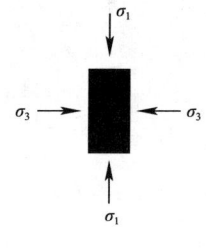

图 1　朗肯理论土单元体的应力状态

3　基坑开挖支护坡土的受力状态分析

基坑开挖后，支护面上的土压力为主动土压力，记为 p_a，而远处的水平土压力，仍是土的原位水平应力 σ_h，因 $p_a < \sigma_h$，所以，坡土的单元体受力状态就会发生了变化，见图 2，大主应力方向不再保持竖向方向，发生了偏转，见图 3。

大主应力 σ_1、小主应力 σ_3、最大剪应力 τ_{max}、大主应力方向角 α_1（σ_1 和水平轴 x 的夹角）的表达式如下：

$$\sigma_1 = \frac{\sigma_z + \sigma_x}{2} + \sqrt{\left[\frac{\sigma_z - \sigma_x}{2}\right]^2 + \tau_{zx}^2}$$

$$\sigma_3 = \frac{\sigma_z + \sigma_x}{2} - \sqrt{\left[\frac{\sigma_z - \sigma_x}{2}\right]^2 + \tau_{zx}^2}$$

本文原载微信公众平台《岩土工程学习与探索》2017 年 12 月 23 日，作者：王长科

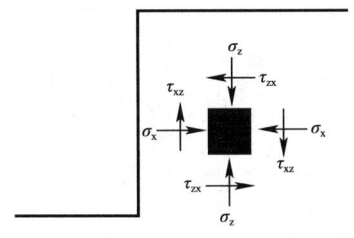
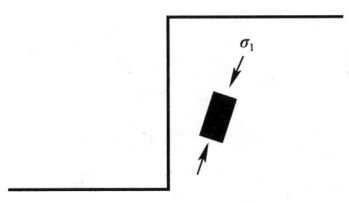

图 2 基坑开挖坡土单元体的应力状态   图 3 基坑开挖支护坡土单元体的大主应力 σ_1 方向

$$\tau_{\max} = \sqrt{\left[\frac{\sigma_z - \sigma_x}{2}\right]^2 + \tau_{zx}^2}$$

$$\tan\alpha_1 = \frac{\sigma_1 - \sigma_x}{\tau_{xz}}$$

4 朗肯主动土压力应力状态和基坑开挖支护坡土应力状态的区别

基坑开挖前，土体为半无限体，原位应力状态具有对称性，土中竖向应力 σ_z 为大主应力 σ_1，水平应力 σ_x 为小主应力 σ_3，$\tau_{xz} = \tau_{zx} = 0$。

基坑开挖后，土中水平应力降低，基坑支护护面处的土压力为主动土压力，远处仍为土的原位水平应力，土中水平应力出现不对称性。土中竖向应力为 σ_z，水平应力为 σ_x，$\tau_{xz} = \tau_{zx}$，其绝对值大于 0。大主应力方向和基坑开挖前相比，出现了偏转。

朗肯主动土压力的应力状态，实际隐含了大主应力 σ_1 是竖向应力 σ_z，小主应力 σ_3 为水平主动压力，二者应力状态的区别示意，见图 4。

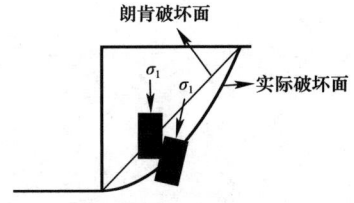

图 4 基坑开挖支护坡土应力状态的示意

5 结论和建议

1857 年，朗肯，包括后续很多学者，进行的主动土压力研究，几乎都是针对的填土。填土的特点，从土中应力状态来看，和基坑开挖支护相比，相对来说，填土形成的土中的水平应力具有对称性，就是说，无论距离墙背远近，水平向各处的水平应力相等。这时，大主应力 σ_1 基本就是竖向应力 σ_z，小主应力是水平向应力 σ_x，这种状态，应该说，就是标准的朗肯主动土压力的假定的应力状态。

对于基坑开挖支护来说，很早以来，及近期的工程实践，基本都是沿用的朗肯土压力理论思路，由于基坑开挖情况下，土中大主应力方向发生了偏转，因而，仍按照朗肯理论计算土压力，和实际相比有偏差，这是必然的。

本文单就基坑开挖支护坡土的受力状态，分析了朗肯土压力理论和基坑开挖支护的不适应性。实际上，墙背存在摩阻力、锚杆影响、土参数测试的不准确性、土质不均等，还有许多影响因素，所有这些，都需要学者和工程师们，在实践中予以充分重视，并不断积累经验和进行理论研究。

参考文献

[1] 王长科. 基坑边坡的临界坡角有了简易计算公式. 微信公众平台 _ 岩土工程学习与探索，2017-12-19.

[2] 王长科. 基坑开挖坑壁直立高度的三种算法. 微信公众平台 _ 岩土工程学习与探索，2017-12-22.

[3] 钱伟长. 弹性力学. 北京：科学出版社，1956.

[4] 武汉水利电力学院主编. 土力学及岩石力学. 北京：水利电力出版社，1979.

基坑开挖坑壁直立高度的三种算法

【摘　要】　给出了基坑直立开挖坑壁直立高度 z_0 三种算法的计算公式，并举例进行了对比。

基坑直立开挖支护，形成直立边坡，其中的坑壁直立高度 z_0，其计算确定具有重要意义。下面针对坡顶水平、直立开挖情况，列出三种直立高度算法，请同行专家指正。

1　朗肯公式

1857 年，朗肯假定墙背垂直光滑，根据土的极限平衡理论提出了朗肯土压力理论。按照朗肯理论：

$$p_a = (\gamma \cdot H + q) \cdot \tan^2(45° - \varphi/2) - 2 \cdot c \cdot \tan(45° - \varphi/2)$$

令 $p_a = 0$，得到

$$z_0 = [2 \cdot c/\tan(45° - \varphi/2) - q]/\gamma$$

式中，p_a 表示主动土压力，γ、c、φ 分别表示土的重度、黏聚力和内摩擦角，H 表示直立边坡高度，z_0 表示直立高度，q 表示坡顶均布超载。

2　库尔曼公式

1875 年，库尔曼提出了万能的土压力求解图解法，根据库尔曼图解法原理，得出：

$$z_0 = [4 \cdot c/\tan(45° - \varphi/2) - q]/\gamma$$

3　王长科建立的公式

笔者在 2002 年发表文章，详见文献 [1]、[2]，其中提出了边坡临界坡角的简易计算公式如下：

$$\alpha_{cr} = \varphi + 2 \cdot \arctan(\pi \cdot c/(q + \gamma \cdot H))$$

令 $\alpha_{cr} = 90°$，得到

$$z_0 = [\pi \cdot c/\tan(45° - \varphi/2) - q]/\gamma$$

式中，α_{cr} 表示临界坡角，γ、c、φ 分别表示坡土的重度、黏聚力和内摩擦角，$\arctan$ 表示反正切函数，π 表示圆周率，q 表示坡顶超载，H 表示坡高，z_0 表示边坡直立高度。

本文原载微信公众平台《岩土工程学习与探索》2017 年 12 月 25 日，作者：王长科

4　举例

坡土的参数为 $\gamma=20\mathrm{kN/m^3}$，$c=20\mathrm{kPa}$，$\varphi=20°$，坡顶超载 $q=0$，按上述公式计算，得出三种不同算法计算的直立高度：

朗肯公式：$z_0=2.85\mathrm{m}$

库尔曼公式：$z_0=5.71\mathrm{m}$

王长科建立的公式：$z_0=4.49\mathrm{m}$

5　结束语

边坡直立高度，这一很经典、很常见、很熟悉的问题，仍需要继续积累经验并进行继续研究，直至实现理论实践的一致性。

参考文献

［1］　王长科，陈小峰，苗现国. 石家庄土钉支护设计分析. 岩土工程学报，2002 年第 1 期.

［2］　王长科. 基坑边坡的临界坡角有了简易计算公式. 微信公众平台 _ 岩土工程学习与探索，2017-12-19.

基坑支护设计荷载组合分析与建议

【摘　要】　分析探讨了基坑支护荷载特点，给出了支护设计荷载组合建议。

当前，按照《工程结构可靠性设计统一标准》GB 50153—2008、《建筑结构可靠度设计统一标准》GB 50068—2001、《建筑结构荷载规范》GB 50009—2012 的规定，各类工程结构、建筑结构的设计，应尽量采用以概率理论为基础、以分项系数表达的极限状态设计方法，这其中荷载组合是很重要的内容。对于地基基础设计中的基础强度设计、地基承载力设计、地基变形设计，需要对应的设计状态，以及配套的荷载组合，相对来说，一直比较成熟明确。但对于基坑支护设计来说，由于支护荷载主要来自于坡土自重产生的土压力、水压力、地面超载及环境荷载引起的侧向压力，这在《工程结构可靠性设计统一标准》GB 50153—2008 中称作土工作用，进行支护设计荷载组合，在工程实践上，工程师多数情况给予的重视是不够的。本文就此问题开展分析探讨，并提出基坑支护设计荷载组合建议，供同行参考，不妥之处，请批评指正。

1　荷载代表值和荷载组合的概念回顾

根据《建筑结构荷载规范》GB 50009—2012，相关的荷载代表值与荷载组合的基本概念复述如下：

标准值：荷载的基本代表值，为设计基准期内最大荷载统计分布的特征值（例如均值、众值、中值或某个分位值）。

准永久值：对可变荷载，在设计基准期内，其超越的总时间约为设计基准期一半的荷载值。

基本组合：永久荷载和可变荷载的组合。

标准组合：采用标准值或组合值为荷载代表值的组合。

准永久组合：对可变荷载采用准永久值为荷载代表值的组合。

2　基坑支护荷载特点分析

基坑支护设计中，支护荷载主要是侧向坡土对支护结构的作用，有：坡土自重与坡顶超载引起的土压力、水压力。按照朗肯土压力理论，表达式为：

坑底以上：

本文原载微信公众平台《岩土工程学习与探索》2018 年 1 月 5 日，作者：王长科

$$p_a = \left(\sum\sigma_i + \gamma z\right)\tan^2\left(45° - \frac{\varphi}{2}\right) - 2c\tan\left(45° - \frac{\varphi}{2}\right)$$

$$p_w = \gamma_w z_w$$

式中，p_a 为坡土自重与坡顶超载引起的土压力（kPa）；p_w 为水压力（kPa）；σ_i 为第 i 个坡顶超载引起的土中竖向附加应力（kPa）；γ 为重度（kN/m³）；z 为计算点埋深（m）；z_w 为计算点水头高度（m）；c、φ 为土的黏聚力（kPa）、内摩擦角（°）。

从上述表达式可以看出，土压力是由坡土自重及坡顶超载引起，通过基坑开挖面，将超越坡土自身自立稳定能力的部分，以侧向土压力的方式，作用给支护结构。所以基坑支护荷载是一种很特殊的载荷。而上部结构荷载主要是构件自重、屋面楼面活荷载、气象荷载、地震荷载等。自重类的荷载为永久荷载，其他活荷载为可变荷载。永久荷载和可变荷载，都是直接施加于结构的一种作用，显然和基坑支护荷载是不同的。永久荷载中的"永久"指的是不随时间而变，是常量。可变荷载中的"可变"指的是随时间可变，是时间型的随机变量。

基坑支护荷载有土压力、水压力，其中的土压力，是坡顶超载、坡土重度、坡土黏聚力、内摩擦角等参数综合在一起产生的结果，随开挖支护深度、支护工艺而变，这其中的重度、黏聚力、内摩擦角等坡土的工程性质参数具有变异性，从工程勘察概率理论看，土的工程性质参数是随机变量，这个随机变量，在一定时期内，随时间而变不是它的主要特征，而是随取样位置、取样工艺而变，所以土的工程性质参数在数理统计上，有平均值、标准值，还有一个变异系数。基坑开挖支护工程，有永久性工程，更多的是临时工程，坡顶超载本身有永久荷载、可变荷载之分，坡顶可变荷载（活荷载）引起的侧向土压力自然属于可变荷载。工程实践上遇到的基坑工程多数是临时工程，从作用时间周期看，坡顶荷载均按永久荷载对待。

从上述分析看出，坡顶永久荷载，连同具有变异性的土自重参数、黏聚力、内摩擦角等主要参数，随开挖而形成的土压力荷载，从基坑支护荷载角度看，是具有变异性的永久荷载。

3 基坑支护荷载组合取值建议

（1）支护结构构件强度设计（抗压、抗拉、抗弯、抗剪、抗冲切），采用承载能力极限状态下的基本组合。土参数选用标准值，水压力、土压力分项系数均取 1.2；

（2）支护结构稳定性计算，采用承载能力极限状态下的标准组合。土参数选用标准值，水压力、土压力分项系数均取 1.0；

（3）支护结构变形控制，采用正常使用极限状态下的准永久组合。土参数选用平均值，水压力、土压力分项系数均取 1.0。

第4篇
岩土地震工程

关于地震液化判别深度的思考和建议

【摘　要】　分析了地震液化的原理，对液化深度判别提出了建议。

1　前言

地震液化，从地面上看，是看到的由地震引发的地面喷砂冒水；从液化的具体地层看，应该是饱和松砂受到震动土骨架体积紧缩，孔隙水压力突然上升，短时间内，该层土由固相转化为液相，抗剪强度大幅度降低，如果有桩穿越该层，则此时位于该层的桩侧摩阻力就会折减。埋藏深的地层液化可能因冲不破覆盖层，反映不到地面，不会出现地面喷砂冒水。

地震液化有两种：地面出现喷砂冒水、地面不出现喷砂冒水。

根据前人研究结果，松砂受剪切时体积变小，即孔隙比减小。密砂受剪切时发生剪胀现象，使孔隙比增大。在密砂与松砂之间，总有某个孔隙比使砂受剪切时体积不变，此孔隙比称临界孔隙比。

地震液化，就是饱和砂土的孔隙比因大于其地震液化临界孔隙比，地震来临，松砂变密，孔隙水压力上升，有效应力减小，出现液化现象。

2　地震液化判别深度问题

唐山地震调查结果表明，地震液化深度一般不超过 15m 到 20m。以此为依据，我国几本抗震规范要求对地面下 15m 到 20m 深度范围内的饱和砂土、粉土进行液化判定。

实际上，唐山地震调查，当时很可能是从地面喷砂冒水现象入手进行的调查，在 15m 到 20m 以下，如果还存在饱和松砂，也可能会发生液化，只不过因其埋深大，出不了地面的喷砂冒水现象。当然，在 15m 到 20m 以下，因自重固结，出现松砂的概率是不多的，也即，地震液化也会很少的。目前，我国几本抗震规范给出的液化判别深度为：

《建筑抗震设计规范》GB 50011—2010（2016 年版）：15m，20m；

《水力发电工程地质勘察规范》GB 50287—2006，标贯判别 15m，用剪切波速判别 30m；

《水利水电工程地质勘察规范》GB 50487—2008，标贯判别 15m，用剪切波速判别 30m；

《铁路工程抗震设计规范》GB 50111—2006（2009 年版）：15m，20m；

本文原载微信公众平台《岩土工程学习与探索》2017 年 10 月 26 日，作者：王长科

《公路工程抗震规范》JTG B02—2013：15m，20m。

3　结论和建议

综上，为此建议，在进行岩土工程勘察时，液化的判断，不要受深度 15m 到 20m 的限制，液化判别深度要根据具体情况酌情确定，可以再深点儿，直到其下不再有液化土层存在。

当然，液化如何判别，是另一个十分重要的仍需要进一步研究的问题。

素混凝土桩复合地基抗震思考

【摘　要】 分析了素混凝土桩复合地基的传力机理，探讨了其抗震性能，提出相应建议。

1　前言

当前，素混凝土桩复合地基应用广泛，尤其是在华北山前冲洪积平原的非饱和土地区，从小高层，到 30 层及以上的高层建筑。

素混凝土桩复合地基，最早是从 CFG 桩复合地基开始的，随着发展，高层建筑越来越多，由于 CFG 桩复合地基价格便宜、施工便利、质量稳定，因此在地下水位以上的非饱和土层的地基处理中，越来越多地得到了应用。30 层大楼的基底压力达到了 500kPa 左右，CFG 桩也逐渐改为用商品混凝土螺旋钻机压灌的素混凝土桩，强度等级达到 C30。

复合地基和桩基的最大区别，就是复合地基中的桩和上部结构之间，是通过基础下面的褥垫层相联系的，而桩基中的桩，和上部结构的联系，是通过承台来实现的。复合地基和上部结构下基础之间是砂石料做的褥垫层，是柔性连接。桩基中的桩本身就是基础的一部分，桩和上部结构是一体的刚性连接。

2　地震传力分析

因复合地基和桩基的作用原理不同，地震来时，桩基上的上部结构受到的地震力，会和桩基进行互动互传，连续协同。而复合地基，地震来时，因复合地基与基础之间有褥垫层减震作用，上部结构和复合地基之间会出现不一体、不同步、不连续的协同。采用复合地基技术，上部结构受到的地震力会小一些。

由此，对上部结构来说，接收大地传来的地震力，采用复合地基，比采用桩基更好些。但对于复合地基和桩基本身来说，地震时，复合地基中的桩，由于是素混凝土材料，除了承担轴力有优势外，承担剪力和弯矩都不具优势，加之其穿越不同的土层中，因此其抗震能力不如桩基中的桩。当然，复合地基因有褥垫层的减震作用，复合地基中的桩，受到上部互传的动剪力，比起桩基来说也会小一些。

3　结束语

如此看来，采用钢筋混凝土桩复合地基，对抗震来说是最好的一种选择。但这种选择造价太高，目前还没有这么做的。

建议对高层及超高层建筑，采用素混凝土桩复合地基时，除应进行地基承载力静力平衡验算外，尚应进行动力计算，对其中的素混凝土桩进行水平抗震能力验算。

浅析抗震设计中的场地类别划分

【摘　要】　1. 场地类别划分要考虑未来设计地震来临时的场地条件；2. 对基础埋置深度大于 20m 的深埋建筑工程，等效剪切波速的计算深度建议取到基底之下一定的深度和覆盖层厚度两者的小值。

1　前言

进行工程抗震设计，有个场地类别划分的问题。场地类别的划分，主要是为确定场地特征周期做准备。有了场地特征周期，结合建筑物的自振周期，依据规范给出的地震反应谱曲线，从而确定地震加速度系数或地震加速度。

在工程实践上，有时遇到的情况还是很复杂的。为此，写出此文，阐述笔者对场地类别划分的认识和理解，供同行朋友，特别是刚步入岩土工程和建筑结构专业的朋友，在遇到复杂场地条件时参考，并请同行专家指正。

2　地震波传递方式

地震波从震源生成，用波的形式，压缩波、剪切波、面波，将地震的能量四处扩散。建筑物一般会有一定的埋置深度，所以，地震波，是通过基础底面和地面以下建筑物四周侧面与岩土的接触面，传递给建筑物。自振周期是指建筑结构本身的，特征周期是反映场地传递给建筑物的地震波的一种振动周期。地震波是很复杂的，波波相接，波波相叠，地震波从震源传到各地、各处、各点，震动波的参数是不一样的，这主要取决于三个因素：一是震源情况；二是传播介质和距离；三是各地各处点的场地岩土动力特性条件。

由此可以知道，确定好抗震设计使用的场地特征周期，除别的因素外，要特别研究好镶嵌、包裹建筑物的一定空间范围的岩土条件，这也就是场地类别划分要研究的一定空间范围的岩土条件。地震，最终就是通过这一空间范围的岩土，将地震波传递给了建筑物。

3　结论和建议

由此，得出以下两条认识：

（1）场地类别划分一定要针对未来设计地震来临时的场地条件，包括场地标高、镶嵌包裹建筑物的一定空间范围的岩土。如此一来，做岩土工程勘察，进行地震效应评价时，

本文原载微信公众平台《岩土工程学习与探索》2017 年 12 月 4 日，作者：王长科

要特别注意考虑设计挖填方形成新地面的影响。

（2）按照现行的做法，场地类别的划分依据是等效剪切波速和场地覆盖层厚度两个条件。注意，按现行做法，划分场地类别与建筑物的埋深是没有关系的。这说明，场地类别只是反映场地地震条件的一个参数。笔者想，按照前边对"地震-场地-建筑物"这个地震波传递系统的描述，地震是通过"镶嵌、包裹建筑物的一定空间范围的岩土"把地震波传递建筑物的，从地震效应看，"场地"的本质似乎应该与"镶嵌、包裹建筑物的一定空间范围的岩土"紧密相关。这样看来，场地类别划分似乎应该与建筑物的埋深还是有关系的。当然，现行等效剪切波速的测定或计算深度按 20m 和覆盖层厚度两者的小值控制，对冲洪积平原地区，覆盖层厚度很大，等效剪切波速的计算深度实际按 20m 控制。这对于一般基础埋深小于 20m 的建筑工程来说，20m 深度范围就已经是"镶嵌、包裹建筑物的一定空间范围的岩土"了。但对于基础埋深接近和超过 20m 的深埋建筑工程而言，20m 就不够了。地震本身很复杂，地震效应更为复杂。从道理上想，等效剪切波速计算的深度范围应该涵盖住"镶嵌、包裹建筑物的一定空间范围的岩土"。如果是这样，对深埋建筑工程，等效剪切波速的计算深度应取到基底之下一定的深度和覆盖层厚度两者的小值。

地震很复杂，案例震灾调查也有限。本文只是从原理上给予了探讨。请同行专家指正，共同促进岩土地震工程的技术发展。

附录：著作和论文清单

1. 出版的著作

[01] 林宗元主编.《国内外岩土工程实例和实录选编》(第一常务编委兼秘书). 沈阳：辽宁科学技术出版社，1992

[02] 林宗元主编.《岩土工程治理手册》(第一常务编委兼秘书). 沈阳：辽宁科学技术出版社，1993

[03] 林宗元主编.《岩土工程试验监测手册》(第一常务编委兼秘书). 沈阳：辽宁科学技术出版社，1994

[04] 林宗元主编.《岩土工程勘察设计手册》(第三副主编兼秘书). 沈阳：辽宁科学技术出版社，1996

[05] 林宗元主编.《岩土工程监理手册》(第四副主编兼秘书). 沈阳：辽宁科学技术出版社，1997

[06] 林宗元主编.《简明岩土工程勘察设计手册》(第一常务副主编). 北京：中国建筑工业出版社，2003

[07] 林宗元主编.《简明岩土工程监理手册》(第一常务副主编). 北京：中国建筑工业出版社，2003

[08] 《建筑工程勘察设计常见质量问题分析与解决措施》(岩土专业编写人). 石家庄：河北科学技术出版社，2003

[09] 林宗元主编.《岩土工程治理手册》(第一常务副主编). 北京：中国建筑工业出版社，2005

[10] 林宗元主编.《岩土工程试验监测手册》(第一常务副主编). 北京：中国建筑工业出版社，2005

[11] 武威，王长科，杨素春，王平. 全国注册岩土工程师专业考试试题解答及分析（2011-2013）. 中国建筑工业出版社，2014

2. 发表的论文

[01] 预钻式旁压仪试验应力分析初探（作者：王长科）. 中国建筑学会工程勘察学术委员会第2届旁压测试应用技术讨论会. 溧阳：1986

[02] 旁压仪试验机理研究（作者：王长科，王正宏）. 中国土木工程学会第5届土力学及基础工程学术讨论会，1987

[03] 保定地区某建筑物地基土的应力应变归一化性状（作者：骆筱菊，刘力，王长科，陈伟）. 河北农业大学学报，1987年第3期

[04] 岗南水库新增溢洪道高边坡施工开挖的监测与分析（作者：黎光大，劳道邦，董翠芸，王长科）. 全国滑坡监测技术讨论会. 1988

[05] 用旁压试验推求土体强度指标的方法探讨（作者：王长科，骆筱菊）. 勘察科学技术，1989年第1期

[06] 边坡开挖设计的简化弹塑性法（作者：王长科）. 现代勘察，1989年第3期

[07] 用旁压试验确定土体模量的研究（作者：王长科）. 北方勘察，1990年第1期

[08] 旁压试验 p_0 值物理含义及其求法的研究（作者：王长科）. 工程勘察，1990年第3期

[09] 挤密桩法加固软弱弱地基及其效果的现状与展望（作者：何广智，戴志祥，王长科）. 国防机械工业勘察科技情报网第1届综合情报交流会，1990

[10]　用旁压试验确定浅基础地基承载力初步研究（作者：王长科）. 现代勘察，1991 年第 1 期

[11]　土钉技术的发展与展望（作者：王长科，林宗元）. 中国兵工学会基本建设专业委员会学术交流会，1992

[12]　土钉技术的发展及其在我国工程建设中的应用（作者：王长科，林宗元）. 见：《中国地质学会第 4 届工程地质大会论文选集》. 北京：海洋出版社，1992

[13]　应力路径法在旁压试验分析中的应用（作者：王长科）. 军工勘察，1992 年第 2 期

[14]　旁压试验孔壁剪应力的通解（作者：王长科，章家驹）. 工程勘察，1992 年第 3 期

[15]　旁压模量物理含义及其计算方法的研究（作者：王长科）. 军工勘察，1992 年第 4 期

[16]　用旁压试验原位测定土的强度参数（作者：王长科）. 勘察科学技术，1992 年第 6 期

[17]　悬臂式钻孔灌注桩护坡实践中的若干问题（作者：何广智，王长科）. 军工勘察，1993 年第 2 期

[18]　正交各向异性介质中孔穴扩张的弹塑性理论解（作者：王长科）. 军工勘察，1993 年第 3 期

[19]　快速法载荷试验沉降量外推计算程序（作者：贾文华，王长科）. 军工勘察，1993 年第 4 期

[20]　饱和粘性土旁压固结试验（作者：王长科）. 工程勘察，1994 年第 1 期

[21]　散体材料桩复合地基承载力计算（作者：王长科）. 军工勘察，1994 年第 2 期

[22]　散体材料桩临界桩长计算（作者：王长科）. 军工勘察，1994 年第 3 期

[23]　土的压缩模量计算探讨（作者：王长科，汤福南）. 军工勘察，1994 年第 3 期

[24]　浅基础地基承载力计算新方法（作者：王长科，王正宏）. 见：中国土木工程学会第 7 届土力学及基础工程学术会议论文集. 北京：中国建筑工业出版社，1994

[25]　独立柱基础与半刚性桩复合地基共同作用分析及设计计算（作者：郭新海，王长科）. 工业建筑，1995 年第 11 期

[26]　基础—垫层—复合地基共同作用原理（作者：王长科，郭新海）. 土木工程学报，1996 年第 5 期

[27]　基坑底载荷试验实测承载力的深度修正（作者：王长科，魏弋锋）. 岩土工程师，1997 年第 2 期

[28]　夯实水泥土桩复合地基设计（作者：王长科，戴志祥）. 见：第 4 届中国国际岩土钻凿工程会议论文集. 《地质科技动态》增刊，1997

[29]　载荷试验与基础沉降计算（作者：王长科）. 岩土工程与勘察，1997 年第 1 期

[30]　夯实水泥土桩复合地基设计计算（作者：王长科，戴志祥）. 河北勘察，1998 年第 1 期

[31]　非自重湿陷性黄土实体桩复合地基设计原理（作者：王长科）. 岩土工程与勘察，1999 年第 1 期

[32]　实散组合桩承载原理及应用（作者：王长科，戴志祥，孙会哲）. 工程地质学报，1999 年第 4 期

[33]　用载荷试验检测桩土复合地基承载力中的承载力换算问题（作者：王长科，贾文华）. 见：《中国土木工程学会 99′岩土工程土工测试技术学术交流会论文集》. 1999.5

[34]　巨型圆筒式瓦斯罐倾斜纠偏（作者：朱明温，文日海，王长科）. 岩土工程技术，1999 年第 3 期

[35]　实体桩复合地基承载原理（作者：王长科，孙会哲，王永正，陆洪根）. 岩土工程界，2000 年第 2 期

[36]　地基变形计算参数勘察评价试验研究（作者：王长科，汤福南）. 见：《第六届学术交流会论文选集》编选委员会. 《中国建筑学会工程勘察分会第六届学术交流会论文选集》. 北京：地质出版社，2000

[37]　关于夯实水泥土桩承载力的两个问题（作者：王长科，段宗智，王立俊，史德忠）. 岩土工程界，2001 年第 2 期

[38]　通过深井载荷试验测定单桩极限端阻力标准值（作者：陈小峰，曾微河，王长科）. 岩土工程界，2001 年第 6 期

[49]　地基承载力特征值计算研究（作者：王长科，王立俊，段宗智，李彦忠，苗现国）. 岩土工程

界，2001 年第 12 期

[40] 黄土状土地基承载力特征值计算研究（作者：王长科，王立俊，段宗智，苗现国）. 见：罗宇生，汪国烈主编. 湿陷性黄土研究与工程. 北京：中国建筑工业出版社，2001：156-162

[41] 复合地基承载力深宽修正分析（作者：王长科，王立俊）. 岩土工程界，2002 年第 10 期：26-27

[42] 石家庄土钉支护设计分析（作者：王长科，陈小峰，苗现国）. 岩土工程学报，2002 年第 1 期

[43] 石家庄市新近堆积黄土状土载荷试验特征（作者：陈追田，贾文华，王长科，李寨华）. 见：顾晓鲁，张振栓，郑刚，吴永红，刘春原主编. 岩土工程技术及进展. 北京：中国建筑工业出版社，2002：88-91

[44] 天然地基及复合地基的基床系数测评（作者：王长科，贾文华，王永正，陈追田）. 见：顾晓鲁，张振栓，郑刚，吴永红，刘春原主编. 岩土工程技术及进展. 北京：中国建筑工业出版社，2002：124-128

[45] 地基承载力修正系数的理论分析与实测反算（作者：王长科，梁金国）. 见：中国建筑学会工程勘察分会主编. 全国岩土与工程学术大会论文集. 北京：人民交通出版社，2003

[46] 石家庄南三条深基坑土钉支护工程实录分析（作者：田军岭，丁红强，王长科，韩秋林）. 见：第六届全国岩土工程实录交流会岩土工程实录集. 北京：兵器工业出版社，2004

[47] 对旁压仪试验基本理论和工程应用的再认识（作者：王长科，马旭东，赵国强）. 岩土工程界，2004 年第 6 期

[48] 土钉支护技术的发展（作者：王长科）. 见：第七届河北省地基基础学术会议论文集. 河北工业大学学报，2004 年第 33 卷增刊

[49] 路基沉降控制设计中的几个问题（作者：王长科，高吉中）. 见：河北省土木建筑学会工程抗震、地基基础、质量控制与检测技术学术委员会 2005 年学术年会论文集. 华北地震科学，2005 年第 23 卷增刊

[50] 人工挖孔扩底桩分析研究（作者：王长科）. 工厂建设与设计，2006 年第 11 期

[51] 《河北省建筑地基承载力技术规程》编制情况介绍（作者：梁金国、王长科、贾文华）. 工程勘察，2007 年第 1 期

[52] 沉降计算的现状和思考（作者：王长科）. 见：梁金国、聂庆科主编. 岩土工程新技术与工程实践. 石家庄：河北科学技术出版社，2007

[53] 地基第一拐点承载力（作者：王长科、贾文华、梁金国）. 工程勘察，2009 年增刊（2009 年河北省工程勘察学术交流会论文集，唐山）

[54] 论压缩模量计算中的孔隙比精度（作者：王长科）. 河北勘察，2010 年第 1 期

[55] 带地下车库超高层建筑物的嵌固稳定（作者：王长科）. 河北勘察，2010 年第 2 期

[56] 护坡桩的抗剪计算（作者：王长科）. 河北勘察，2010 年第 4 期（总第 93 期）

[57] LBD 模拟月壤研究（作者：江磊、苏波、王长科、杨树岭、刘兴杰、冯石柱）. 中国宇航学会深空探测技术专业委员会第七届学术年会论文集，2010 年

[58] 深井载荷试验测定井底土的变形模量（作者：王瑞华，王长科）

[59] 浅议地下水勘察和地下室抗浮水位压力计算（作者：王长科）. 微信公众平台《岩土工程学习与探索》，2017-10-15

[60] 浅谈雄安新区规划建设（一）（作者：王长科）. 微信公众平台《岩土工程学习与探索》，2017-10-19

[61] 浅谈雄安新区规划建设（二）（作者：王长科）. 微信公众平台《岩土工程学习与探索》，2017-10-20

[62] 浅谈雄安新区规划建设（三）（作者：王长科）. 微信公众平台《岩土工程学习与探索》，2017-10-21

[63]　基坑支护支撑点布置概念设计（作者：王长科）. 微信公众平台《岩土工程学习与探索》，2017-10-22

[64]　《岩土工程勘察报告》居然能有 15 个特性（作者：王长科）. 微信公众平台《岩土工程学习与探索》，2017-10-24

[65]　你知道岩土工程的这些质量属性吗（作者：王长科）. 微信公众平台《岩土工程学习与探索》，2017-10-25

[66]　关于地震液化深度的思考和建议（作者：王长科）. 微信公众平台《岩土工程学习与探索》，2017-10-26

[67]　从党的十九大报告看未来岩土工程的科技发展新需求（作者：王长科）. 微信公众平台《岩土工程学习与探索》，2017-10-27

[68]　粗说素混凝土桩复合地基的抗震性能（作者：王长科）. 微信公众平台《岩土工程学习与探索》，2017-10-28

[69]　关于素混凝土桩复合地基承载力检测的思考和建议（作者：王长科）. 微信公众平台《岩土工程学习与探索》，2017-10-30

[70]　素混凝土桩复合地基承载力设计新思维（作者：王长科）. 微信公众平台《岩土工程学习与探索》，2017-11-02

[71]　《岩土工程勘察报告》提供压缩模量 E_s 值要这样做（作者：王长科）. 微信公众平台《岩土工程学习与探索》，2017-11-07

[72]　对复合地基刚柔组合褥垫层的原理分析（作者：王长科）. 微信公众平台《岩土工程学习与探索》，2017-11-13

[73]　压实填土的最大干密度经验公式有了理论依据（作者：王长科）. 微信公众平台《岩土工程学习与探索》，2017-11-20

[74]　土的桩侧摩阻力参数确定有窍门（作者：王长科）. 微信公众平台《岩土工程学习与探索》，2017-11-21

[75]　岩土参数的确定是四维空间问题（作者：王长科）. 微信公众平台《岩土工程学习与探索》，2017-11-23

[76]　裙楼设置抗浮措施，主楼地基承载力的深度修正要体现（作者：王长科）. 微信公众平台《岩土工程学习与探索》，2017-11-24

[77]　地基承载力的"深度修正系数"改称"超载修正系数"会更好（作者：王长科）. 微信公众平台《岩土工程学习与探索》，2017-11-25

[78]　地基承载力理论计算公式简明汇总（作者：王长科）. 微信公众平台《岩土工程学习与探索》，2017-11-27

[79]　复合地基变形计算深度的学问有深度（作者：王长科）. 微信公众平台《岩土工程学习与探索》，2017-11-30

[80]　地基承载力理论研究发展简史（作者：王长科）. 微信公众平台《岩土工程学习与探索》 2017-12-02

[81]　抗震设计中的场地类别划分有学问（作者：王长科）. 微信公众平台《岩土工程学习与探索》，2017-12-04

[82]　从俞孔坚"大脚革命"看岩土工程（作者：王长科）. 微信公众平台《岩土工程学习与探索》，2017-12-06

[83]　压缩模量 E_s 并不是土的基本参数（作者：王长科）. 微信公众平台《岩土工程学习与探索》，2017-12-07

[84]　复合地基褥垫层厚度设计有了计算公式（作者：王长科）. 微信公众平台《岩土工程学习与探

索》，2017-12-10

[85] 对"工程咨询"和"岩土工程咨询"的理解和思考（作者：王长科）. 微信公众平台《岩土工程学习与探索》，2017-12-11

[86] 复合地基设计将进入 3.0 时代（作者：王长科）. 微信公众平台《岩土工程学习与探索》，2017-12-13

[87] 粉土的特殊性要给予特别关注（作者：王长科）. 微信公众平台《岩土工程学习与探索》，2017-12-17

[88] 基坑边坡的临界坡角有了简易计算公式（作者：王长科）. 微信公众平台《岩土工程学习与探索》，2017-12-19

[89] 朗肯土压力理论和基坑开挖支护的不适应性分析（作者：王长科）. 微信公众平台《岩土工程学习与探索》，2017-12-23

[90] 基坑开挖坑壁直立高度的三种算法（作者：王长科）. 微信公众平台《岩土工程学习与探索》，2017-12-25

[91] 总工程师的定位及其在企业发展中的作用（作者：王长科）. 微信公众平台《岩土工程学习与探索》，2017-12-27

[92] 三轴试验固结排水条件模拟工程实际的不适应性分析与改进建议（作者：王长科）. 微信公众平台《岩土工程学习与探索》，2017-12-28

[93] 百年老店内在机制研究（作者：王长科）. 微信公众平台《岩土工程学习与探索》，2018-1-2

[94] 土的成因代码和地质时代代码汇总（作者：王长科）. 微信公众平台《岩土工程学习与探索》，2018-1-3

[95] 地下水水头计算公式（作者：王长科）. 微信公众平台《岩土工程学习与探索》，2018-1-4

[96] 基坑支护设计荷载组合分析与建议（作者：王长科）. 微信公众平台《岩土工程学习与探索》，2018-1-5

[97] 走近岩土工程和岩土工程师（作者：王长科）. 微信公众平台《岩土工程学习与探索》，2018-1-16

[98] 基床系数的特殊性分析与设计使用换算方法建议（作者：王长科）. 微信公众平台《岩土工程学习与探索》，2018-1-17